BERT基础教程

Transformer大模型实战

Getting Started with Google BERT

[印] 苏达哈尔桑·拉维昌迪兰（Sudharsan Ravichandiran）——著
周参——译

人民邮电出版社
北京

图书在版编目（CIP）数据

BERT基础教程 : Transformer大模型实战 / (印) 苏达哈尔桑·拉维昌迪兰著 ; 周参译. -- 北京 : 人民邮电出版社, 2023.2
ISBN 978-7-115-60372-2

Ⅰ. ①B… Ⅱ. ①苏… ②周… Ⅲ. ①自然语言处理 Ⅳ. ①TP391

中国国家版本馆CIP数据核字(2023)第009169号

内 容 提 要

本书聚焦谷歌公司开发的 BERT 自然语言处理模型，由浅入深地介绍了 BERT 的工作原理、BERT 的各种变体及其应用。本书呈现了大量示意图、代码和实例，详细解析了如何训练 BERT 模型，如何使用 BERT 模型执行自然语言推理任务、文本摘要任务、问答任务、命名实体识别任务等各种下游任务，以及如何将 BERT 模型应用于不同的语言。通读本书后，你不仅能够全面了解有关 BERT 的各种概念、术语和原理，还能够使用 BERT 模型及其变体执行各种自然语言处理任务。

本书面向希望利用 BERT 超强的理解能力来简化自然语言处理任务的专业人士，以及对自然语言处理和深度学习感兴趣的所有人士。

◆ 著 [印] 苏达哈尔桑·拉维昌迪兰
（Sudharsan Ravichandiran）
译 周 参
责任编辑 谢婷婷
责任印制 彭志环
◆ 人民邮电出版社出版发行 北京市丰台区成寿寺路 11 号
邮编 100164 电子邮件 315@ptpress.com.cn
网址 https://www.ptpress.com.cn
固安县铭成印刷有限公司印刷
◆ 开本：720×960 1/16
印张：17.5 2023年 2 月第 1 版
字数：303千字 2025年 3 月河北第 8 次印刷
著作权合同登记号 图字：01-2021-4210号

定价：89.80元

读者服务热线：(010)84084456-6009 印装质量热线：(010)81055316
反盗版热线：(010)81055315

版权声明

本书献给我可爱的母亲卡斯图里，以及我尊敬的父亲拉维昌迪兰。

——苏达哈尔桑·拉维昌迪兰

前言

多 Transformer 的双向编码器表示法（Bidirectional Encoder Representations from Transformers，BERT）已经彻底改变了**自然语言处理**（natural language processing，NLP）领域，并取得了大量成果。本书是一本入门指南，它将帮助你学习并掌握谷歌的 BERT 架构。

首先，本书将详细讲解 Transformer 架构，让你理解 Transformer 的编码器和解码器的工作原理。然后，你将掌握 BERT 模型架构的每一部分，同时了解如何进行模型的预训练，以及如何通过微调将预训练的结果用于下游任务。随着本书的深入，你将学习 BERT 模型的不同变体，如 ALBERT 模型、RoBERTa 模型、ELECTRA 模型和 SpanBERT 模型，并了解基于知识蒸馏的变体，如 DistilBERT 模型和 TinyBERT 模型。本书还将详细讲解 M-BERT 模型、XLM 模型和 XLM-R 模型的架构。接着，你将了解用于获取句子特征的 Sentence-BERT 模型和一些特定领域的 BERT 模型，如 ClinicalBERT（医学）模型和 BioBERT（生物学）模型。最后，本书还将介绍一个有趣的 BERT 模型变体，即 VideoBERT 模型。

通读本书后，你将能够熟练使用 BERT 模型及其变体来执行实际的自然语言处理任务。

本书适用人群

本书适用于希望利用 BERT 模型超强的理解能力来简化自然语言处理任务的专业人士，以及对自然语言处理和深度学习感兴趣的所有人士。为充分理解本书中的术语和知识点，你需要对自然语言处理相关概念和深度学习有基本的了解。

本书内容

第 1 章　Transformer 概览

这一章将详细讲解 Transformer 模型，通过深入解析 Transformer 的编码器和解码器的组成部分来帮助你理解其工作原理。

第 2 章　了解 BERT 模型

这一章将讲解 BERT 模型。你将学习两种预训练任务——**掩码语言模型构建**和**下句预测**——对 BERT 模型进行预训练，还将了解几种有趣的子词词元化算法。

第 3 章　BERT 实战

这一章将讲解如何使用预训练的 BERT 模型提取上下文关联句子和词嵌入向量，以及如何根据下游任务（如问题回答、文本分类等）来微调预训练的 BERT 模型。

第 4 章　BERT 变体（上）：ALBERT、RoBERTa、ELECTRA 和 SpanBERT

这一章将介绍 BERT 的几个变体：ALBERT、RoBERTa、ELECTRA 和 SpanBERT。你将学习 BERT 变体与 BERT 的区别以及它们的应用。

第 5 章　BERT 变体（下）：基于知识蒸馏

这一章将讲解基于知识蒸馏的 BERT 模型，如 DistilBERT 和 TinyBERT。你将学习如何将知识从一个预训练的 BERT 模型迁移到一个简单的神经网络。

第 6 章　用于文本摘要任务的 BERTSUM 模型

这一章将讲解如何为文本摘要任务微调预训练的 BERTSUM 模型。你将了解如何为提取式摘要任务和抽象式摘要任务微调 BERT 模型。

第 7 章　将 BERT 模型应用于其他语言

这一章涉及将 BERT 应用于非英语的语言，并将详细论证 BERT 在多语种中的有效性。你将了解几个跨语言的模型，如 XLM 和 XLM-R。

第 8 章　Sentence-BERT 模型和特定领域的 BERT 模型

这一章将讲解用来获得句子特征的 Sentence-BERT 模型。你将学习如何使用预训练的 Sentence-BERT 模型，还将了解特定领域的 BERT 模型，如 ClinicalBERT 模型和 BioBERT 模型。

第 9 章　VideoBERT 模型和 BART 模型

这一章将介绍 VideoBERT 这一有趣的 BERT 变体，还将介绍名为 BART 的模型。此外，你将了解两个流行的代码库，即 ktrain 库和 bert-as-service 库。

学以致用

为了更好地学习本书，请使用 Google Colab[①]运行本书中的代码。

软硬件要求	操作系统
Google Colab / Python 3.x	Windows / macOS / Linux

下载示例代码

你可以从图灵社区下载本书的示例代码。下载地址： ituring.cn/book/2977。

排版约定

本书使用了一些特定文本格式来标识特有名词和代码。

等宽字体用来表示文本中的代码、数据库表名、变量名和用户输入，举例如下："我们将设置 `maxlen` 为 `100`、`max_features` 为 `100000`。"

对应的代码块如下。

```
(x_train, y_train), (x_test, y_test), preproc = \
text.texts_from_df(train_df = df,
                   text_column = 'reviewText',
                   label_columns=['sentiment'],
                   maxlen=100,
                   max_features=100000,
                   preprocess_mode='bert',
                   val_pct=0.1)
```

黑体用来表示新的术语、重要的词或屏幕上的选项。例如，菜单或对话框中的选项会像这样出现在文本中："从管理面板上选择**系统信息**。"

① 也可用 Jupyter Notebook 替代。——译者注

此图标表示警告或重要说明。

联系我们

我们一直倾听读者的反馈。

反馈：如果你对本书的任何方面有疑问，请发电子邮件至 customercare@packtpub.com，并在邮件标题中写出对应书名。

勘误表：尽管我们已经竭尽所能确保内容的准确性，但书中难免还是会有错误。如果你发现本书有错误，敬请指出，我们将不胜感激。[①]

盗版举报：如果你在互联网上发现以任何形式非法复制 Packt 出版物的情况，请将盗版链接发至 copyright@packt.com，万分感谢你对正版的支持。

如果有兴趣成为一名作家：如果你对某一主题有专长，并有兴趣撰写一本书或参与一本书的出版工作，请访问 authors.packtpub.com。

评价

Packt 欢迎各种形式的评价。一旦你阅读并使用本书，请在你购买本书的网站上留下宝贵的评价。这样做可以让我们了解你对本书的看法，作者也可以得到你的反馈，并且潜在读者可以通过参考公正客观的意见来做出购买决定。感谢你的支持！

电子书

扫描如下二维码，即可购买本书中文版电子书。

① 提交中文版勘误，请访问图灵社区：ituring.cn/book/2977。——编者注

目　　录

第一部分　开始使用 BERT

第二部分 探索 BERT 变体

第三部分 BERT模型的应用

第一部分

开始使用 BERT

在第一部分中，我们将熟悉 BERT 模型。首先，我们将了解 Transformer 的工作原理，然后将深入探讨 BERT 模型。我们还将亲手训练一个 BERT 模型，并学习如何使用预训练模型。

本部分包括以下 3 章。

第1章

Transformer 概览

作为当下最先进的深度学习架构之一，Transformer 被广泛应用于**自然语言处理**领域。它不单替代了以前流行的**循环神经网络**（recurrent neural network，RNN）和**长短期记忆**（long short-term memory，LSTM）网络，并且以它为基础衍生出了诸如 BERT、GPT-3、T5 等知名架构。本章将带领你深入了解 Transformer 的实现细节及工作原理。

本章首先介绍 Transformer 的基本概念，然后通过一个文本翻译实例进一步讲解 Transformer 如何将编码器–解码器架构用于语言翻译任务。我们将通过探讨**编码器**（encoder）的组成部分了解它的工作原理。之后，我们将深入了解**解码器**（decoder）的组成部分。最后，我们将整合编码器和解码器，进而理解 Transformer 的整体工作原理。

本章重点如下。

- Transformer 简介
- 理解编码器
- 理解解码器
- 整合编码器和解码器
- 训练 Transformer

1.1 Transformer 简介

循环神经网络和长短期记忆网络已经广泛应用于时序任务，比如文本预测、机器翻译、文章生成等。然而，它们面临的一大问题就是如何记录长期依赖。

为了解决这个问题，一个名为 Transformer 的新架构应运而生。从那以后，Transformer 被应用到多个自然语言处理方向，到目前为止还未有新的架构能够将其替代。可以说，它的出现是自然语言处理领域的突破，并为新的革命性架构（BERT、GPT-3、T5 等）打下了理论基础。

Transformer 完全依赖于注意力机制，并摒弃了循环。它使用的是一种特殊的注意力机制，称为**自注意力**（self-attention）。我们将在后面介绍具体细节。

让我们通过一个文本翻译实例来了解 Transformer 是如何工作的。Transformer 由编码器和解码器两部分组成。首先，向编码器输入一句话（原句），让其学习这句话的特征[①]，再将特征作为输入传输给解码器。最后，此特征会通过解码器生成输出句（目标句）。

假设我们需要将一个句子从英文翻译为法文。如图 1-1 所示，首先，我们需要将这个英文句子（原句）输进编码器。编码器将提取英文句子的特征并提供给解码器。最后，解码器通过特征完成法文句子（目标句）的翻译。

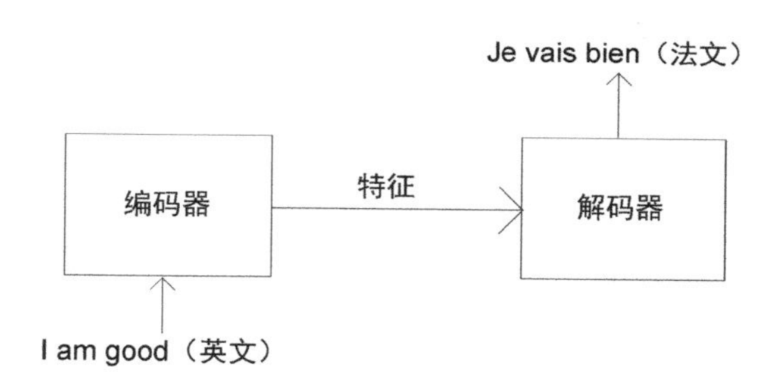

图 1-1　Transformer 的编码器和解码器

此方法看起来很简单，但是如何实现呢？Transformer 中的编码器和解码器是如何将英文（原句）转换为法文（目标句）的呢？编码器和解码器的内部又是怎样工作的呢？接下来，我们将按照数据处理的顺序，依次讲解编码器和解码器。

1.2　理解编码器

Transformer 中的编码器不止一个，而是由一组 N 个编码器串联而成。一个编码器的输出作为下一个编码器的输入。在图 1-2 中有 N 个编码器，每一个编码器都从下方接收数据，再输出给上方。以此类推，原句中的特征会由最后一个编码器输出。编码器模块的主要功能就是提取原句中的特征。

① 特征（representation）可以有多种表现形式。它既可以为单一数值，也可以为向量或矩阵。在无特殊指明的地方，本书会根据实际情况译为特征、特征向量或特征值。——译者注

需要注意的是，在 Transformer 原论文“Attention Is All You Need”中，作者使用了 $N = 6$，也就是说，一共有 6 个编码器叠加在一起。当然，我们可以尝试使用不同的 N 值。这里为了方便理解，我们使用 $N = 2$，如图 1-3 所示。

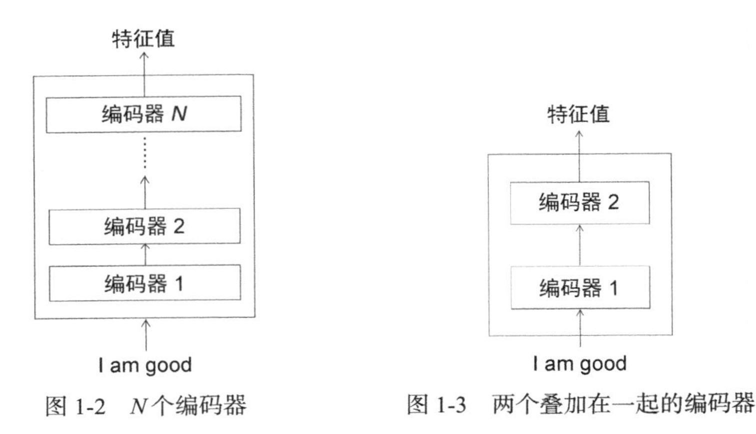

图 1-2　N 个编码器　　图 1-3　两个叠加在一起的编码器

编码器到底是如何工作的呢？它又是如何提取出原句（输入句）的特征的呢？要进一步理解，我们可以将编码器再次分解。图 1-4 展示了编码器的组成部分。

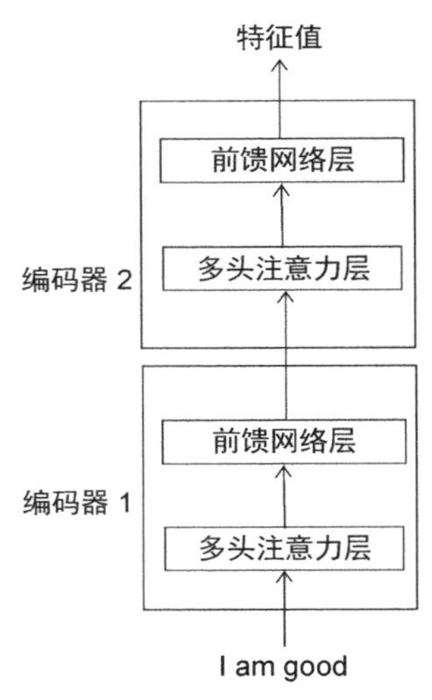

图 1-4　编码器的组成部分

从图 1-4 中可知，每一个编码器的构造都是相同的，并且包含两个部分：

- 多头注意力层
- 前馈网络层

现在我们来学习这两部分是如何工作的。要了解多头注意力机制的工作原理，我们首先需要理解什么是自注意力机制。

1.2.1 自注意力机制

让我们通过一个例子来快速理解自注意力机制。请看下面的例句：

A dog ate the food because it was hungry（一只狗吃了食物，因为它很饿）

例句中的代词 it（它）可以指代 dog（狗）或者 food（食物）。当读这段文字的时候，我们自然而然地认为 it 指代的是 dog，而不是 food。但是当计算机模型在面对这两种选择时该如何决定呢？这时，自注意力机制有助于解决这个问题。

还是以上句为例，我们的模型首先需要计算出单词 A 的特征值，其次计算 dog 的特征值，然后计算 ate 的特征值，以此类推。当计算每个词的特征值时，模型都需要遍历每个词与句子中其他词的关系。模型可以通过词与词之间的关系来更好地理解当前词的意思。

比如，当计算 it 的特征值时，模型会将 it 与句子中的其他词一一关联，以便更好地理解它的意思。

如图 1-5 所示，it 的特征值由它本身与句子中其他词的关系计算所得。通过关系连线，模型可以明确知道原句中 it 所指代的是 dog 而不是 food，这是因为 it 与 dog 的关系更紧密，关系连线相较于其他词也更粗。

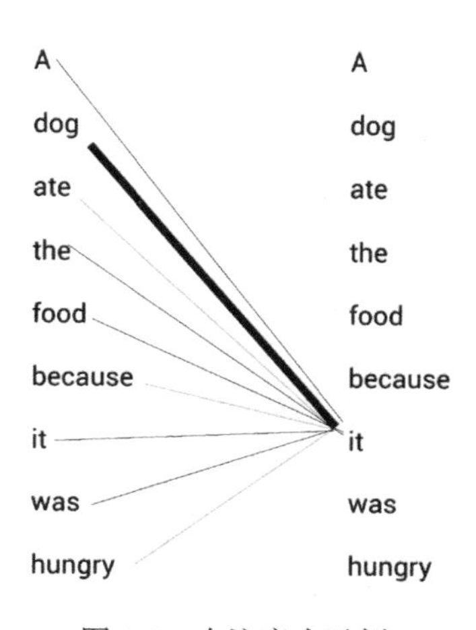

图 1-5 自注意力示例

我们已经初步了解了什么是自注意力机制，下面我们将关注它具体是如何实现的。

为简单起见，我们假设输入句（原句）为 I am good（我很好）。首先，我们将每个词转化为其对应的词嵌入向量。需要注意的是，嵌入只是词的特征向量，这个特征向量也是需要通过训练获得的。

单词 I 的词嵌入向量可以用 $\boldsymbol{x}_1$ 来表示，相应地，am 为 $\boldsymbol{x}_2$，good 为 $\boldsymbol{x}_3$，即：

- 单词 I 的词嵌入向量 $\boldsymbol{x}_1 = [1.76,\ 2.22,\ \cdots,\ 6.66]$；
- 单词 am 的词嵌入向量 $\boldsymbol{x}_2 = [7.77,\ 0.631,\ \cdots,\ 5.35]$；
- 单词 good 的词嵌入向量 $\boldsymbol{x}_3 = [11.44,\ 10.10,\ \cdots,\ 3.33]$。

这样一来，原句 I am good 就可以用一个矩阵 $\boldsymbol{X}$（输入矩阵或嵌入矩阵）来表示，如图 1-6 所示。

$$\begin{matrix} \text{I} \\ \text{am} \\ \text{good} \end{matrix} \begin{bmatrix} 1.76 & 2.22 & \cdots & 6.66 \\ 7.77 & 0.631 & \cdots & 5.35 \\ 11.44 & 10.10 & \cdots & 3.33 \end{bmatrix} \begin{matrix} \boldsymbol{x}_1 \\ \boldsymbol{x}_2 \\ \boldsymbol{x}_3 \end{matrix}_{3\text{x}512}$$

$\boldsymbol{X}$

输入矩阵
（嵌入矩阵）

图 1-6　输入矩阵

图 1-6 中的值为随意设定，只是为了让我们更好地理解其背后的数学原理。

通过输入矩阵 $\boldsymbol{X}$，我们可以看出，矩阵的第一行表示单词 I 的词嵌入向量。以此类推，第二行对应单词 am 的词嵌入向量，第三行对应单词 good 的词嵌入向量。所以矩阵 $\boldsymbol{X}$ 的维度为[句子的长度 × 词嵌入向量维度]。原句的长度为 3，假设词嵌入向量维度为 512，那么输入矩阵的维度就是[3 × 512]。

现在通过矩阵 $\boldsymbol{X}$，我们再创建三个新的矩阵：查询（query）矩阵 $\boldsymbol{Q}$、键（key）矩阵 $\boldsymbol{K}$，以及值（value）矩阵 $\boldsymbol{V}$。等一下，怎么又多了三个矩阵？为何需要创建它们？接下来，我们将继续了解在自注意力机制中如何使用这三个矩阵。

为了创建查询矩阵、键矩阵和值矩阵，我们需要先创建另外三个权重矩阵，分别为$\boldsymbol{W}^Q$、$\boldsymbol{W}^K$、$\boldsymbol{W}^V$。用矩阵$\boldsymbol{X}$分别乘以矩阵$\boldsymbol{W}^Q$、$\boldsymbol{W}^K$、$\boldsymbol{W}^V$，就可以依次创建出查询矩阵$\boldsymbol{Q}$、键矩阵$\boldsymbol{K}$和值矩阵$\boldsymbol{V}$。

值得注意的是，权重矩阵$\boldsymbol{W}^Q$、$\boldsymbol{W}^K$和$\boldsymbol{W}^V$的初始值完全是随机的，但最优值则需要通过训练获得。我们取得的权值越优，通过计算所得的查询矩阵、键矩阵和值矩阵也会越精确。

如图 1-7 所示，将输入矩阵$\boldsymbol{X}$分别乘以$\boldsymbol{W}^Q$、$\boldsymbol{W}^K$和$\boldsymbol{W}^V$后，我们就可以得出对应的查询矩阵、键矩阵和值矩阵。

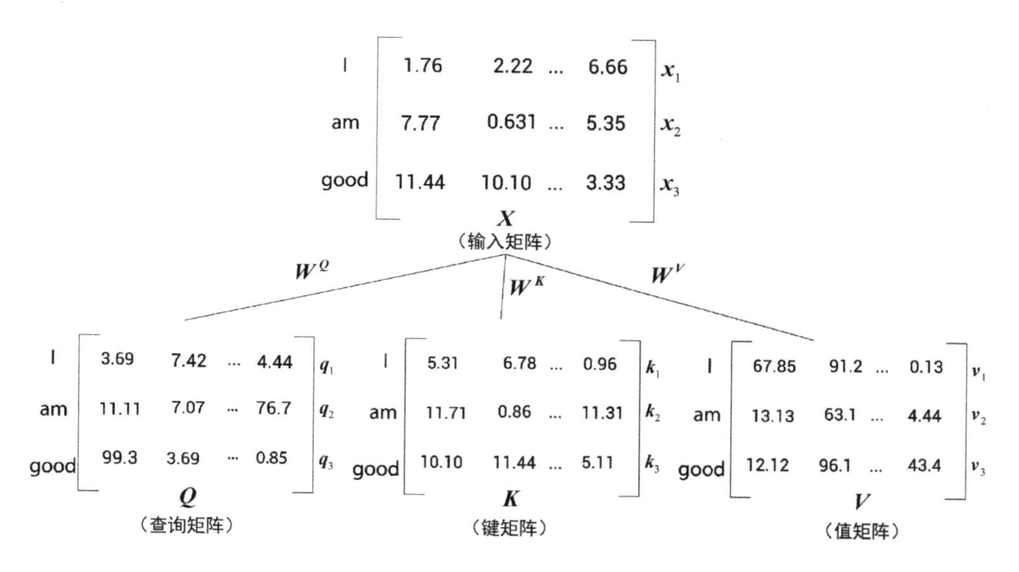

图 1-7　创建查询矩阵、键矩阵和值矩阵

根据图 1-7，我们可以总结出以下三点。

- 三个矩阵的第一行$\boldsymbol{q}_1$、$\boldsymbol{k}_1$和$\boldsymbol{v}_1$分别代表单词 I 的查询向量、键向量和值向量。
- 三个矩阵的第二行$\boldsymbol{q}_2$、$\boldsymbol{k}_2$和$\boldsymbol{v}_2$分别代表单词 am 的查询向量、键向量和值向量。
- 三个矩阵的第三行$\boldsymbol{q}_3$、$\boldsymbol{k}_3$和$\boldsymbol{v}_3$分别代表单词 good 的查询向量、键向量和值向量。

因为每个向量的维度均为 64，所以对应的矩阵维度为[句子长度 × 64]。因为我们的句子长度为 3，所以代入后可得维度为[3 × 64]。

至此，我们还是不明白为什么要计算这些值。该如何使用查询矩阵、键矩阵和值矩阵呢？它们怎样才能用于自注意力模型呢？这些问题将在下面进行解答。

理解自注意力机制

目前，我们学习了如何计算查询矩阵 $\boldsymbol{Q}$、键矩阵 $\boldsymbol{K}$ 和值矩阵 $\boldsymbol{V}$，并知道它们是基于输入矩阵 $\boldsymbol{X}$ 计算而来的。现在，让我们学习查询矩阵、键矩阵和值矩阵如何应用于自注意力机制。

要计算一个词的特征值，自注意力机制会使该词与给定句子中的所有词联系起来。还是以 I am good 这句话为例。为了计算单词 I 的特征值，我们将单词 I 与句子中的所有单词一一关联，如图 1-8 所示。

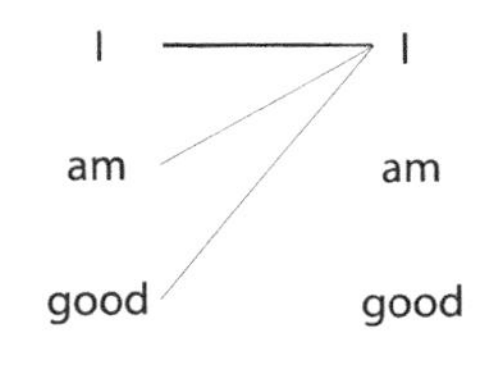

图 1-8 自注意力的示例

了解一个词与句子中所有词的相关程度有助于更精确地计算特征值。现在，让我们学习自注意力机制如何利用查询矩阵、键矩阵和值矩阵将一个词与句子中的所有词联系起来。自注意力机制包括 4 个步骤，我们来逐一学习。

第 1 步

自注意力机制首先要计算查询矩阵 $\boldsymbol{Q}$ 与键矩阵 $\boldsymbol{K}^{\mathrm{T}}$ 的点积，两个矩阵如图 1-9 所示。

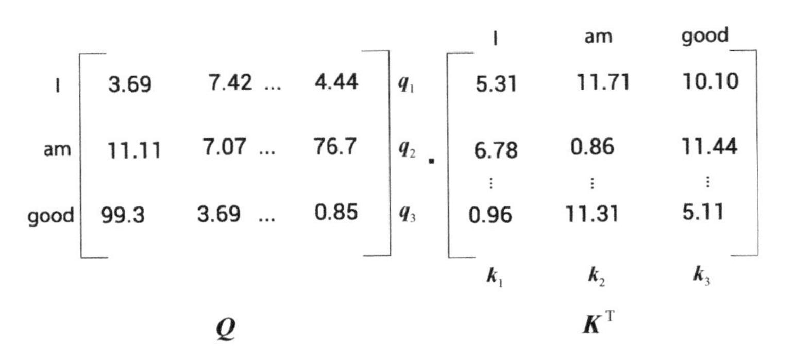

图 1-9 查询矩阵和键矩阵

图 1-10 显示了查询矩阵 $\boldsymbol{Q}$ 与键矩阵 $\boldsymbol{K}^{\mathrm{T}}$ 的点积结果。

$$
\underbrace{\begin{array}{c} \text{I} \\ \text{am} \\ \text{good} \end{array}\begin{bmatrix} 3.69 & 7.42 & \dots & 4.44 \\ 11.11 & 7.07 & \dots & 76.7 \\ 99.3 & 3.69 & \dots & 0.85 \end{bmatrix}\begin{array}{c} \boldsymbol{q}_1 \\ \boldsymbol{q}_2 \\ \boldsymbol{q}_3 \end{array}}_{\boldsymbol{Q}} \cdot \underbrace{\begin{array}{ccc} \text{I} & \text{am} & \text{good} \\ 5.31 & 11.71 & 10.10 \\ 6.78 & 0.86 & 11.44 \\ \vdots & \vdots & \vdots \\ 0.96 & 11.31 & 5.11 \\ \boldsymbol{k}_1 & \boldsymbol{k}_2 & \boldsymbol{k}_3 \end{array}}_{\boldsymbol{K}^{\mathrm{T}}} = \begin{array}{c|ccc} & \text{I} & \text{am} & \text{good} \\ \text{I} & \boldsymbol{q}_1\cdot\boldsymbol{k}_1 & \boldsymbol{q}_1\cdot\boldsymbol{k}_2 & \boldsymbol{q}_1\cdot\boldsymbol{k}_3 \\ \text{am} & \boldsymbol{q}_2\cdot\boldsymbol{k}_1 & \boldsymbol{q}_2\cdot\boldsymbol{k}_2 & \boldsymbol{q}_2\cdot\boldsymbol{k}_3 \\ \text{good} & \boldsymbol{q}_3\cdot\boldsymbol{k}_1 & \boldsymbol{q}_3\cdot\boldsymbol{k}_2 & \boldsymbol{q}_3\cdot\boldsymbol{k}_3 \end{array}
$$

$$
\boldsymbol{Q}\cdot\boldsymbol{K}^{\mathrm{T}} = \begin{array}{c|ccc} & \text{I} & \text{am} & \text{good} \\ \text{I} & 110 & 90 & 80 \\ \text{am} & 70 & 99 & 70 \\ \text{good} & 90 & 70 & 100 \end{array}
$$

图 1-10 计算查询矩阵与键矩阵的点积

但为何需要计算查询矩阵与键矩阵的点积呢？$\boldsymbol{Q}\cdot\boldsymbol{K}^{\mathrm{T}}$ 到底是什么意思？下面，我们将通过细看 $\boldsymbol{Q}\cdot\boldsymbol{K}^{\mathrm{T}}$ 的结果来理解以上问题。

首先，来看 $\boldsymbol{Q}\cdot\boldsymbol{K}^{\mathrm{T}}$ 矩阵的第一行，如图 1-11 所示。可以看到，这一行计算的是查询向量 $\boldsymbol{q}_1$（I）与所有的键向量 $\boldsymbol{k}_1$（I）、$\boldsymbol{k}_2$（am）和 $\boldsymbol{k}_3$（good）的点积。通过计算两个向量的点积可以知道它们之间的相似度。

因此，通过计算查询向量（$\boldsymbol{q}_1$）和键向量（$\boldsymbol{k}_1$、$\boldsymbol{k}_2$、$\boldsymbol{k}_3$）的点积，可以了解单词I与句子中的所有单词的相似度。我们了解到，I这个词与自己的关系比与am和good这两个词的关系更紧密，因为点积值 $\boldsymbol{q}_1\cdot\boldsymbol{k}_1$ 大于 $\boldsymbol{q}_1\cdot\boldsymbol{k}_2$ 和 $\boldsymbol{q}_1\cdot\boldsymbol{k}_3$。

$$
\boldsymbol{Q}\cdot\boldsymbol{K}^{\mathrm{T}} = \begin{array}{c|ccc} & \text{I} & \text{am} & \text{good} \\ \text{I} & \underset{\boldsymbol{q}_1\cdot\boldsymbol{k}_1}{110} & \underset{\boldsymbol{q}_1\cdot\boldsymbol{k}_2}{90} & \underset{\boldsymbol{q}_1\cdot\boldsymbol{k}_3}{80} \\ \text{am} & 70 & 99 & 70 \\ \text{good} & 90 & 70 & 100 \end{array}
$$

图 1-11 计算查询向量（$\boldsymbol{q}_1$）与键向量（$\boldsymbol{k}_1$、$\boldsymbol{k}_2$、$\boldsymbol{k}_3$）的点积

注意，本章使用的数值是任意选择的，只是为了让我们更好地理解背后的数学原理。

现在来看 $\boldsymbol{Q}\cdot\boldsymbol{K}^{\mathrm{T}}$ 矩阵的第二行，如图 1-12 所示。现在需要计算查询向量 $\boldsymbol{q}_2$（am）

与所有的键向量 $\boldsymbol{k}_1$（I）、$\boldsymbol{k}_2$（am）、$\boldsymbol{k}_3$（good）的点积。这样一来，我们就可以知道 am 与句中所有词的相似度。

通过查看 $\boldsymbol{Q}\cdot\boldsymbol{K}^{\mathrm{T}}$ 矩阵的第二行可以知道，单词 am 与自己的关系最为密切，因为点积值最大。

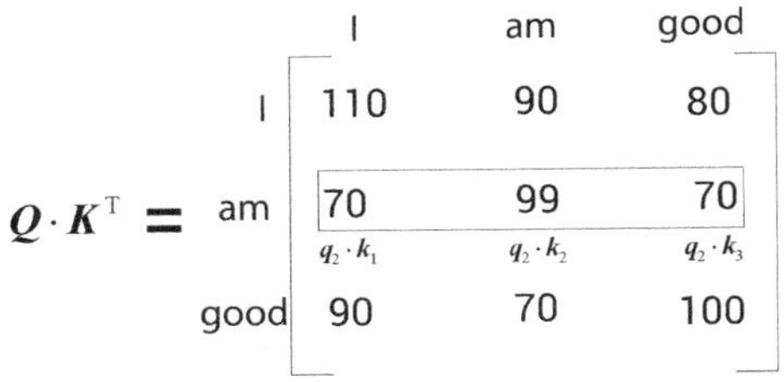

$$\boldsymbol{Q}\cdot\boldsymbol{K}^{\mathrm{T}} = \begin{array}{c} \\ \text{I} \\ \text{am} \\ \text{good} \end{array}\begin{array}{ccc} \text{I} & \text{am} & \text{good} \\ 110 & 90 & 80 \\ \underset{q_2\cdot k_1}{70} & \underset{q_2\cdot k_2}{99} & \underset{q_2\cdot k_3}{70} \\ 90 & 70 & 100 \end{array}$$

图 1-12　计算查询向量（$\boldsymbol{q}_2$）与键向量（$\boldsymbol{k}_1$、$\boldsymbol{k}_2$、$\boldsymbol{k}_3$）的点积

同理，来看 $\boldsymbol{Q}\cdot\boldsymbol{K}^{\mathrm{T}}$ 矩阵的第三行。如图 1-13 所示，计算查询向量 $\boldsymbol{q}_3$（good）与所有键向量 $\boldsymbol{k}_1$（I）、$\boldsymbol{k}_2$（am）和 $\boldsymbol{k}_3$（good）的点积。

从结果可知，good 与自己的关系更密切，因为点积值 $\boldsymbol{q}_3\cdot\boldsymbol{k}_3$ 大于 $\boldsymbol{q}_3\cdot\boldsymbol{k}_1$ 和 $\boldsymbol{q}_3\cdot\boldsymbol{k}_2$。

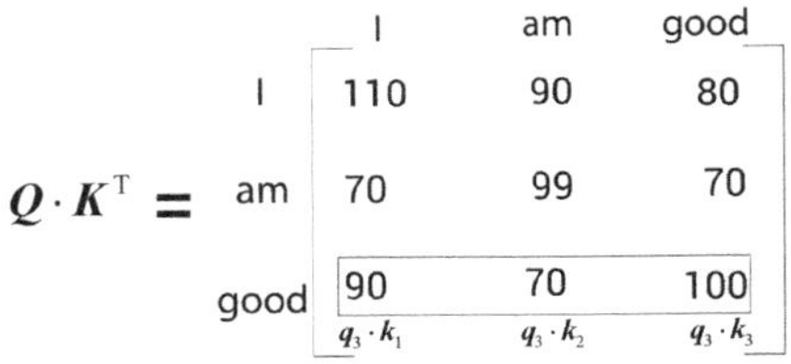

$$\boldsymbol{Q}\cdot\boldsymbol{K}^{\mathrm{T}} = \begin{array}{c} \\ \text{I} \\ \text{am} \\ \text{good} \end{array}\begin{array}{ccc} \text{I} & \text{am} & \text{good} \\ 110 & 90 & 80 \\ 70 & 99 & 70 \\ \underset{q_3\cdot k_1}{90} & \underset{q_3\cdot k_2}{70} & \underset{q_3\cdot k_3}{100} \end{array}$$

图 1-13　计算查询向量（$\boldsymbol{q}_3$）与键向量（$\boldsymbol{k}_1$、$\boldsymbol{k}_2$、$\boldsymbol{k}_3$）的点积

综上所述，计算查询矩阵 $\boldsymbol{Q}$ 与键矩阵 $\boldsymbol{K}^{\mathrm{T}}$ 的点积，从而得到相似度分数。这有助于我们了解句子中每个词与所有其他词的相似度。

第 2 步

自注意力机制的第 2 步是将 $\boldsymbol{Q}\cdot\boldsymbol{K}^{\mathrm{T}}$ 矩阵除以键向量维度的平方根。这样做的目的主要是获得稳定的梯度。

我们用 d_k 来表示键向量维度。然后，将 $\boldsymbol{Q}\cdot\boldsymbol{K}^{\mathrm{T}}$ 除以 $\sqrt{d_k}$。在本例中，键向量维度是 64。取 64 的平方根，我们得到 8。将第 1 步中算出的 $\boldsymbol{Q}\cdot\boldsymbol{K}^{\mathrm{T}}$ 除以 8，如图 1-14 所示。

$$\frac{\boldsymbol{Q}\cdot\boldsymbol{K}^{\mathrm{T}}}{\sqrt{d_k}}=\frac{\boldsymbol{Q}\cdot\boldsymbol{K}^{\mathrm{T}}}{8}=\begin{array}{c|ccc|} & \text{I} & \text{am} & \text{good} \\ \text{I} & 13.75 & 11.25 & 10 \\ \text{am} & 8.75 & 12.375 & 8.75 \\ \text{good} & 11.25 & 8.75 & 12.5 \end{array}$$

图 1-14　$\boldsymbol{Q}\cdot\boldsymbol{K}^{\mathrm{T}}$ 除以键向量维度的平方根

第 3 步

目前所得的相似度分数尚未被归一化，我们需要使用 softmax 函数对其进行归一化处理。如图 1-15 所示，应用 softmax 函数将使数值分布在 0 到 1 的范围内，且每一行的所有数之和等于 1。

$$\mathrm{softmax}\left(\frac{\boldsymbol{Q}\cdot\boldsymbol{K}^{\mathrm{T}}}{\sqrt{d_k}}\right)=\begin{array}{c|ccc|} & \text{I} & \text{am} & \text{good} \\ \text{I} & 0.90 & 0.07 & 0.03 \\ \text{am} & 0.025 & 0.95 & 0.025 \\ \text{good} & 0.21 & 0.03 & 0.76 \end{array}$$

图 1-15　应用 softmax 函数

我们将图 1-15 中的矩阵称为分数矩阵。通过这些分数，我们可以了解句子中的每个词与所有词的相关程度。以图 1-15 中的分数矩阵的第一行为例，它告诉我们，I 这个词与它本身的相关程度是 90%，与 am 这个词的相关程度是 7%，与 good 这个词的相关程度是 3%。

第 4 步

至此，我们计算了查询矩阵与键矩阵的点积，得到了分数，然后用 softmax 函数将分数归一化。自注意力机制的最后一步是计算注意力矩阵 $\boldsymbol{Z}$。

注意力矩阵包含句子中每个单词的注意力值。它可以通过将分数矩阵 softmax $(\boldsymbol{Q}\cdot\boldsymbol{K}^{\mathrm{T}}/\sqrt{d_k})$乘以值矩阵 $\boldsymbol{V}$ 得出，如图 1-16 所示。

$$Z = \underbrace{\begin{array}{c|ccc} & \text{I} & \text{am} & \text{good} \\ \hline \text{I} & 0.90 & 0.07 & 0.03 \\ \text{am} & 0.025 & 0.95 & 0.025 \\ \text{good} & 0.21 & 0.03 & 0.76 \end{array}}_{\text{softmax}\left(\frac{Q \cdot K^{\mathrm{T}}}{\sqrt{d_k}}\right)} \underbrace{\begin{array}{c|cccc|c} & \text{I} & \text{am} & \text{good} & & \\ \hline \text{I} & 67.85 & 91.2 & \ldots & 0.13 & v_1 \\ \text{am} & 13.13 & 63.1 & \ldots & 4.44 & v_2 \\ \text{good} & 12.12 & 96.1 & \ldots & 43.4 & v_3 \end{array}}_{V}$$

图 1-16 计算注意力矩阵

假设计算结果如图 1-17 所示。

$$Z = \begin{bmatrix} z_1 \\ z_2 \\ z_3 \end{bmatrix} \begin{matrix} \text{I} \\ \text{am} \\ \text{good} \end{matrix}$$

图 1-17 注意力矩阵示例

由图 1-16 可以看出，注意力矩阵 $\boldsymbol{Z}$ 就是值向量与分数加权之后求和所得到的结果。让我们逐行理解这个计算过程。首先，第一行 z_1 对应 I 这个词的自注意力值，它通过图 1-18 所示的方法计算所得。

$$z_1 = 0.90 \underbrace{\begin{bmatrix} 67.85 & 91.2 & \ldots \end{bmatrix}}_{v_1\text{(I)}} + 0.07 \underbrace{\begin{bmatrix} 13.13 & 63.1 & \ldots \end{bmatrix}}_{v_2\text{(am)}} + 0.03 \underbrace{\begin{bmatrix} 12.12 & 96.1 & \ldots \end{bmatrix}}_{v_3\text{(good)}}$$

图 1-18 单词 I 的自注意力值

从图 1-18 中可以看出，单词 I 的自注意力值 z_1 是分数加权的值向量之和。所以，z_1 的值将包含 90%的值向量 $\boldsymbol{v}_1$（I）、7%的值向量 $\boldsymbol{v}_2$（am），以及 3%的值向量 $\boldsymbol{v}_3$（good）。

这有什么用呢？为了回答这个问题，让我们回过头去看之前的例句：A dog ate the food because it was hungry（一只狗吃了食物，因为它很饿）。在这里，it 这个词表示 dog。我们将按照前面的步骤来计算 it 这个词的自注意力值。假设计算过程如图 1-19 所示。

$$z_{\text{it}} = 0.0 \underbrace{\begin{bmatrix} 71.1 & 6.1 & \ldots \end{bmatrix}}_{v_1\text{(A)}} + 1.0 \underbrace{\begin{bmatrix} 31.1 & 11.1 & \ldots \end{bmatrix}}_{v_2\text{(dog)}} + \ldots + 0.0 \underbrace{\begin{bmatrix} 0.9 & 11.44 & \ldots \end{bmatrix}}_{v_5\text{(food)}} + \ldots + 0.0 \underbrace{\begin{bmatrix} 0.8 & 12.44 & \ldots \end{bmatrix}}_{v_9\text{(hungry)}}$$

图 1-19 单词 it 的自注意力值

从图 1-19 中可以看出，it 这个词的自注意力值包含 100%的值向量 $\boldsymbol{v}_2$（dog）。这有助于模型理解 it 这个词实际上指的是 dog 而不是 food。这也再次说明，通过自注意力机制，我们可以了解一个词与句子中所有词的相关程度。

回到 I am good 这个例子，单词 am 的自注意力值 $\boldsymbol{z}_2$ 也是分数加权的值向量之和，如图 1-20 所示。

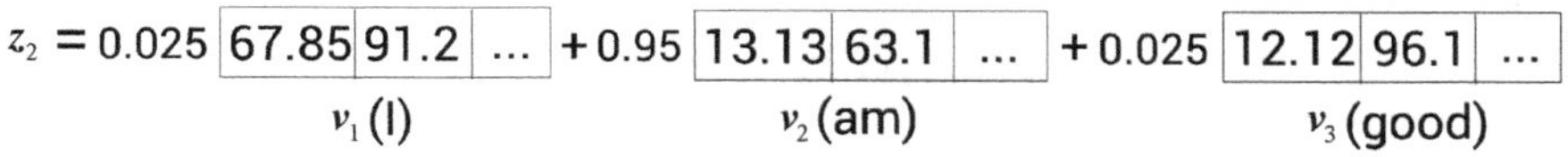

$$z_2 = 0.025 \underbrace{\begin{bmatrix} 67.85 & 91.2 & \cdots \end{bmatrix}}_{v_1(\mathrm{I})} + 0.95 \underbrace{\begin{bmatrix} 13.13 & 63.1 & \cdots \end{bmatrix}}_{v_2(\mathrm{am})} + 0.025 \underbrace{\begin{bmatrix} 12.12 & 96.1 & \cdots \end{bmatrix}}_{v_3(\mathrm{good})}$$

图 1-20 单词 am 的自注意力值

从图 1-20 中可以看出，$\boldsymbol{z}_2$ 的值包含 2.5%的值向量 $\boldsymbol{v}_1$（I）、95%的值向量 $\boldsymbol{v}_2$（am），以及 2.5%的值向量 $\boldsymbol{v}_3$（good）。

同样，单词 good 的自注意力值 $\boldsymbol{z}_3$ 也是分数加权的值向量之和，如图 1-21 所示。

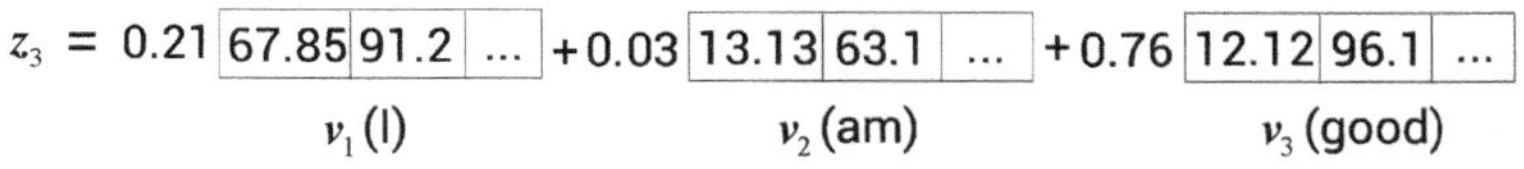

$$z_3 = 0.21 \underbrace{\begin{bmatrix} 67.85 & 91.2 & \cdots \end{bmatrix}}_{v_1(\mathrm{I})} + 0.03 \underbrace{\begin{bmatrix} 13.13 & 63.1 & \cdots \end{bmatrix}}_{v_2(\mathrm{am})} + 0.76 \underbrace{\begin{bmatrix} 12.12 & 96.1 & \cdots \end{bmatrix}}_{v_3(\mathrm{good})}$$

图 1-21 单词 good 的自注意力值

可见，$\boldsymbol{z}_3$ 的值包含 21%的值向量 $\boldsymbol{v}_1$（I）、3%的值向量 $\boldsymbol{v}_2$（am），以及 76%的值向量 $\boldsymbol{v}_3$（good）。

综上所述，注意力矩阵 $\boldsymbol{Z}$ 由句子中所有单词的自注意力值组成，它的计算公式如下。

$$\boldsymbol{Z} = \mathrm{softmax}\left(\frac{\boldsymbol{Q} \cdot \boldsymbol{K}^{\mathrm{T}}}{\sqrt{d_k}}\right)\boldsymbol{V}$$

现将自注意力机制的计算步骤总结如下：

(1) 计算查询矩阵与键矩阵的点积 $\boldsymbol{Q} \cdot \boldsymbol{K}^{\mathrm{T}}$，求得相似值，称为分数；

(2) 将 $\boldsymbol{Q} \cdot \boldsymbol{K}^{\mathrm{T}}$ 除以键向量维度的平方根 $\sqrt{d_k}$；

(3) 用 softmax 函数对分数进行归一化处理，得到分数矩阵 $\mathrm{softmax}(\boldsymbol{Q} \cdot \boldsymbol{K}^{\mathrm{T}} / \sqrt{d_k})$；

(4) 通过将分数矩阵与值矩阵 $\boldsymbol{V}$ 相乘，计算出注意力矩阵 $\boldsymbol{Z}$。

自注意力机制的计算流程图如图 1-22 所示。

矩阵乘法
softmax函数
缩放
矩阵乘法
Q
K
V

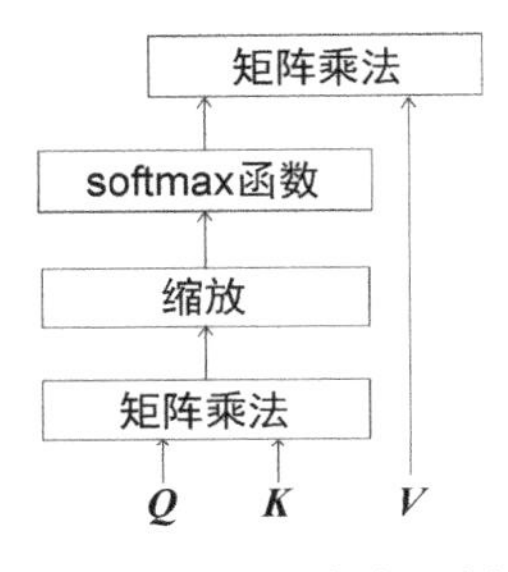

图 1-22 自注意力机制

自注意力机制也被称为**缩放点积注意力机制**，这是因为其计算过程是先求查询矩阵与键矩阵的点积，再用 $\sqrt{d_k}$ 对结果进行缩放。

我们已经了解了自注意力机制的工作原理。在 1.2.2 节中，我们将了解多头注意力层。

1.2.2 多头注意力层

顾名思义，多头注意力是指我们可以使用多个注意力头，而不是只用一个。也就是说，我们可以应用在 1.2.1 节中学习的计算注意力矩阵 $\boldsymbol{Z}$ 的方法，来求得多个注意力矩阵。

让我们通过一个例子来理解多头注意力层的作用。以 All is well 这句话为例，假设我们需要计算 well 的自注意力值。在计算相似度分数后，我们得到图 1-23 所示的结果。

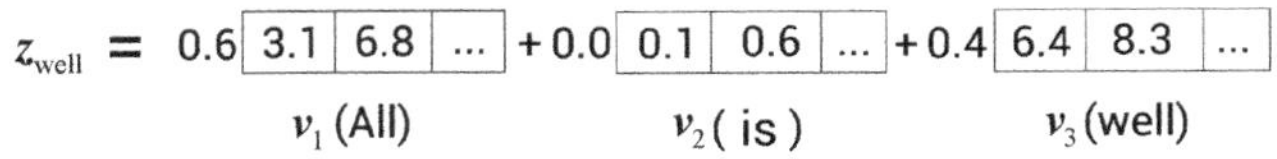

z_well = 0.6 3.1 6.8 ... + 0.0 0.1 0.6 ... + 0.4 6.4 8.3 ...
v1 (All)
v2 (is)
v3 (well)

图 1-23 单词 well 的自注意力值

从图 1-23 中可以看出，well 的自注意力值是分数加权的值向量之和，并且它实际上是由 All 主导的。也就是说，将 All 的值向量乘以 0.6，而 well 的值向量只乘以了 0.4。这意味着 z_{well} 将包含 60%的 All 的值向量，而 well 的值向量只有 40%。

这只有在词义含糊不清的情况下才有用。以下句为例：

A dog ate the food because it was hungry（一只狗吃了食物，因为它很饿）

假设我们需要计算 it 的自注意力值。在计算相似度分数后，我们得到图 1-24 所示的结果。

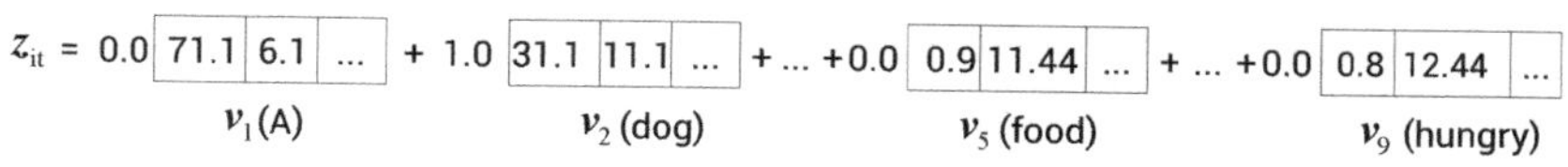

z_{it} = 0.0 | 71.1 | 6.1 | ... | + 1.0 | 31.1 | 11.1 | ... | + ... +0.0 | 0.9 | 11.44 | ... | + ... +0.0 | 0.8 | 12.44 | ...

v_1(A)　　v_2 (dog)　　v_5 (food)　　v_9 (hungry)

图 1-24　单词 it 的自注意力值

从图 1-24 中可以看出，it 的自注意力值正是 dog 的值向量。在这里，单词 it 的自注意力值被 dog 所控制。这是正确的，因为 it 的含义模糊，它指的既可能是 dog，也可能是 food。

如果某个词实际上由其他词的值向量控制，而这个词的含义又是模糊的，那么这种控制关系是有用的；否则，这种控制关系反而会造成误解。为了确保结果准确，我们不能依赖单一的注意力矩阵，而应该计算多个注意力矩阵，并将其结果串联起来。使用多头注意力的逻辑是这样的：使用多个注意力矩阵，而非单一的注意力矩阵，可以提高注意力矩阵的准确性。我们将进一步探讨这一点。

假设要计算两个注意力矩阵 $\boldsymbol{Z}_1$ 和 $\boldsymbol{Z}_2$。首先，计算注意力矩阵 $\boldsymbol{Z}_1$。

我们已经知道，为了计算注意力矩阵，需要创建三个新的矩阵，分别为查询矩阵、键矩阵和值矩阵。为了创建查询矩阵 $\boldsymbol{Q}_1$、键矩阵 $\boldsymbol{K}_1$ 和值矩阵 $\boldsymbol{V}_1$，我们引入三个新的权重矩阵，称为 $\boldsymbol{W}_1^{\boldsymbol{Q}}$、$\boldsymbol{W}_1^{\boldsymbol{K}}$、$\boldsymbol{W}_1^{\boldsymbol{V}}$。用矩阵 $\boldsymbol{X}$ 分别乘以矩阵 $\boldsymbol{W}_1^{\boldsymbol{Q}}$、$\boldsymbol{W}_1^{\boldsymbol{K}}$、$\boldsymbol{W}_1^{\boldsymbol{V}}$，就可以依次创建出查询矩阵、键矩阵和值矩阵。

基于以上内容，注意力矩阵 $\boldsymbol{Z}_1$ 可按以下公式计算得出。

$$\boldsymbol{Z}_1 = \operatorname{softmax}\left(\frac{\boldsymbol{Q}_1 \cdot \boldsymbol{K}_1^{\mathrm{T}}}{\sqrt{d_k}}\right)\boldsymbol{V}_1$$

接下来计算第二个注意力矩阵 $\boldsymbol{Z}_2$。

为了计算注意力矩阵 $\boldsymbol{Z}_2$，我们创建了另一组矩阵：查询矩阵 $\boldsymbol{Q}_2$、键矩阵 $\boldsymbol{K}_2$ 和值矩阵 $\boldsymbol{V}_2$，并引入了三个新的权重矩阵，即 $\boldsymbol{W}_2^{\boldsymbol{Q}}$、$\boldsymbol{W}_2^{\boldsymbol{K}}$、$\boldsymbol{W}_2^{\boldsymbol{V}}$。用矩阵 $\boldsymbol{X}$ 分别乘以矩阵 $\boldsymbol{W}_2^{\boldsymbol{Q}}$、$\boldsymbol{W}_2^{\boldsymbol{K}}$、$\boldsymbol{W}_2^{\boldsymbol{V}}$，就可以依次得出对应的查询矩阵、键矩阵和值矩阵。

注意力矩阵 $\boldsymbol{Z}_2$ 可按以下公式计算得出。

$$\boldsymbol{Z}_2 = \operatorname{softmax}\left(\frac{\boldsymbol{Q}_2 \cdot \boldsymbol{K}_2^{\mathrm{T}}}{\sqrt{d_k}}\right)\boldsymbol{V}_2$$

同理，可以计算出 h 个注意力矩阵。假设我们有 8 个注意力矩阵，即 $\boldsymbol{Z}_1$ 到 $\boldsymbol{Z}_8$，那么可以直接将所有的注意力头（注意力矩阵）串联起来，并将结果乘以一个新的权重矩阵$\boldsymbol{W}_0$，从而得出最终的注意力矩阵，公式如下所示。

$$\text{Multi-head attention} = \text{Concatenate}(\boldsymbol{Z}_1, \boldsymbol{Z}_2, \cdots, \boldsymbol{Z}_i, \cdots, \boldsymbol{Z}_8)\boldsymbol{W}_0$$

现在，我们已经了解了多头注意力层的工作原理。1.2.3节将介绍另一个有趣的概念，即**位置编码**（positional encoding）。

1.2.3 通过位置编码来学习位置

还是以I am good（我很好）为例。在RNN模型中，句子是逐字送入学习网络的。换言之，首先把I作为输入，接下来是am，以此类推。通过逐字地接受输入，学习网络就能完全理解整个句子。然而，Transformer网络并不遵循递归循环的模式。因此，我们不是逐字地输入句子，而是将句子中的所有词并行地输入到神经网络中。并行输入有助于缩短训练时间，同时有利于学习长期依赖。

不过，并行地将词送入Transformer，却不保留词序，它将如何理解句子的意思呢？要理解一个句子，词序（词在句子中的位置）不是很重要吗？

当然，Transformer也需要一些关于词序的信息，以便更好地理解句子。但这将如何做到呢？现在，让我们来解答这个问题。

对于给定的句子I am good，我们首先计算每个单词在句子中的嵌入值。嵌入维度可以表示为d_{model}。比如将嵌入维度d_{model}设为4，那么输入矩阵的维度将是[句子长度×嵌入维度]，也就是[3 × 4]。

同样，用输入矩阵$\boldsymbol{X}$（嵌入矩阵）表示输入句I am good。假设输入矩阵$\boldsymbol{X}$如图1-25所示。

$$\boldsymbol{X} = \begin{matrix} \text{I} \\ \text{am} \\ \text{good} \end{matrix} \begin{bmatrix} 1.769 & 2.22 & 3.4 & 5.8 \\ 7.3 & 9.9 & 8.5 & 7.1 \\ 9.1 & 7.1 & 0.85 & 10.1 \end{bmatrix} \begin{matrix} \boldsymbol{x}_1 \\ \boldsymbol{x}_2 \\ \boldsymbol{x}_3 \end{matrix}$$

图1-25 输入矩阵

如果把输入矩阵$\boldsymbol{X}$直接传给Transformer，那么模型是无法理解词序的。因此，需要添加一些表明词序（词的位置）的信息，以便神经网络能够理解句子的含义。所以，我们不能将输入矩阵直接传给Transformer。这里引入了一种叫作**位置编码**的技术，以达到上述目的。顾名思义，位置编码是指词在句子中的位置（词序）的编码。

位置编码矩阵 $\boldsymbol{P}$ 的维度与输入矩阵 $\boldsymbol{X}$ 的维度相同。在将输入矩阵直接传给Transformer之前，我们将使其包含位置编码。我们只需将位置编码矩阵 $\boldsymbol{P}$ 添加到输入矩阵 $\boldsymbol{X}$ 中，再将其作为输入送入神经网络，如图 1-26 所示。这样一来，输入矩阵不仅有词的嵌入值，还有词在句子中的位置信息。

$$
\boldsymbol{X} = \underbrace{\begin{bmatrix} 1.769 & 2.22 & 3.4 & 5.8 \\ 7.3 & 9.9 & 8.5 & 7.1 \\ 9.1 & 7.1 & 0.85 & 10.1 \end{bmatrix}}_{\boldsymbol{X}} + \underbrace{\begin{bmatrix} 0 & 1 & 0 & 1 \\ 0.841 & 0.54 & 0.01 & 0.99 \\ 0.909 & -0.416 & 0.02 & 0.99 \end{bmatrix}}_{\boldsymbol{P}}
$$

$$
= \begin{bmatrix} 1.769 & 3.22 & 3.4 & 6.8 \\ 8.141 & 10.44 & 8.51 & 8.09 \\ 10.009 & 6.684 & 0.87 & 11.09 \end{bmatrix}
$$

图 1-26 在输入矩阵中添加位置编码

位置编码矩阵究竟是如何计算的呢？如下所示，Transformer 论文“Attention Is All You Need”的作者使用了正弦函数来计算位置编码：

$$
\boldsymbol{P}(\text{pos}, 2i) = \sin\left(\frac{\text{pos}}{10000^{2i/d_{\text{model}}}}\right)
$$

$$
\boldsymbol{P}(\text{pos}, 2i+1) = \cos\left(\frac{\text{pos}}{10000^{2i/d_{\text{model}}}}\right)
$$

在上面的等式中，pos 表示该词在句子中的位置，i 表示在输入矩阵中的位置。下面通过一个例子来理解以上等式，如图 1-27 所示。

$$
\boldsymbol{P} = \begin{array}{r} \text{I} \\ \text{am} \\ \text{good} \end{array} \begin{bmatrix} \sin\left(\frac{\text{pos}}{10000^{0}}\right) & \cos\left(\frac{\text{pos}}{10000^{0}}\right) & \sin\left(\frac{\text{pos}}{10000^{2/4}}\right) & \cos\left(\frac{\text{pos}}{10000^{2/4}}\right) \\ \sin\left(\frac{\text{pos}}{10000^{0}}\right) & \cos\left(\frac{\text{pos}}{10000^{0}}\right) & \sin\left(\frac{\text{pos}}{10000^{2/4}}\right) & \cos\left(\frac{\text{pos}}{10000^{2/4}}\right) \\ \sin\left(\frac{\text{pos}}{10000^{0}}\right) & \cos\left(\frac{\text{pos}}{10000^{0}}\right) & \sin\left(\frac{\text{pos}}{10000^{2/4}}\right) & \cos\left(\frac{\text{pos}}{10000^{2/4}}\right) \end{bmatrix}
$$

图 1-27 计算位置编码矩阵

可以看到，在位置编码中，当 i 是偶数时，使用正弦函数；当 i 是奇数时，则使用余弦函数。通过简化矩阵中的公式，可以得出图 1-28 所示的结果。

$$
\boldsymbol{P} = \begin{matrix} \text{I} \\ \text{am} \\ \text{good} \end{matrix} \begin{bmatrix} \sin(pos) & \cos(pos) & \sin\left(\frac{pos}{100}\right) & \cos\left(\frac{pos}{100}\right) \\ \sin(pos) & \cos(pos) & \sin\left(\frac{pos}{100}\right) & \cos\left(\frac{pos}{100}\right) \\ \sin(pos) & \cos(pos) & \sin\left(\frac{pos}{100}\right) & \cos\left(\frac{pos}{100}\right) \end{bmatrix}
$$

图 1-28 计算位置编码矩阵（简化版）

我们知道 I 位于句子的第 0 位[①]，am 在第 1 位，good 在第 2 位。代入 pos 值，我们得到图 1-29 所示的结果。

$$
\boldsymbol{P} = \begin{matrix} \text{I} \\ \text{am} \\ \text{good} \end{matrix} \begin{bmatrix} \sin(0) & \cos(0) & \sin(0/100) & \cos(0/100) \\ \sin(1) & \cos(1) & \sin(1/100) & \cos(1/100) \\ \sin(2) & \cos(2) & \sin(2/100) & \cos(2/100) \end{bmatrix}
$$

图 1-29 继续计算位置编码矩阵

最终的位置编码矩阵 $\boldsymbol{P}$ 如图 1-30 所示。

$$
\boldsymbol{P} = \begin{matrix} \text{I} \\ \text{am} \\ \text{good} \end{matrix} \begin{bmatrix} 0 & 1 & 0 & 1 \\ 0.841 & 0.54 & 0.01 & 0.99 \\ 0.909 & -0.416 & 0.02 & 0.99 \end{bmatrix}
$$

图 1-30 位置编码矩阵

只需将输入矩阵 $\boldsymbol{X}$ 与计算得到的位置编码矩阵 $\boldsymbol{P}$ 进行逐元素相加，并将得出的结果作为输入矩阵送入编码器中。

让我们回顾一下编码器架构。图 1-31 是一个编码器模块，从中我们可以看到，在将输入矩阵送入编码器之前，首先要将位置编码加入输入矩阵中，再将其作为输入送入编码器。

① 在计算机科学中，数列的起始位置为 0。——译者注

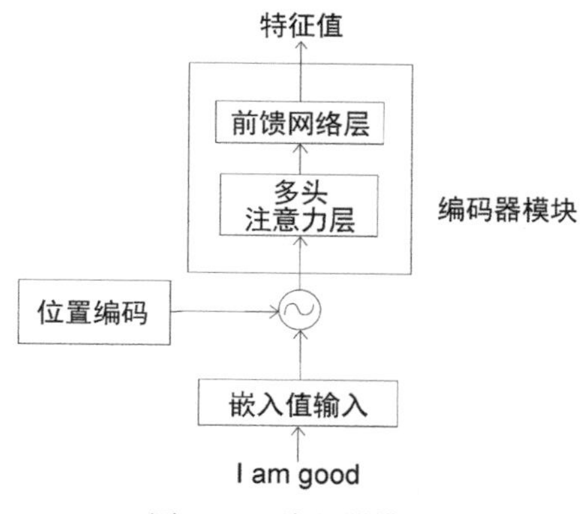

图 1-31　编码器模块

我们已经学习了多头注意力层，也了解了位置编码的工作原理。在 1.2.4 节中，我们将学习前馈网络层。

1.2.4　前馈网络层

前馈网络层在编码器模块中的位置如图 1-32 所示。

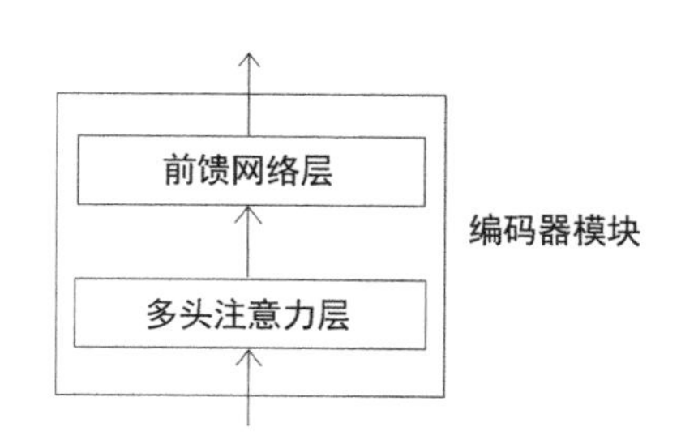

图 1-32　前馈网络层在编码器模块中的位置

前馈网络由两个有 ReLU 激活函数的全连接层组成。前馈网络的参数在句子的不同位置上是相同的，但在不同的编码器模块上是不同的。在 1.2.5 节中，我们将了解编码器的叠加和归一组件。

1.2.5　叠加和归一组件

在编码器中还有一个重要的组成部分，即叠加和归一组件。它同时连接一个子层的输入和输出，如图 1-33 所示（虚线部分）。

- 同时连接多头注意力层的输入和输出。
- 同时连接前馈网络层的输入和输出。

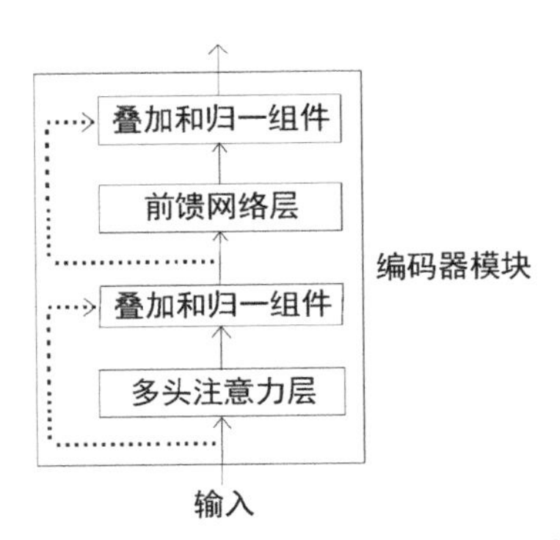

图 1-33　带有叠加和归一组件的编码器模块

叠加和归一组件实际上包含一个残差连接与**层的归一化**。层的归一化可以防止每层的值剧烈变化，从而提高了模型的训练速度。

至此，我们已经了解了编码器的所有部分。在 1.2.6 节中，我们将它们放在一起看看编码器是如何工作的。

1.2.6　编码器总览

图 1-34 显示了叠加的两个编码器，但只有编码器 1 被展开，以便你查看细节。

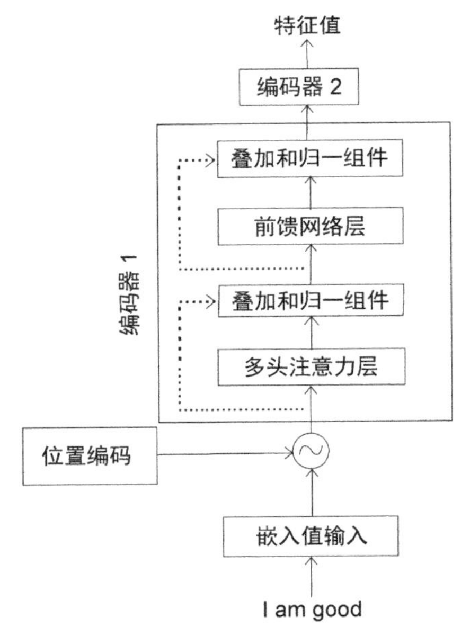

图 1-34　叠加的两个编码器

通过图 1-34，我们可以总结出以下几点。

(1) 将输入转换为嵌入矩阵（输入矩阵），并将位置编码加入其中，再将结果作为输入传入底层的编码器（编码器 1）。
(2) 编码器 1 接受输入并将其送入多头注意力层，该子层运算后输出注意力矩阵。
(3) 将注意力矩阵输入到下一个子层，即前馈网络层。前馈网络层将注意力矩阵作为输入，并计算出特征值作为输出。
(4) 接下来，把从编码器 1 中得到的输出作为输入，传入下一个编码器（编码器 2）。
(5) 编码器 2 进行同样的处理，再将给定输入句子的特征值作为输出。

这样可以将 N 个编码器一个接一个地叠加起来。从最后一个编码器（顶层的编码器）得到的输出将是给定输入句子的特征值。让我们把从最后一个编码器（在本例中是编码器 2）得到的特征值表示为 $\boldsymbol{R}$。

我们把 $\boldsymbol{R}$ 作为输入传给解码器。解码器将基于这个输入生成目标句。

现在，我们了解了 Transformer 的编码器部分。1.3 节将详细分析解码器的工作原理。

1.3　理解解码器

假设我们想把英语句子 I am good（原句）翻译成法语句子 Je vais bien（目标句）。首先，将原句 I am good 送入编码器，使编码器学习原句，并计算特征值。在前文中，我们学习了编码器是如何计算原句的特征值的。然后，我们把从编码器求得的特征值送入解码器。解码器将特征值作为输入，并生成目标句 Je vais bien，如图 1-35 所示。

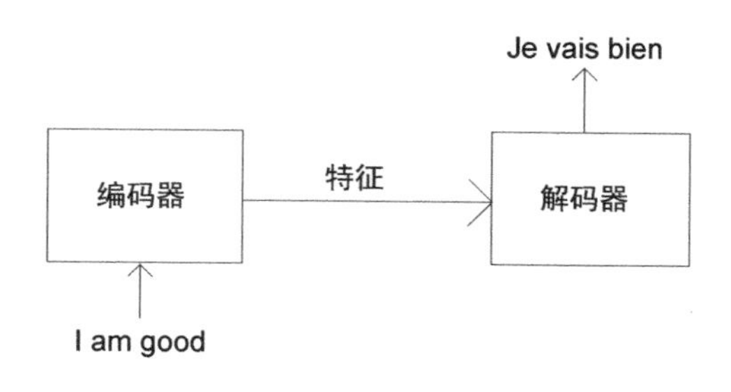

图 1-35　Transformer 的编码器和解码器

在编码器部分，我们了解到可以叠加 N 个编码器。同理，解码器也可以有 N 个叠加在一起。为简化说明，我们设定 N=2。如图 1-36 所示，一个解码器的输出会被作为输入传入下一个解码器。我们还可以看到，编码器将原句的特征值（编码器的输出）作为输入传给所有解码器，而非只给第一个解码器。因此，一个解码器（第一个除外）将有两个输入：一个是来自前一个解码器的输出，另一个是编码器输出的特征值。

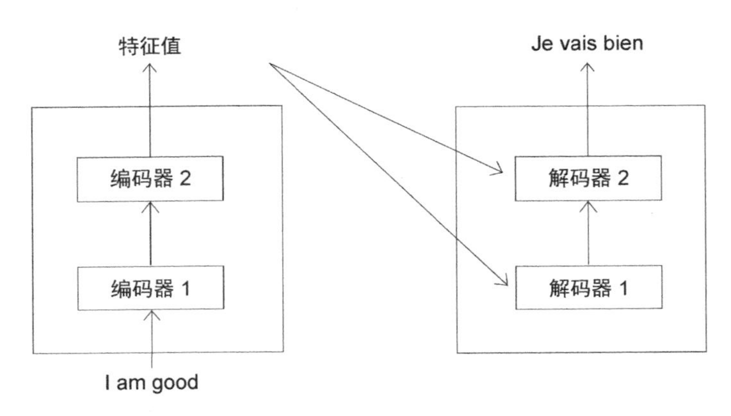

图 1-36 编码器和解码器

接下来，我们学习解码器究竟是如何生成目标句的。当 t=1 时（t 表示时间步），解码器的输入是<sos>，这表示句子的开始。解码器收到<sos>作为输入，生成目标句中的第一个词，即 Je，如图 1-37 所示。

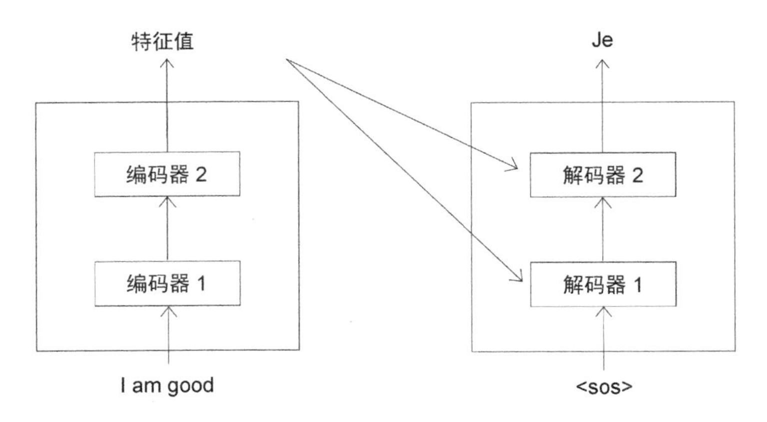

图 1-37 解码器在 t=1 时的预测结果

当 t=2 时，解码器使用当前的输入和在上一步（t-1）生成的单词，预测句子中的下一个单词。在本例中，解码器将<sos>和 Je（来自上一步）作为输入，并试图生成目标句中的下一个单词，如图 1-38 所示。

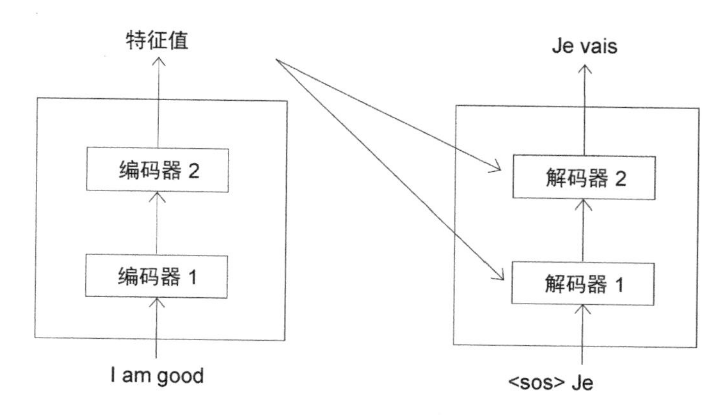

图 1-38 解码器在 t=2 时的预测结果

同理，你可以推断出解码器在 t=3 时的预测结果。此时，解码器将<sos>、Je 和 vais（来自上一步）作为输入，并试图生成句子中的下一个单词，如图 1-39 所示。

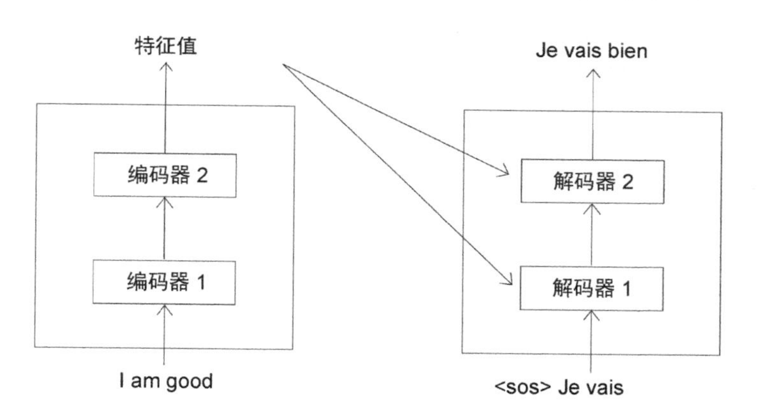

图 1-39 解码器在 t=3 时的预测结果

在每一步中，解码器都将上一步新生成的单词与输入的词结合起来，并预测下一个单词。因此，在最后一步（t=4），解码器将<sos>、Je、vais 和 bien 作为输入，并试图生成句子中的下一个单词，如图 1-40 所示。

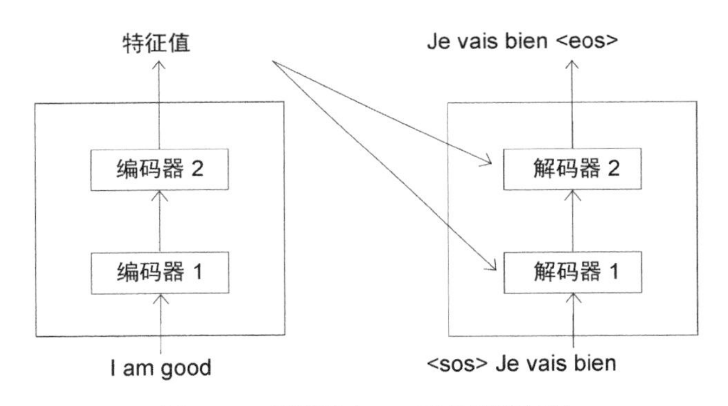

图 1-40 解码器在 t=4 时的预测结果

从图 1-40 中可以看到，一旦生成表示句子结束的`<eos>`标记，就意味着解码器已经完成了对目标句的生成工作。

在编码器部分，我们将输入转换为嵌入矩阵，并将位置编码添加到其中，然后将其作为输入送入编码器。同理，我们也不是将输入直接送入解码器，而是将其转换为嵌入矩阵，为其添加位置编码，然后再送入解码器。

如图 1-41 所示，假设在时间步 t=2，我们将输入转换为嵌入（我们称之为**嵌入值输出**，因为这里计算的是解码器在以前的步骤中生成的词的嵌入），将位置编码加入其中，然后将其送入解码器。

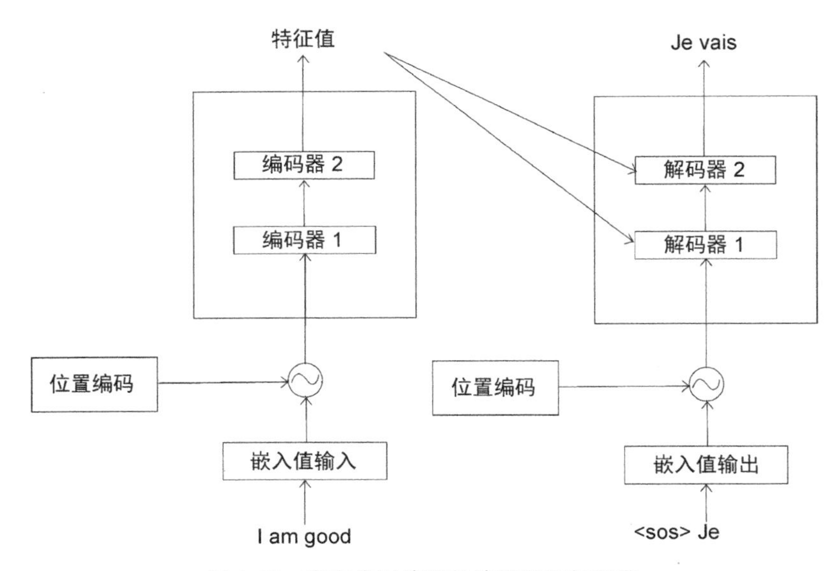

图 1-41 带有位置编码的编码器和解码器

接下来，让我们深入了解解码器的工作原理。一个解码器模块及其所有的组件如图 1-42 所示。

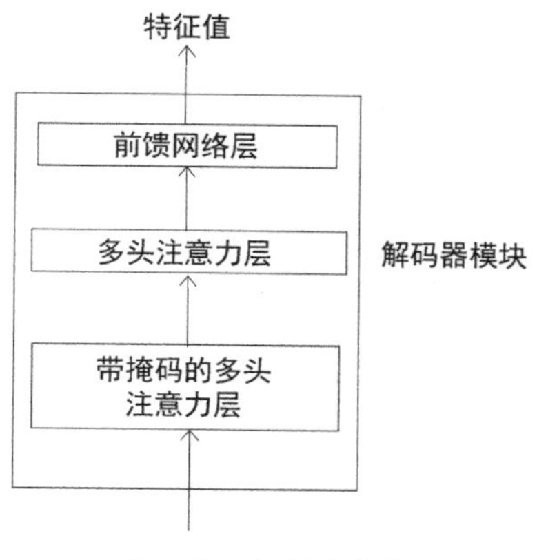

图 1-42 解码器模块

从图 1-42 中可以看到，解码器内部有 3 个子层。

- 带掩码的多头注意力层
- 多头注意力层
- 前馈网络层

与编码器模块相似，解码器模块也有多头注意力层和前馈网络层，但多了带掩码的多头注意力层。现在，我们对解码器有了基本的认识。接下来，让我们先详细了解解码器的每个组成部分，然后从整体上了解它的工作原理。

1.3.1 带掩码的多头注意力层

以英法翻译任务为例，假设训练数据集样本如图 1-43 所示。

原句	目标句
I am good	Je vais bien
Good morning	Bonjour
Thank you very much	Merci beaucoup

图 1-43 训练数据集样本

图 1-43 所示的数据集由两部分组成：原句和目标句。在前面，我们学习了解码器在测试期间是如何在每个步骤中逐字预测目标句的。

在训练期间，由于有正确的目标句，解码器可以直接将整个目标句稍作修改作为输入。解码器将输入的<sos>作为第一个标记，并在每一步将下一个预测词与输入结合起来，以预测目标句，直到遇到<eos>标记为止。因此，我们只需将<sos>标记添加到目标句的开头，再将整体作为输入发送给解码器。

比如要把英语句子 I am good 转换成法语句子 Je vais bien。我们只需在目标句的开头加上<sos>标记，并将<sos>Je vais bien 作为输入发送给解码器。解码器将预测输出为 Je vais bien<eos>，如图 1-44 所示。

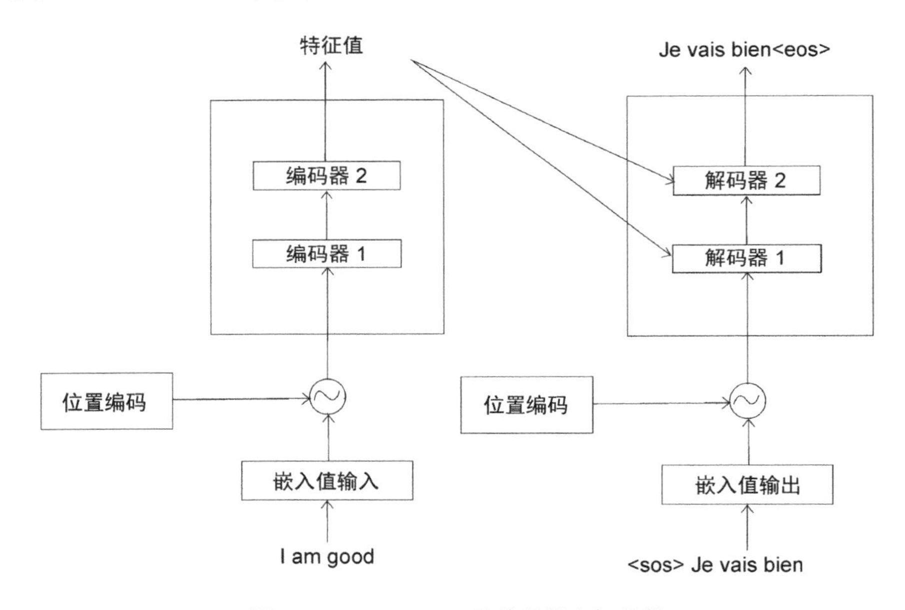

图 1-44 Transformer 的编码器和解码器

为什么我们需要输入整个目标句，让解码器预测位移后的目标句呢？下面来解答。

首先，我们不是将输入直接送入解码器，而是将其转换为嵌入矩阵（输出嵌入矩阵）并添加位置编码，然后再送入解码器。假设添加输出嵌入矩阵和位置编码后得到图 1-45 所示的矩阵 ***X***。

X =

<sos>	7.9	3.5	...	16.1	x_1
Je	8.1	4.4	...	83.1	x_2
vais	17	0.54	...	6.12	x_3
bien	11.12	11.12	...	22.1	x_4

图 1-45 嵌入矩阵

然后，将矩阵 X 送入解码器。解码器中的第一层是带掩码的多头注意力层。这与编码器中的多头注意力层的工作原理相似，但有一点不同。

为了运行自注意力机制，我们需要创建三个新矩阵，即查询矩阵 Q、键矩阵 K 和值矩阵 V。由于使用多头注意力层，因此我们创建了 h 个查询矩阵、键矩阵和值矩阵。对于注意力头 i 的查询矩阵 Q_i、键矩阵 K_i 和值矩阵 V_i，可以通过将 X 分别乘以权重矩阵 W_i^Q、W_i^K、W_i^V 而得。

下面，让我们看看带掩码的多头注意力层是如何工作的。假设传给解码器的输入句是<sos>Je vais bien。我们知道，自注意力机制将一个单词与句子中的所有单词联系起来，从而提取每个词的更多信息。但这里有一个小问题。在测试期间，解码器只将上一步生成的词作为输入。

比如，在测试期间，当 t=2 时，解码器的输入中只有[<sos>, Je]，并没有任何其他词。因此，我们也需要以同样的方式来训练模型。模型的注意力机制应该只与该词之前的单词有关，而不是其后的单词。要做到这一点，我们可以掩盖后边所有还没有被模型预测的词。

比如，我们想预测与<sos>相邻的单词。在这种情况下，模型应该只看到<sos>，所以我们应该掩盖<sos>后边的所有词。再比如，我们想预测 Je 后边的词。在这种情况下，模型应该只看到 Je 之前的词，所以我们应该掩盖 Je 后边的所有词。其他行同理，如图 1-46 所示。

<sos>	掩码	掩码	掩码
<sos>	Je	掩码	掩码
<sos>	Je	vais	掩码
<sos>	Je	vais	bien

图 1-46 掩码

像这样的掩码有助于自注意力机制只注意模型在测试期间可以使用的词。但我们究竟如何才能实现掩码呢？我们学习过对于一个注意力头 i 的注意力矩阵 $\boldsymbol{Z}_i$ 的计算方法，公式如下。

$$\boldsymbol{Z}_i = \text{softmax}\left(\frac{\boldsymbol{Q}_i \cdot \boldsymbol{K}_i^{\mathrm{T}}}{\sqrt{d_k}}\right)\boldsymbol{V}_i$$

计算注意力矩阵的第 1 步是计算查询矩阵与键矩阵的点积。图 1-47 显示了点积结果。需要注意的是，这里使用的数值是随机的，只是为了方便理解。

$\boldsymbol{Q}_i \cdot \boldsymbol{K}_i^{\mathrm{T}} =$

	<sos>	Je	vais	bien
<sos>	73	60	10	45
Je	40	99	25	70
vais	58	40	83	10
bien	12	11	15	80

图 1-47 查询矩阵与键矩阵的点积

第 2 步是将 $\boldsymbol{Q}_i \cdot \boldsymbol{K}_i^{\mathrm{T}}$ 矩阵除以键向量维度的平方根 $\sqrt{d_k}$ 。假设图 1-48 是 $\boldsymbol{Q}_i \cdot \boldsymbol{K}_i^{\mathrm{T}} / \sqrt{d_k}$ 的结果。

$\dfrac{\boldsymbol{Q}_i \cdot \boldsymbol{K}_i^{\mathrm{T}}}{\sqrt{d_k}} =$

	<sos>	Je	vais	bien
<sos>	9.125	7.5	1.25	5.625
Je	5.0	12.37	3.12	8.75
vais	7.25	5.0	10.37	1.25
bien	1.5	1.37	1.87	10.0

图 1-48 计算注意力矩阵的第 2 步

第 3 步，我们对图 1-48 所得的矩阵应用 softmax 函数，并将分值归一化。但在应用 softmax 函数之前，我们需要对数值进行掩码转换。以矩阵的第 1 行为例，为了预测<sos>后边的词，模型不应该知道<sos>右边的所有词（因为在测试时不会有这些词）。因此，我们可以用 $-\infty$ 掩盖<sos>右边的所有词，如图 1-49 所示。

$$\frac{Q_i \cdot K_i^{\mathrm{T}}}{\sqrt{d_k}} = \begin{array}{c|cccc} & \text{<sos>} & \text{Je} & \text{vais} & \text{bien} \\ \hline \text{<sos>} & 9.125 & -\infty & -\infty & -\infty \\ \text{Je} & 5.0 & 12.37 & 3.12 & 8.75 \\ \text{vais} & 7.25 & 5.0 & 10.37 & 1.25 \\ \text{bien} & 1.5 & 1.37 & 1.87 & 10.0 \end{array}$$

图 1-49　用 $-\infty$ 掩盖<sos>右边的所有词

接下来，让我们看矩阵的第 2 行。为了预测 Je 后边的词，模型不应该知道 Je 右边的所有词（因为在测试时不会有这些词）。因此，我们可以用 $-\infty$ 掩盖 Je 右边的所有词，如图 1-50 所示。

$$\frac{Q_i \cdot K_i^{\mathrm{T}}}{\sqrt{d_k}} = \begin{array}{c|cccc} & \text{<sos>} & \text{Je} & \text{vais} & \text{bien} \\ \hline \text{<sos>} & 9.125 & -\infty & -\infty & -\infty \\ \text{Je} & 5.0 & 12.37 & -\infty & -\infty \\ \text{vais} & 7.25 & 5.0 & 10.37 & 1.25 \\ \text{bien} & 1.5 & 1.37 & 1.87 & 10.0 \end{array}$$

图 1-50　用 $-\infty$ 掩盖 Je 右边的所有词

同理，我们可以用 $-\infty$ 掩盖 vais 右边的所有词，如图 1-51 所示。

$$\frac{Q_i \cdot K_i^{\mathrm{T}}}{\sqrt{d_k}} = \begin{array}{c|cccc} & \text{<sos>} & \text{Je} & \text{vais} & \text{bien} \\ \hline \text{<sos>} & 9.125 & -\infty & -\infty & -\infty \\ \text{Je} & 5.0 & 12.37 & -\infty & -\infty \\ \text{vais} & 7.25 & 5.0 & 10.37 & -\infty \\ \text{bien} & 1.5 & 1.37 & 1.87 & 10.0 \end{array}$$

图 1-51　用 $-\infty$ 掩盖 vais 右边的所有词

现在，我们可以将 softmax 函数应用于前面的矩阵，并将结果与值矩阵 $\boldsymbol{V}_i$ 相乘，得到最终的注意力矩阵 $\boldsymbol{Z}_i$。同样，我们可以计算 h 个注意力矩阵，将它们串联起来，并将结果乘以新的权重矩阵 $\boldsymbol{W}_0$，即可得到最终的注意力矩阵 $\boldsymbol{M}$，如下所示。

$$\boldsymbol{M} = \text{Concatenate}(\boldsymbol{Z}_1, \boldsymbol{Z}_2, \cdots, \boldsymbol{Z}_i, \cdots, \boldsymbol{Z}_h)\boldsymbol{W}_0$$

最后，我们把注意力矩阵 $\boldsymbol{M}$ 送到解码器的下一个子层，也就是另一个多头注意力层。1.3.2 节将详细讲解它的实现原理。

1.3.2 多头注意力层

图 1-52 展示了 Transformer 模型中的编码器和解码器。我们可以看到，每个解码器中的多头注意力层都有两个输入：一个来自带掩码的多头注意力层，另一个是编码器输出的特征值。

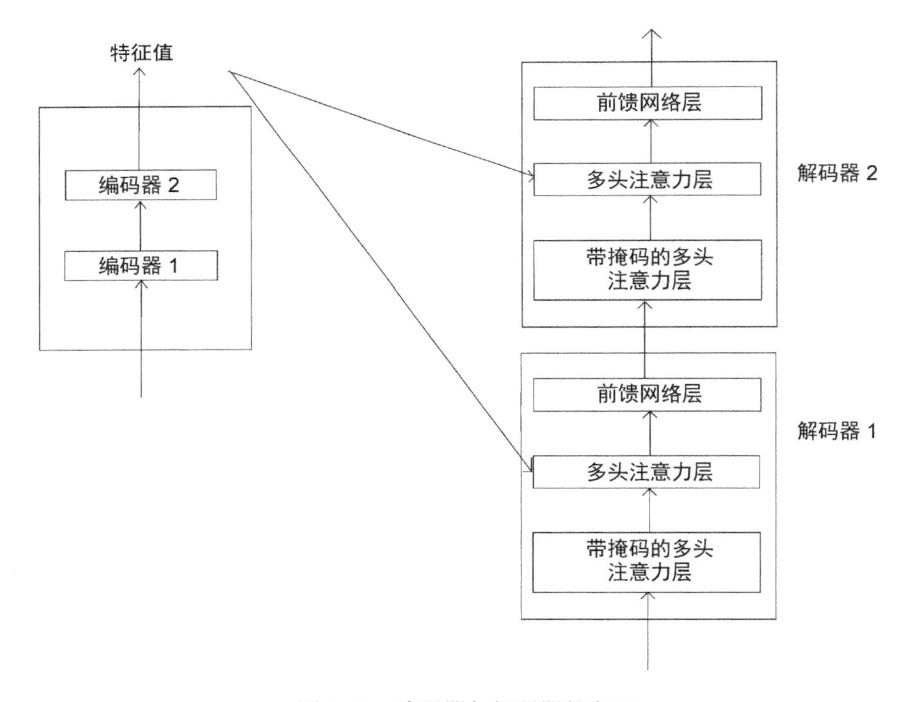

图 1-52 编码器与解码器的交互

让我们用 $\boldsymbol{R}$ 来表示编码器输出的特征值，用 $\boldsymbol{M}$ 来表示由带掩码的多头注意力层输出的注意力矩阵。由于涉及编码器与解码器的交互，因此这一层也被称为**编码器-解码器注意力层**。

让我们详细了解该层究竟是如何工作的。多头注意力机制的第 1 步是创建查询矩阵、键矩阵和值矩阵。我们已知可以通过将输入矩阵乘以权重矩阵来创建查询矩阵、键矩阵和值矩阵。但在这一层，我们有两个输入矩阵：一个是 $\boldsymbol{R}$（编码器输出的特征值），另一个是 $\boldsymbol{M}$（前一个子层的注意力矩阵）。应该使用哪一个呢？

答案是：我们使用从上一个子层获得的注意力矩阵 $\boldsymbol{M}$ 创建查询矩阵 $\boldsymbol{Q}$，使用编码器输出的特征值 $\boldsymbol{R}$ 创建键矩阵和值矩阵。由于采用多头注意力机制，因此对于头 i，需做如下处理。

- 查询矩阵 $\boldsymbol{Q}_i$ 通过将注意力矩阵 $\boldsymbol{M}$ 乘以权重矩阵 $\boldsymbol{W}_i^Q$ 来创建。
- 键矩阵和值矩阵通过将编码器输出的特征值 $\boldsymbol{R}$ 分别与权重矩阵 $\boldsymbol{W}_i^K$ 、$\boldsymbol{W}_i^V$ 相乘来创建，如图 1-53 所示。

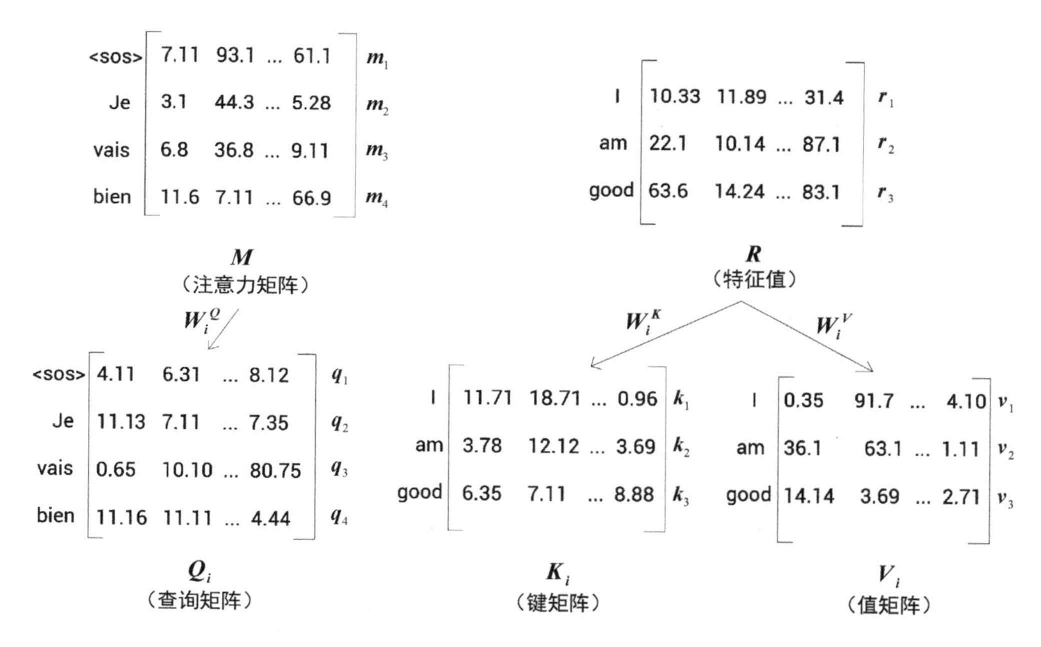

图 1-53 创建查询矩阵、键矩阵和值矩阵

为什么要用 $\boldsymbol{M}$ 计算查询矩阵，而用 $\boldsymbol{R}$ 计算键矩阵和值矩阵呢？因为查询矩阵是从 $\boldsymbol{M}$ 求得的，所以本质上包含了目标句的特征。键矩阵和值矩阵则含有原句的特征，因为它们是用 $\boldsymbol{R}$ 计算的。为了进一步理解，让我们来逐步计算。

第 1 步是计算查询矩阵与键矩阵的点积。查询矩阵和键矩阵如图 1-54 所示。需要注意的是，这里使用的数值是随机的，只是为了方便理解。

$$
\begin{array}{r}
\text{<sos>} \\ \text{Je} \\ \text{vais} \\ \text{bien}
\end{array}
\begin{bmatrix}
4.11 & 6.31 \ldots & 8.12 \\
11.13 & 7.11 \ldots & 7.35 \\
0.65 & 10.10 \ldots & 80.75 \\
11.16 & 11.11 \ldots & 4.44
\end{bmatrix}
\begin{array}{l}
q_1 \\ q_2 \\ q_3 \\ q_4
\end{array}
\cdot
\begin{array}{ccc}
\text{I} & \text{am} & \text{good} \\
\left[\begin{array}{c} 11.71 \\ 18.71 \\ \vdots \\ 0.96 \end{array}\right. &
\begin{array}{c} 3.78 \\ 12.12 \\ \vdots \\ 3.69 \end{array} &
\left.\begin{array}{c} 6.35 \\ 7.11 \\ \vdots \\ 8.88 \end{array}\right] \\
k_1 & k_2 & k_3
\end{array}
$$

$$Q_i \qquad\qquad K_i^{\mathrm{T}}$$

图 1-54 查询矩阵和键矩阵

图 1-55 显示了查询矩阵与键矩阵的点积结果。

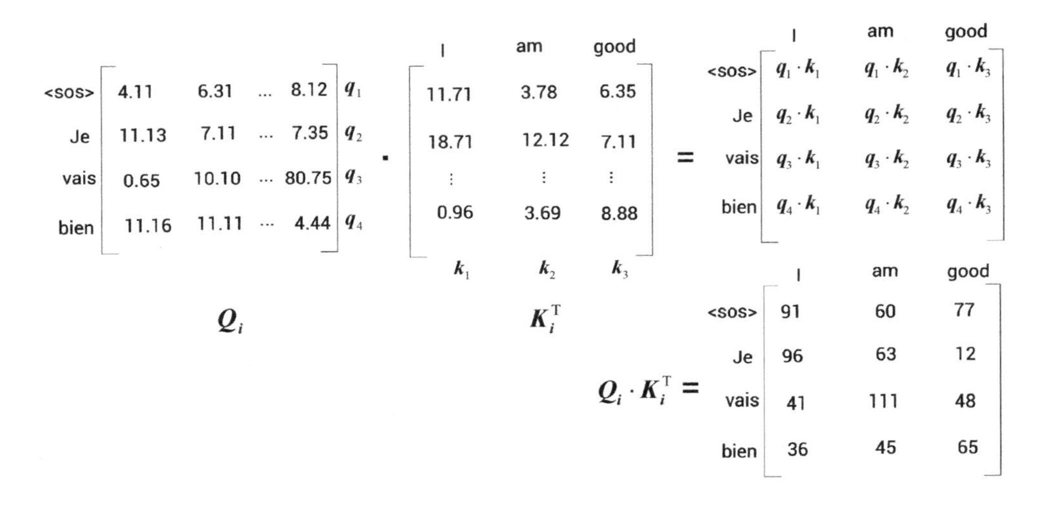

图 1-55 查询矩阵与键矩阵的点积

通过观察图 1-55 中的矩阵 $Q_i \cdot K_i^{\mathrm{T}}$，我们可以得出以下几点。

- 从矩阵的第 1 行可以看出，其正在计算查询向量 q_1（<sos>）与所有键向量 k_1（I）、k_2（am）和 k_3（good）的点积。因此，第 1 行表示目标词<sos>与原句中所有的词（I、am 和 good）的相似度。
- 同理，从矩阵的第 2 行可以看出，其正在计算查询向量 q_2（Je）与所有键向量 k_1（I）、k_2（am）和 k_3（good）的点积。因此，第 2 行表示目标词 Je 与原句中所有的词（I、am 和 good）的相似度。
- 同样的道理也适用于其他所有行。通过计算 $Q_i \cdot K_i^{\mathrm{T}}$，可以得出查询矩阵（目标句特征）与键矩阵（原句特征）的相似度。

计算多头注意力矩阵的下一步是将 $\boldsymbol{Q}_i \cdot \boldsymbol{K}_i^{\mathrm{T}}$ 除以 $\sqrt{d_k}$ ，然后应用 softmax 函数，得到分数矩阵 $\mathrm{softmax}\left(\frac{\boldsymbol{Q}_i \cdot \boldsymbol{K}_i^{\mathrm{T}}}{\sqrt{d_k}}\right)$。

接下来，我们将分数矩阵乘以值矩阵 $\boldsymbol{V}_i$ ，得到 $\mathrm{softmax}\left(\frac{\boldsymbol{Q}_i \cdot \boldsymbol{K}_i^{\mathrm{T}}}{\sqrt{d_k}}\right)\boldsymbol{V}_i$，即注意力矩阵 $\boldsymbol{Z}_i$ ，如图 1-56 所示。

$\boldsymbol{Z}_i$ =

	I	am	good
<sos>	0.84	0.017	0.14
Je	0.98	0.02	0.0
vais	0.0	1.0	0.0
bien	0.0	0.0	1.0

I	0.35	91.7	...	4.10
am	36.1	63.1	...	1.11
good	14.14	3.69	...	2.71

$\mathrm{softmax}\left(\frac{\boldsymbol{Q}_i \cdot \boldsymbol{K}_i^{\mathrm{T}}}{\sqrt{d_k}}\right)$ $\boldsymbol{V}_i$

图 1-56 计算注意力矩阵

假设计算结果如图 1-57 所示。

$\boldsymbol{Z}_i$ =

z_1	<sos>
z_2	Je
z_3	vais
z_4	bien

图 1-57 注意力矩阵的结果

目标句的注意力矩阵 $\boldsymbol{Z}_i$ 是通过分数加权的值向量之和计算的。为了进一步理解，让我们看看 Je 这个词的自注意力值 $\boldsymbol{Z}_2$ 是如何计算的，如图 1-58 所示。

$\boldsymbol{Z}_2 = 0.98\,[0.35\ \ 91.7\ \ \ldots] + 0.02\,[36.1\ \ 63.1\ \ \ldots] + 0.0\,[14.14\ \ 3.69\ \ \ldots]$

v_1 (I) v_2 (am) v_3 (good)

图 1-58 Je 的自注意力值

Je 的自注意力值 $\boldsymbol{Z}_2$ 是通过分数加权的值向量之和求得的。因此，$\boldsymbol{Z}_2$ 的值将包含 98%的值向量 $\boldsymbol{v}_1$（I）和 2%的值向量 $\boldsymbol{v}_2$（am）。这个结果可以帮助模型理解目标词 Je 指代的是原词 I。

同样，我们可以计算出 h 个注意力矩阵，将它们串联起来。然后，将结果乘以一个新的权重矩阵 $\boldsymbol{W}_0$，得出最终的注意力矩阵，如下所示。

$$\text{Multi-head attention} = \text{Concatenate}(\boldsymbol{Z}_1, \boldsymbol{Z}_2, \cdots, \boldsymbol{Z}_i, \cdots, \boldsymbol{Z}_h)\boldsymbol{W}_0$$

将最终的注意力矩阵送入解码器的下一个子层，即前馈网络层。下面，我们了解一下解码器的前馈网络层是如何实现的。

1.3.3 前馈网络层

解码器的下一个子层是前馈网络层，如图 1-59 所示。

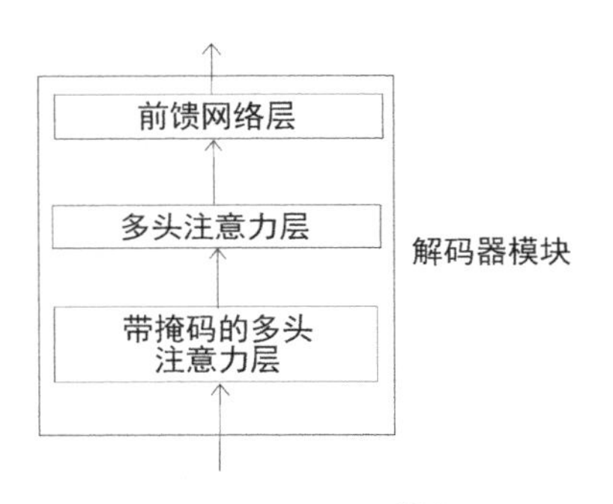

图 1-59 解码器模块

解码器的前馈网络层的工作原理与我们在编码器中学到的完全相同，因此这里不再赘述。下面来看叠加和归一组件。

1.3.4 叠加和归一组件

和在编码器部分学到的一样，叠加和归一组件连接子层的输入和输出，如图 1-60 所示。

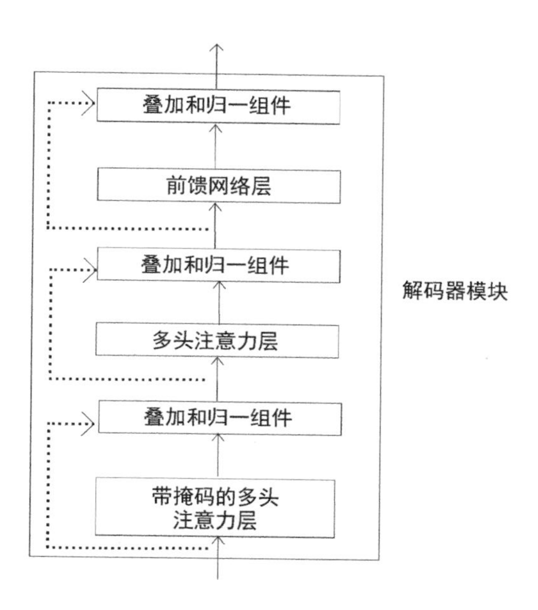

图 1-60 带有叠加和归一组件的解码器模块

下面，我们了解一下线性层和 softmax 层。

1.3.5 线性层和 softmax 层

一旦解码器学习了目标句的特征，我们就将顶层解码器的输出送入线性层和 softmax 层，如图 1-61 所示。

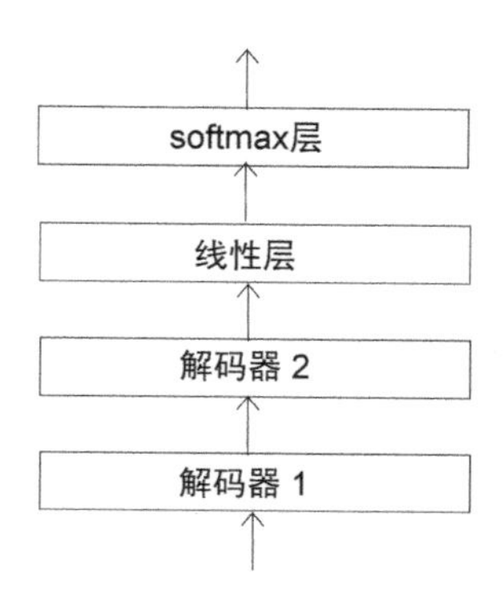

图 1-61 线性层和 softmax 层

线性层将生成一个 logit[①]向量，其大小等于原句中的词汇量。假设原句只由以下 3 个词组成：

```
vocabulary = {bien, Je, vais}
```

那么，线性层返回的 logit 向量的大小将为 3。接下来，使用 softmax 函数将 logit 向量转换成概率，然后解码器将输出具有高概率值的词的索引值。让我们通过一个示例来理解这一过程。

假设解码器的输入词是<sos>和 Je。基于输入词，解码器需要预测目标句中的下一个词。然后，我们把顶层解码器的输出送入线性层。线性层生成 logit 向量，其大小等于原句中的词汇量。假设线性层返回如下 logit 向量：

$$\text{logit} = [45, 40, 49]$$

最后，将 softmax 函数应用于 logit 向量，从而得到概率。

$$\text{prob} = [0.018, 0.000, 0.981]$$

从概率矩阵中，我们可以看出索引 2 的概率最高。所以，模型预测出的下一个词位于词汇表中索引 2 的位置。由于 vais 这个词位于索引 2，因此解码器预测目标句中的下一个词是 vais。通过这种方式，解码器依次预测目标句中的下一个词。

现在我们已经了解了解码器的所有组件。下面，让我们把它们放在一起，看看它们是如何作为一个整体工作的。

1.3.6 解码器总览

图 1-62 显示了两个解码器。为了避免重复，只有解码器 1 被展开说明。

① logit 是指 BERT 模型在 softmax 激活函数之前输出的概率分布。——译者注

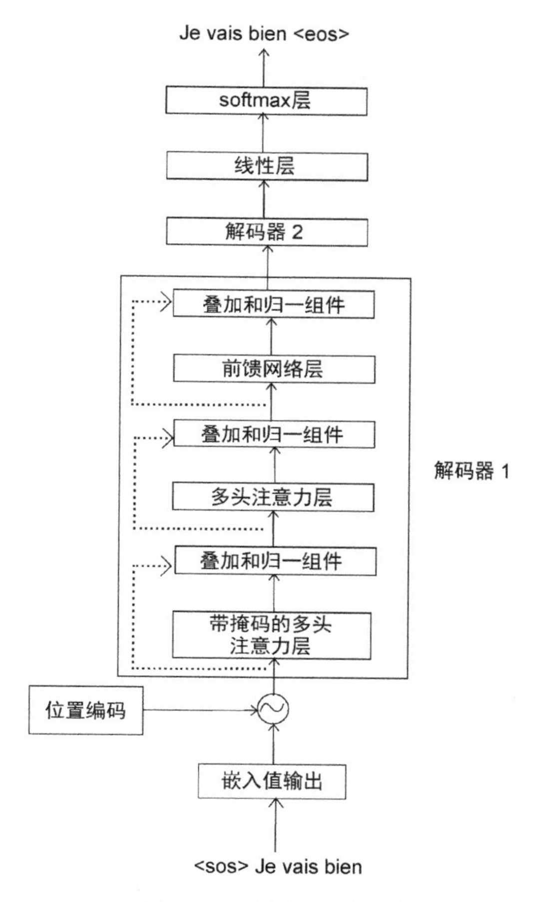

图 1-62 两个解码器串联

通过图 1-62，我们可以得出以下几点。

(1) 首先，我们将解码器的输入转换为嵌入矩阵，然后将位置编码加入其中，并将其作为输入送入底层的解码器（解码器 1）。
(2) 解码器收到输入，并将其发送给带掩码的多头注意力层，生成注意力矩阵 $\boldsymbol{M}$。
(3) 然后，将注意力矩阵 $\boldsymbol{M}$ 和编码器输出的特征值 $\boldsymbol{R}$ 作为多头注意力层（编码器–解码器注意力层）的输入，并再次输出新的注意力矩阵。
(4) 把从多头注意力层得到的注意力矩阵作为输入，送入前馈网络层。前馈网络层将注意力矩阵作为输入，并将解码后的特征作为输出。
(5) 最后，我们把从解码器 1 得到的输出作为输入，将其送入解码器 2。
(6) 解码器 2 进行同样的处理，并输出目标句的特征。

我们可以将 N 个解码器层层堆叠起来。从最后的解码器得到的输出（解码后的特征）将是目标句的特征。接下来，我们将目标句的特征送入线性层和 softmax 层，通过概率得到预测的词。

现在，我们已经详细了解了编码器和解码器的工作原理。让我们把编码器和解码器放在一起，看看 Transformer 模型是如何整体运作的。

1.4 整合编码器和解码器

图 1-63 完整地展示了带有编码器和解码器的 Transformer 架构。

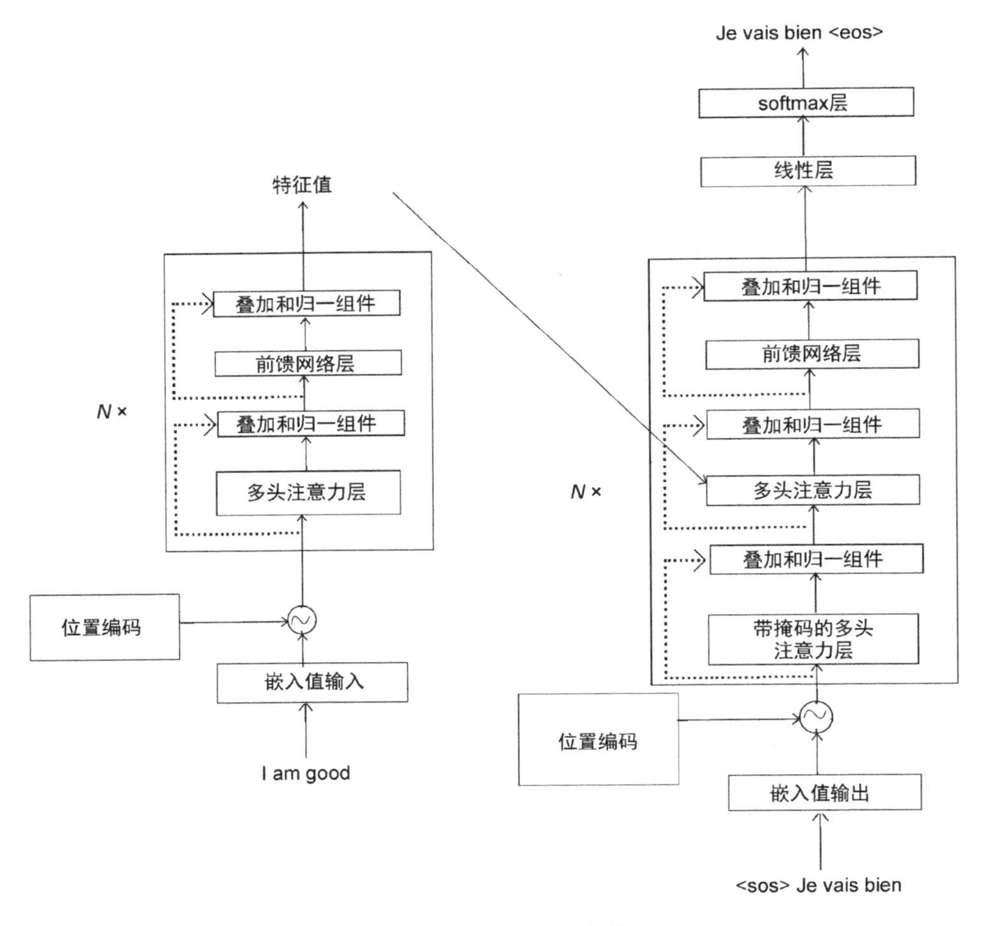

图 1-63 Transformer 架构

在图 1-63 中，$N\times$表示可以堆叠N个编码器和解码器。我们可以看到，一旦输入句子（原句），编码器就会学习其特征并将特征发送给解码器，而解码器又会生成输出句（目标句）。

1.5 训练 Transformer

我们可以通过最小化损失函数来训练 Transformer 网络。但是，应该如何选择损失函数呢？我们已经知道，解码器预测的是词汇的概率分布，并选择概率最高的词作为输出。所以，我们需要让预测的概率分布和实际的概率分布之间的差异最小化。要做到这一点，可以将损失函数定义为交叉熵损失函数。我们通过最小化损失函数来训练网络，并使用 Adam 算法来优化训练过程。

另外需要注意，为了防止过拟合，我们可以将 dropout 方法应用于每个子层的输出以及嵌入和位置编码的总和。

在本章中，我们详细学习了 Transformer 的工作原理。在第 2 章中，我们将开始使用 BERT。

1.6 小结

在本章中，我们首先了解了什么是 Transformer 模型，以及它是如何使用编码器-解码器架构的。我们研究了 Transformer 的编码器部分，了解了编码器使用的不同子层，比如多头注意力层和前馈网络层。

我们了解到，自注意力机制将一个词与句子中的所有词联系起来，以便更好地理解这个词。为了计算自注意力值，我们使用了 3 个矩阵，即查询矩阵、键矩阵和值矩阵。我们还学习了如何计算位置编码，以及如何用它来捕捉句子中的词序。接下来，我们了解了前馈网络以及叠加和归一组件。

在学习了编码器之后，我们还学习了解码器的工作原理。我们详细探讨了解码器中的 3 个子层，它们是带掩码的多头注意力层、多头注意力层（编码器-解码器注意力层）和前馈网络层。之后，我们了解了编码器和解码器是如何组成 Transformer 的，并在本章最后学习了如何训练 Transformer 网络。

在第 2 章中，我们将详细了解什么是 BERT，以及它是如何使用 Transformer 来对上下文嵌入进行学习的。

1.7 习题

让我们检验一下自己是否已经掌握了本章介绍的知识。请尝试回答以下问题。

(1) 自注意力机制包含哪些步骤?
(2) 什么是缩放点积注意力?
(3) 如何创建查询矩阵、键矩阵和值矩阵?
(4) 为什么需要位置编码?
(5) 解码器有哪些子层?
(6) 解码器的多头注意力层的输入是什么?

1.8 深入阅读

想要了解更多内容，请查阅以下资料。

- Ashish Vaswani、Noam Shazeer、Niki Parmar 等人撰写的论文“Attention Is All You Need”。
- Jay Alammar 的博客文章“The Illustrated Transformer”。

第 2 章

了解 BERT 模型

在本章中，我们将开始了解流行且先进的文本嵌入模型 BERT。由于在许多自然语言处理任务上的卓越表现，BERT 彻底改变了自然语言处理的方法。首先，我们将了解什么是 BERT，以及它与其他嵌入模型的区别。然后，我们将详细分析 BERT 的工作原理和基础配置。

接下来，我们将通过两个任务来了解 BERT 模型是如何进行预训练的。这两个任务分别为掩码语言模型构建和下句预测。然后，我们将分析 BERT 的预训练过程。本章的最后将讲解几种有趣的子词词元化算法，包括字节对编码、字节级字节对编码和 WordPiece。

本章重点如下。

- BERT 的基本理念
- BERT 的工作原理
- BERT 的配置
- BERT 模型预训练
- 预训练过程
- 子词词元化算法

2.1 BERT 的基本理念

BERT 是 Bidirectional Encoder Representations from Transformers 的缩写，意为多 Transformer 的双向编码器表示法，它是由谷歌发布的先进的嵌入模型。BERT 是自然语言处理领域的一个重大突破，它在许多自然语言处理任务中取得了突出的成果，比如问答任务、文本生成、句子分类等。BERT 成功的一个主要原因是，它是基于上下文的嵌入模型，这是它与其他流行的嵌入模型的最大不同，比如无上下文的word2vec[①]。

首先，让我们了解有上下文的嵌入模型和无上下文的嵌入模型之间的区别。请看以下两个句子。

句子A：He got bit by Python（他被蟒蛇咬了）

句子B：Python is my favorite programming language（Python是我最喜欢的编程语言）

阅读了上面两个句子后，我们知道单词Python在这两个句子中的含义是不同的。在句子A中，Python是指蟒蛇，而在句子B中，Python是指编程语言。

如果我们用word2vec这样的嵌入模型计算单词Python在前面两个句子中的嵌入值，那么该词的嵌入值在两个句子中都是一样的，这会导致单词Python在两个句子中的含义没有区别。因为word2vec是无上下文模型，所以它会忽略语境。也就是说，无论语境如何，它都会为单词Python计算出相同的嵌入值。

与word2vec不同，BERT是一个基于上下文的模型。它先理解语境，然后根据上下文生成该词的嵌入值。对于前面的两个句子，它将根据语境对单词Python给出不同的嵌入结果。这背后的原理是什么？BERT是如何理解语境的？下面让我们详细解答这些疑问。

首先来看句子A：He got bit by Python。BERT将该句中的每个单词与句子中的所有单词相关联，以了解每个单词的上下文含义。

具体地说，为了理解单词Python的上下文含义，BERT将Python与句子中的所有单词联系起来。

BERT可以通过bit这一单词理解句子A中的Python是用来表示蟒蛇的，如图2-1所示。

① word2vec是一类生成词向量的模型的总称。这类模型多为浅层或者双层的神经网络，通过训练建立词在语言空间中的向量关系。——译者注

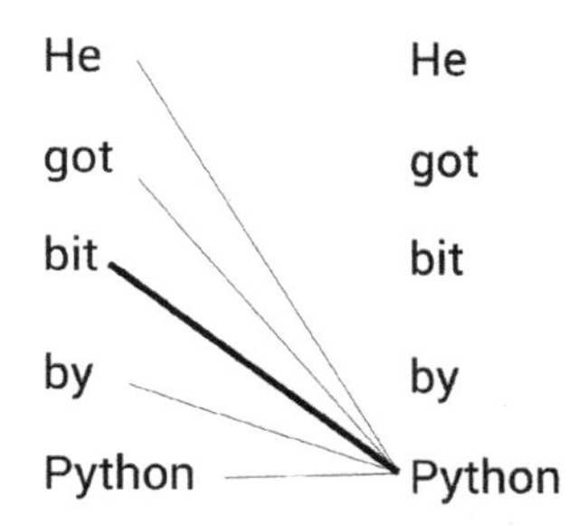

图 2-1 将句子 A 中的单词 Python 与该句中的所有单词联系起来

下面来看句子 B：Python is my favorite programming language。同理，BERT 将这句话中的每个单词与句子中的所有单词联系起来，以了解每个单词的上下文含义。所以，通过 programming 一词，BERT 理解了句子 B 中的单词 Python 与编程语言有关，如图 2-2 所示。

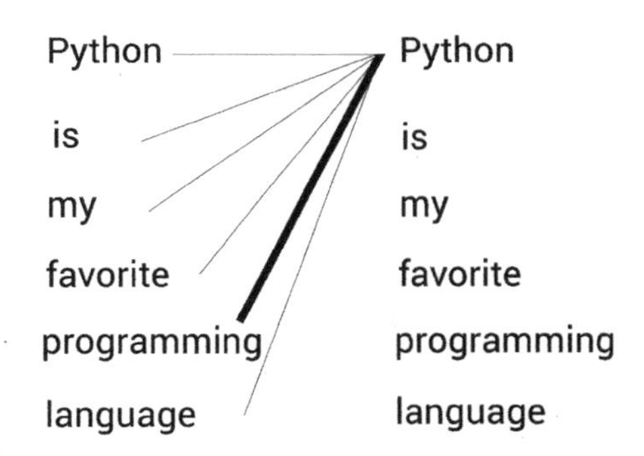

图 2-2 将句子 B 中的单词 Python 与该句中的所有单词联系起来

由此可见，与 word2vec 等无上下文模型生成静态嵌入不同，BERT 能够根据语境生成动态嵌入。

BERT 究竟是如何工作的？它是如何理解上下文的？下面，我们将进一步学习 BERT，并找到这些问题的答案。

2.2 BERT 的工作原理

顾名思义，BERT（多 Transformer 的双向编码器表示法）是基于 Transformer 模型的。我们可以把 BERT 看作只有编码器的 Transformer。

在第 1 章中，我们学习了如何将句子送入 Transformer 的编码器，它将输出句子中每个词的特征值。而这正是BERT这一来自Transformer的编码器的特征。那么“双向”又是什么意思呢?

Transformer的编码器是双向的，它可以从两个方向读取一个句子。因此，BERT由Transformer获得双向编码器特征。

让我们用2.1节中的例句来理解为何BERT是多Transformer的双向编码器表示法。

我们把句子A（He got bit by Python）送入Transformer的编码器，得到句子中每个单词的上下文特征（嵌入）。一旦我们将句子送入编码器，编码器就会利用**多头注意力层**来理解每个单词在句中的上下文（将句子中的每个单词与句子中的所有单词联系起来，以学习单词之间的关系和语境含义），并将其特征值作为输出。

如图2-3所示，我们将句子送入Transformer的编码器，得到句子中每个单词的特征值。图中的N表示可以有N个编码器。$\boldsymbol{R}_{\text{He}}$表示单词He的特征，$\boldsymbol{R}_{\text{got}}$表示单词got的特征，以此类推。每个单词的特征向量大小是编码器层的大小。假设编码器层的大小为768，那么每个单词的特征向量大小也是768。为了避免重复，只有编码器1被展开说明。

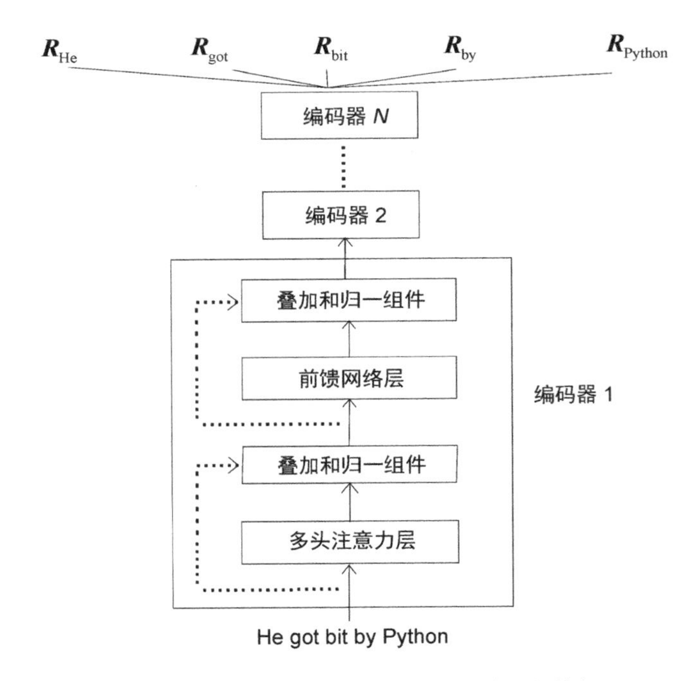

图2-3 BERT生成句子A中每个单词的特征

同样，如果我们将句子 B（Python is my favorite programming language）送入 Transformer 的编码器，那么会得到句子中每个单词的上下文特征，如图 2-4 所示。

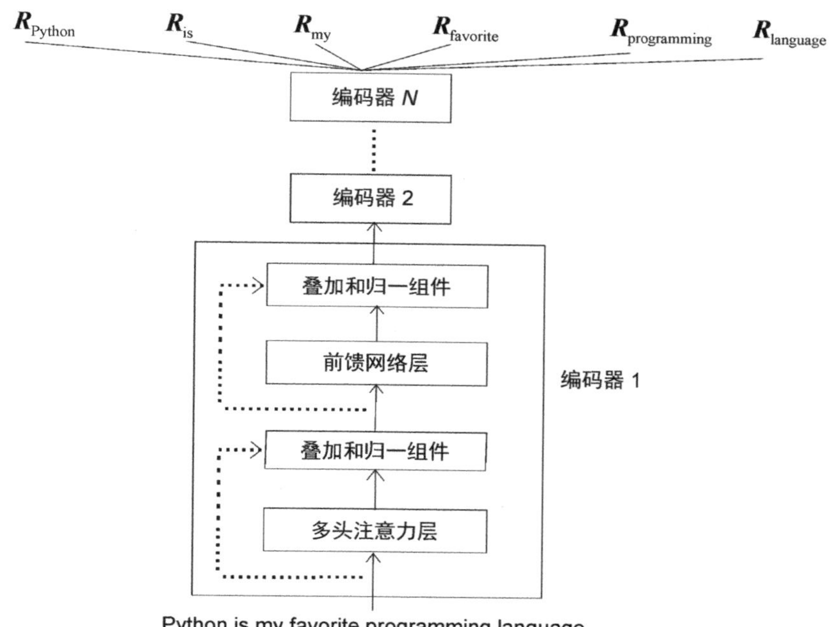

图 2-4 BERT 生成句子 B 中每个单词的特征

可见，通过 BERT 模型，对于一个给定的句子，我们可以获得每个单词的上下文特征（嵌入）。现在，我们已经了解了 BERT 是如何生成上下文特征的。在 2.3 节中，我们将学习不同的 BERT 配置。

2.3 BERT 的配置

BERT 的研究人员在发布该模型时提出了两种标准配置。

- BERT-base
- BERT-large

让我们详细了解一下这两种配置。

2.3.1 BERT-base

BERT-base 由 12 层编码器叠加而成。每层编码器都使用 12 个注意力头，其中前馈网络层由 768 个隐藏神经元组成，所以从 BERT-base 得到的特征向量的大小是 768。

我们使用以下符号来表示上述内容。

- 编码器的层数用 L 表示。
- 注意力头的数量用 A 表示。
- 隐藏神经元的数量用 H 表示。

因此，BERT-base 模型的配置可以表示为 $L = 12$、$A = 12$、$H = 768$，它的网络参数总数可达 1.1 亿个。BERT-base 模型如图 2-5 所示。

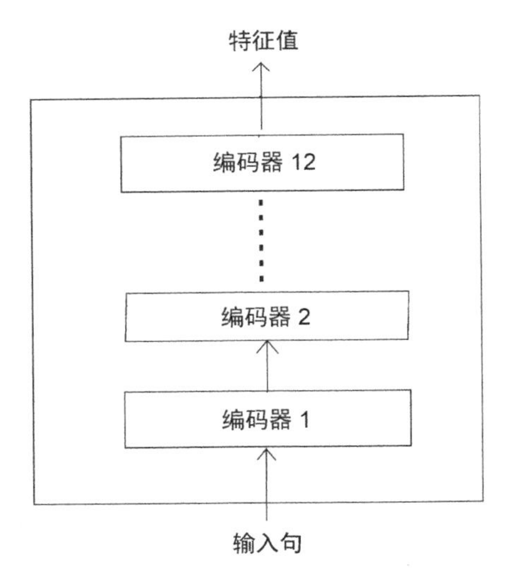

图 2-5 BERT-base 模型

2.3.2 BERT-large

BERT-large 由 24 层编码器叠加而成。每层编码器都使用 16 个注意力头，其中前馈网络层包含 1024 个隐藏神经元，所以从 BERT-large 得到的特征向量的大小是 1024。

BERT-large 模型的配置可以表示为 $L = 24$、$A = 16$、$H = 1024$，它的网络参数总数可达 3.4 亿个。BERT-large 模型如图 2-6 所示。

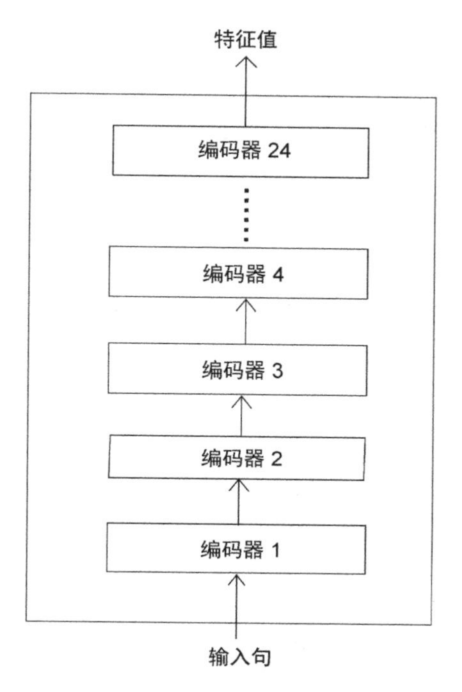

图 2-6　BERT-large 模型

2.3.3 BERT 的其他配置

除了两种标准配置，BERT 还有多种不同配置。这里列举了 BERT 的一些小型配置。

- BERT-tiny：$L = 2$、$H = 128$。
- BERT-mini：$L = 4$、$H = 256$。
- BERT-small：$L = 4$、$H = 512$。
- BERT-medium：$L = 8$、$H = 512$。

图 2-7 显示了 BERT 的不同配置。

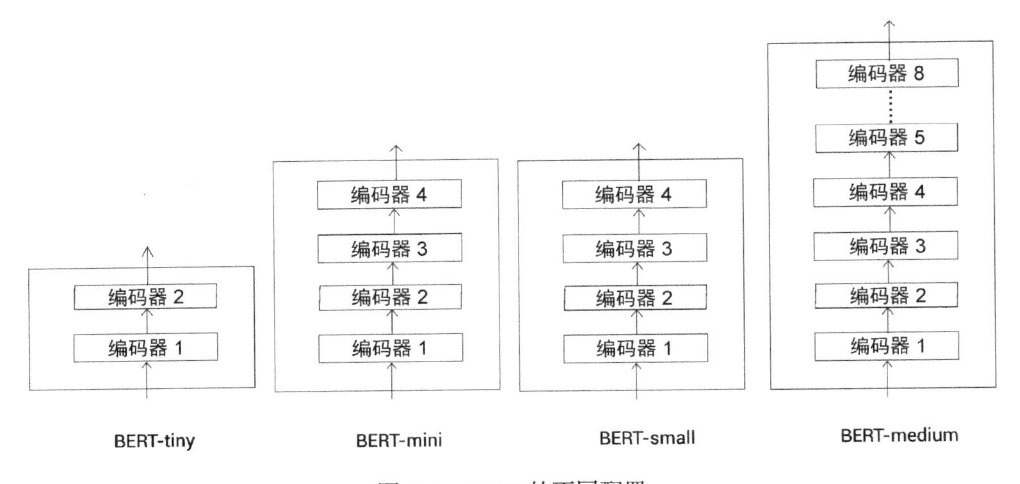

图 2-7 BERT 的不同配置

在计算资源有限的情况下，我们可以使用较小的 BERT 配置。但是，标准的 BERT 配置（BERT-base 和 BERT-large）可以得到更准确的结果，且应用更为广泛。

我们了解了 BERT 的工作原理，也学习了 BERT 的不同配置。但是，如何训练 BERT 来生成特征？应该使用什么数据集进行训练？应该遵循什么样的训练策略？2.4 节将回答这些问题。

2.4 BERT 模型预训练

在本节中，我们将学习如何对 BERT 模型进行预训练。假设我们有一个模型 ***m***。首先，我们使用一个大型数据集针对某个具体的任务来训练模型 ***m***，并保存训练后的模型。然后，对于一个新任务，我们不再使用随机的权重来初始化模型，而是用已经训练过的模型的权重来初始化 ***m***（预训练过的模型）。也就是说，由于模型 ***m*** 已经在一个大型数据集上训练过了，因此我们不用为一个新任务从头开始训练模型，而是使用预训练的模型 ***m***，并根据新任务调整（微调）其权重。这是迁移学习的一种类型。

BERT 模型在一个巨大的语料库上针对两种特定的任务进行预训练。这两种任务是掩码语言模型构建和下句预测。在预训练完成之后，我们保存预训练好的 BERT 模型。对于一个新任务，比如问答任务，我们将使用预训练的 BERT 模型，而无须从头开始训练。然后，我们为新任务调整（微调）其权重。

下面，我们将详细了解 BERT 模型是如何进行预训练的。在深入研究预训练之前，先让我们看看 BERT 接受的输入格式。

2.4.1 输入数据

在将数据输入 BERT 之前，首先使用如下 3 个嵌入层将输入转换为嵌入。

- 标记嵌入层
- 分段嵌入层
- 位置嵌入层

让我们逐一了解这些嵌入层是如何工作的。

1. 标记嵌入层

首先，我们学习标记嵌入层。让我们通过一个示例来理解标记嵌入过程。请看下面的两个句子。

句子 A：Paris is a beautiful city（巴黎是一个美丽的城市）

句子 B：I love Paris（我爱巴黎）

我们先对这两个句子进行分词标记，如下所示。在本例中，我们没有将字母小写化。

```
tokens = [Paris, is, a, beautiful, city, I, love, Paris]
```

接下来，我们添加一个新标记，即`[CLS]`标记，并将它放在第一句的开头。

```
tokens = [ [CLS], Paris, is, a, beautiful, city, I, love, Paris]
```

然后，我们在每个句子的末尾添加一个新标记，即`[SEP]`。

```
tokens = [ [CLS], Paris, is, a, beautiful, city, [SEP], I, love, Paris,
[SEP]]
```

请注意，`[CLS]`只在第一句的开头添加，而`[SEP]`在每一句的结尾都要添加。`[CLS]`用于分类任务，而`[SEP]`用于表示每个句子的结束。在本章的后面，你将进一步了解`[CLS]`和`[SEP]`的作用。

在将所有标记送入 BERT 之前，我们使用标记嵌入层将标记转换成嵌入。请注意，标记嵌入的值将通过训练学习。如图 2-8 所示，我们计算所有标记的嵌入，如 $\boldsymbol{E}_{[\mathrm{CLS}]}$ 表示`[CLS]`的嵌入，$\boldsymbol{E}_{\mathrm{Paris}}$ 表示 Paris 的嵌入，以此类推。

输入	[CLS]	Paris	is	a	beautiful	city	[SEP]	I	love	Paris	[SEP]
标记嵌入	$E_{[CLS]}$	E_{Paris}	E_{is}	E_{a}	$E_{beautiful}$	E_{city}	$E_{[SEP]}$	E_{I}	E_{love}	E_{Paris}	$E_{[SEP]}$

图 2-8　标记嵌入

2. 分段嵌入层

分段嵌入层用来区分两个给定的句子。让我们通过前面所列举的两个句子来理解分段嵌入。

句子 A：Paris is a beautiful city（巴黎是一个美丽的城市）

句子 B：I love Paris（我爱巴黎）

在对这两个句子进行分词后，我们得到以下内容。

```
tokens = [ [CLS], Paris, is, a, beautiful, city, [SEP], I, love, Paris,
[SEP]]
```

现在，除了[SEP]，我们需要给模型提供某种标记来区分两个句子。因此，我们将输入的标记送入分段嵌入层。

分段嵌入层只输出嵌入 $\boldsymbol{E}_A$ 或 $\boldsymbol{E}_B$。也就是说，如果输入的标记属于句子 A，那么该标记将被映射到嵌入 $\boldsymbol{E}_A$；如果该标记属于句子 B，那么它将被映射到嵌入 $\boldsymbol{E}_B$。

如图 2-9 所示，句子 A 的所有标记都被映射到嵌入 $\boldsymbol{E}_A$，句子 B 的所有标记则都被映射到嵌入 $\boldsymbol{E}_B$。

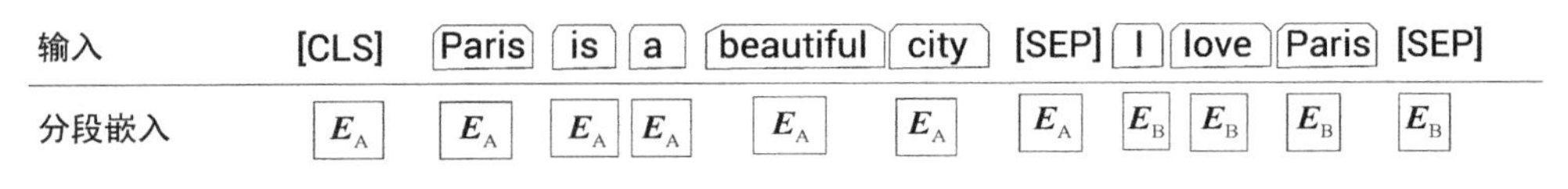

图 2-9　分段嵌入

如果我们只有一个句子，还需要分段嵌入吗？假设我们只有句子 Paris is a beautiful city，在这种情况下，句子的所有标记都将被映射到嵌入 $\boldsymbol{E}_A$，如图 2-10 所示。

输入	[CLS]	Paris	is	a	beautiful	city	[SEP]
分段嵌入	E_A	E_A	E_A	E_A	E_A	E_A	E_A

图 2-10　单一句子的分段嵌入

3. 位置嵌入层

最后，让我们了解一下位置嵌入层。我们在第 1 章中了解到，由于 Transformer 没有任何循环机制，而且是以并行方式处理所有词的，因此需要一些与词序有关的信息。有鉴于此，我们使用了位置编码。

BERT 本质上是 Transformer 的编码器，因此在直接向 BERT 输入词之前，需要给出单词（标记）在句子中的位置信息。位置嵌入层正是用来获得句子中每个标记的位置嵌入的。

如图 2-11 所示，$\boldsymbol{E}_0$ 表示 `[CLS]` 的位置嵌入，$\boldsymbol{E}_1$ 表示 Paris 的位置嵌入，以此类推。

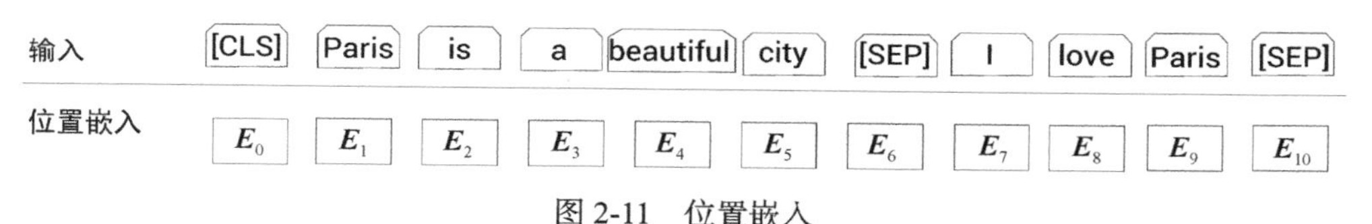

图 2-11　位置嵌入

4. 输入特征

现在，让我们看看最终的输入数据特征。如图 2-12 所示，首先将给定的输入句子转换为标记，然后将这些标记依次送入标记嵌入层、分段嵌入层和位置嵌入层，并获得嵌入结果。接下来，将所有的嵌入值相加，并输入给 BERT。

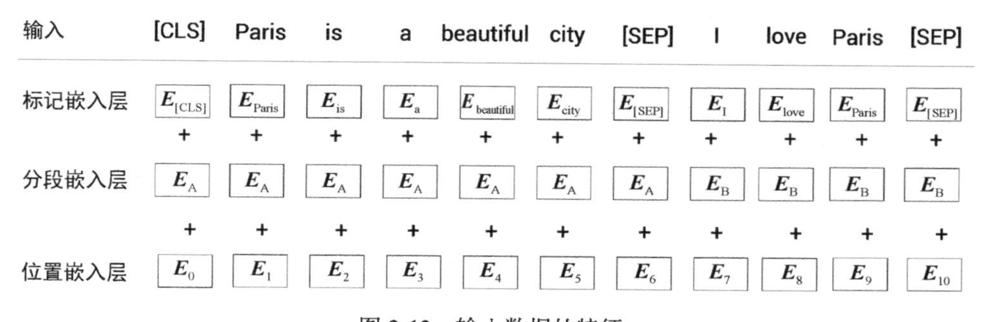

图 2-12　输入数据的特征

现在，我们已经学会了如何使用 3 个嵌入层将输入转换为嵌入。下面，我们将学习 BERT 使用的词元分析器 WordPiece。

5. WordPiece

BERT 使用一种特殊的词元分析器，即 WordPiece。WordPiece 遵循子词词元化规律。让我们通过下面的示例来了解 WordPiece 的工作原理。

例句：Let us start pretraining the model（让我们开始预训练模型）

使用WordPiece对该句进行标记，得到如下结果。

```
tokens = [let, us, start, pre, ##train, ##ing, the, model]
```

可以看出，在使用WordPiece对句子进行分词时，pretraining这个词被分成了以下几个部分：pre、##train、##ing。这意味着什么呢？

当使用WordPiece进行分词时，我们首先会检查该词是否存在于词表中。如果该词已经在词表中了，那么就把它作为一个标记。如果该词不在词表中，那么就继续将该词分成子词，检查子词是否在词表中。如果该子词在词表中，那么就把它作为一个标记。但如果子词还是不在词表中，那么继续分割子词。

我们通过这种方式不断地进行拆分，检查子词是否在词表中，直到字母级别（无法再分）。

这在处理**未登录词**（out-of-vocabulary word，OOV word）时是有效的。

BERT词表的大小为3万个标记。如果一个词存在于BERT词表中，那么就把它作为一个标记。否则，我们将该词拆分为子词，并检查该子词是否存在于BERT词表中。我们不断地拆分并检查子词是否在词表中，直到单词被拆分为单个字母为止。

在本例中，BERT的词表中没有pretraining这个词，所以它将pretraining这个词拆分为pre、##train和##ing。符号##表示该词是一个子词，而且前面有其他的词。然后继续检查子词##train和##ing是否存在于词表中。因为它们在词表中，所以就不再拆分，将它们作为标记使用。

通过使用WordPiece，我们得到了以下标记。

```
tokens = [let, us, start, pre, ##train, ##ing, the, model]
```

接下来，在句首添加一个[CLS]标记，在句尾添加一个[SEP]标记。

```
tokens = [ [CLS], let, us, start, pre, ##train, ##ing, the, model, [SEP] ]
```

最后，正如前文所述，将输入标记送入标记嵌入层、分段嵌入层和位置嵌入层。获得嵌入值之后，将嵌入值相加，然后将结果送入BERT。关于WordPiece如何工作、如何建立词表以及有关其他分词器的介绍，我们将在2.5节中讨论。

现在，我们已经学会了如何将输入句转换为嵌入矩阵，以及如何使用WordPiece对输入句进行标记。在2.4.2节中，我们将学习如何对BERT模型进行预训练。

2.4.2 预训练策略

BERT 模型在以下两个自然语言处理任务上进行预训练。

- ❑ 掩码语言模型构建
- ❑ 下句预测

让我们依次了解上述两种预训练策略的工作原理。在执行掩码语言模型构建任务之前，先让我们了解一下语言模型构建任务。

1. 语言模型构建

语言模型构建任务是指通过训练模型来预测一连串单词的下一个单词。我们可以把语言模型分为两类。

- ❑ 自动回归式语言模型
- ❑ 自动编码式语言模型

自动回归式语言模型

自动回归式语言模型有以下两种方法。

- ❑ 正向（从左到右）预测
- ❑ 反向（从右到左）预测

下面，让我们通过一个示例来了解这两种方法的原理。

例句：Paris is a beautiful city. I love Paris。让我们掩盖单词 city，并以空白代替，如下所示。

Paris is a beautiful __. I love Paris

然后，我们让模型预测空白处的词。如果使用正向预测，那么模型就会从左到右读取所有的单词，直到空白处，然后进行预测，如下所示。

Paris is a beautiful __.

如果使用反向预测，那么模型就会从右到左读取所有的单词，直到空白处，然后进行预测，如下所示。

__. I love Paris

自动回归式语言模型在本质上是单向的，也就是说，它只沿着一个方向阅读句子。

自动编码式语言模型

与自动回归式语言模型不同，自动编码式语言模型同时利用了正向预测和反向预测的优势。在进行预测时，它会同时从两个方向阅读句子，所以自动编码式语言模型是双向的。如下所示，为了预测单词city，自动编码式语言模型从两个方向阅读句子，即从左到右和从右到左。

Paris is a beautiful __. I love Paris

双向模型能够给出更好的结果，因为如果从两个方向阅读句子，模型就能够更加清晰地理解句子。

现在，我们已经了解了语言模型的基本工作原理。下面，我们将学习BERT的预训练策略之一——掩码语言模型构建。

2. 掩码语言模型构建

BERT是自动编码式语言模型，也就是说，它从两个方向阅读句子，然后进行预测。在掩码语言模型构建任务中，给定一个输入句，我们随机掩盖其中15%的单词，并训练模型来预测被掩盖的单词。为了预测被掩盖的单词，模型从两个方向阅读该句并进行预测。

让我们通过一个示例来了解掩码语言模型的工作原理。我们继续使用之前的例句。首先，对句子进行分词，得到如下标记。

```
tokens = [Paris, is, a, beautiful, city, I, love, Paris]
```

然后，在第一句的开头添加`[CLS]`，在每句的结尾添加`[SEP]`，如下所示。

```
tokens = [ [CLS], Paris, is, a, beautiful, city, [SEP], I, love, Paris,
[SEP] ]
```

接下来，在标记列表中随机掩盖15%的标记（单词）。假设我们掩盖了单词city，那么就用一个`[MASK]`标记替换city这个词，如下所示。

```
tokens = [ [CLS], Paris, is, a, beautiful, [MASK], [SEP], I, love, Paris,
[SEP] ]
```

从上面的标记列表中可以看到，我们用`[MASK]`替换了city。现在就可以开始训练BERT模型来预测被掩盖的词。

不过，这里有一个小问题。以这种方式掩盖标记会造成预训练和微调之间的差异。也就是说，我们通过预测`[MASK]`来训练BERT。经过训练后，可以对预训练的BERT

模型进行微调，用于执行下游任务，比如情感分析。但在微调期间，我们的输入中不会有任何[MASK]标记。因此，这将导致 BERT 的预训练方式和用于微调的方式不匹配。

为了解决这个问题，我们可以使用 80-10-10 规则。我们已经随机掩盖了句子中15%的标记。现在，对于这些标记，我们做以下处理。

- 在 80%的情况下，使用[MASK]标记来替换该标记（实际词）。也就是说，在 80%的情况下，模型的输入如下所示。

```
tokens = [ [CLS], Paris, is, a, beautiful, [MASK], [SEP], I, love,
Paris, [SEP] ]
```

- 对于 10%的数据，使用一个随机标记（随机词）来替换该标记（实际词）。所以在 10%的情况下，模型的输入如下所示。

```
tokens = [ [CLS], Paris, is, a, beautiful, love, [SEP], I, love,
Paris, [SEP] ]
```

- 对于剩余 10%的数据，不做任何改变。所以在 10%的情况下，模型的输入如下所示。

```
tokens = [ [CLS], Paris, is, a, beautiful, city, [SEP], I, love,
Paris, [SEP] ]
```

在分词和掩码后，将标记列表送入标记嵌入层、分段嵌入层和位置嵌入层，得到嵌入向量。

然后，将嵌入向量送入 BERT。如图 2-13 所示，BERT 将输出每个标记的特征向量。$\boldsymbol{R}_{\text{[CLS]}}$ 表示[CLS]的特征向量，$\boldsymbol{R}_{\text{Paris}}$ 表示 Paris 的特征向量，以此类推。

本例使用了 BERT-base 配置。BERT-base 有 12 层编码器、12 个注意力头和 768 个隐藏神经元。由于使用的是 BERT-base 模型，因此每个标记的特征向量大小是 768。

如图 2-13 所示，我们得到了每个标记的特征向量 $\boldsymbol{R}$。但如何使用这些特征向量来预测被掩盖的词呢？

为了预测被掩盖的词，我们将 BERT 计算的被掩盖的词的特征向量 $\boldsymbol{R}_{\text{[MASK]}}$ 送入使用 softmax 激活函数的前馈网络层。然后，前馈网络层将 $\boldsymbol{R}_{\text{[MASK]}}$ 作为输入，并返回词表中所有单词为被掩盖单词的概率，如图 2-14 所示。为减少重复，图中没有展示嵌入层。

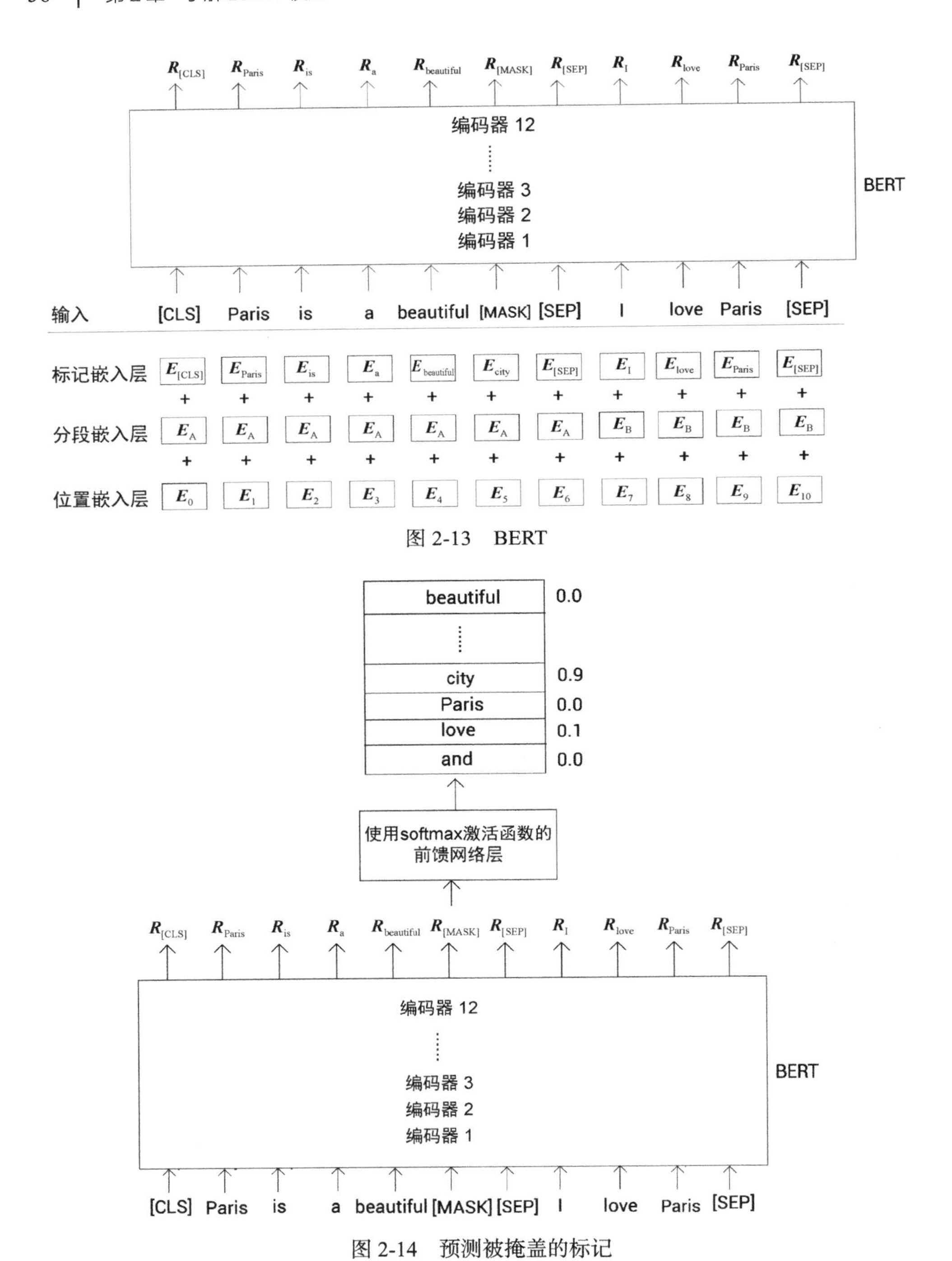

图 2-13 BERT

图 2-14 预测被掩盖的标记

如图 2-14 所示，被掩盖的词大概率是 city。在这种情况下，被掩盖的词将被预测为 city。

请注意，在刚开始的迭代[①]中，模型将不会返回正确的概率，因为 BERT 的前馈网络层和编码器层的权重并不是最优的。然而，在多次迭代后，通过反向传播，我们更新并优化了 BERT 的前馈网络层和编码器层的权重。

掩码语言模型构建任务也被称为**完形填空任务**。我们学习了掩码语言模型的原理，以及如何使用它训练 BERT 模型。除了对输入标记进行掩码处理，我们还可以使用另一种略有不同的方法，即全词掩码。下面，我们了解一下全词掩码。

全词掩码

让我们借助例句来了解**全词掩码**（whole word masking）的工作原理。请看例句：Let us start pretraining the model。由于 BERT 使用 WordPiece，因此在使用 WordPiece 对句子进行标记后，我们得到如下标记。

```
tokens = [let, us, start, pre, ##train, ##ing, the, model]
```

接下来，在句首添加一个`[CLS]`标记，在句尾添加一个`[SEP]`标记。

```
tokens = [[CLS], let, us, start, pre, ##train, ##ing, the, model, [SEP]]
```

现在，我们随机掩盖句中 15% 的单词。假设结果如下所示（掩码单词标记为`[MASK]`）。

```
tokens = [[CLS], [MASK], us, start, pre, [MASK], ##ing, the, model, [SEP]]
```

从以上结果可以看出，`let` 和`##train` 这两个词被随机掩盖了。需要注意的是，`##train` 实际上是一个子词，它是 pretraining 这个词的一部分。在全词掩码方法中，如果子词被掩盖，那么该子词对应的单词也将被掩盖。所以，我们得到如下标记。

```
tokens = [[CLS], [MASK], us, start, [MASK], [MASK], [MASK], the, model,
[SEP]]
```

可以看到，子词`##train` 所对应的标记都被掩盖了。同时要注意，必须保持 15% 的掩码率。因此，在掩盖所有对应子词的同时，如果掩码率超过 15%，那么可以忽略掩盖其他词。如下所示，为了保持 15%的掩码率，我们忽略了对 `let` 的掩盖。

```
tokens = [[CLS], let, us, start, [MASK], [MASK], [MASK], the, model, [SEP]]
```

这就是全词掩码方法。我们将生成的标记送入 BERT 模型，并训练模型来预测被掩盖的标记。

---

① 1 次迭代（iteration）是指样本通过 1 次训练，样本量（批量）可小于或等于训练集。——译者注

现在，我们学会了使用全词掩码方法来训练 BERT 模型。下面，我们将学习与训练 BERT 模型有关的另一个任务。

3. 下句预测

下句预测（next sentence prediction）是一个用于训练 BERT 模型的策略，它是一个二分类任务。在下句预测任务中，我们向 BERT 模型提供两个句子，它必须预测第二个句子是否是第一个句子的下一句。让我们通过一个示例来理解下句预测任务。

句子 A：She cooked pasta（她做了意大利面）

句子 B：It was delicious（它很美味）

在上面的这对句子中，句子 B 是句子 A 的下一句。所以，我们把这一句子对标记为 `isNext`，表示句子 B 紧接着句子 A。

再看以下两个句子。

句子 A：Turn the radio on（打开收音机）

句子 B：She bought a new hat（她买了一顶新帽子）

在这个例子中，句子 B 不是后续句，也就是说，它并不在句子 A 的后面。此时，我们会把这一句子对标记为 `notNext`，表示句子 B 不在句子 A 之后。

在下句预测任务中，BERT 模型的目标是预测句子对是属于 `isNext` 类别，还是属于 `notNext` 类别。我们将句子对（句子 A 和句子 B）送入 BERT 模型，训练它预测句子 B 与句子 A 的关系。如果句子 B 紧跟句子 A，则模型返回 `isNext`，否则返回 `notNext`。可见，下句预测本质上是二分类任务。

下句预测任务的作用是什么呢？通过执行下句预测任务，BERT 模型可以理解两个句子之间的关系。这在许多应用场景中是有用的，比如问答场景和文本生成场景。

但是，我们怎样才能获得下句预测任务的训练数据集呢？我们可以从任何一个单语言语料库中生成数据集。比如，我们有几份文档，对于 `isNext` 类别，我们从一个文档中抽取任意两个连续的句子，将其标记为 `isNext`。对于 `notNext` 类别，我们从一个文档中抽取一个句子，并从一个随机文档中抽取另一个句子，将其标记为 `notNext`。需要注意，我们要保证 `isNext` 类别和 `notNext` 类别的数据各占 50%。

现在，我们已经了解了什么是下句预测任务，让我们通过执行下句预测任务来训练 BERT 模型。假设数据集如图 2-15 所示。

句子对	标签
She cooked pasta It was delicious	isNext
Jack loves songwriting He wrote a new song	isNext
Birds fly in the sky He was reading	notNext
Turn the radio on She bought a new hat	notNext

图 2-15 样本数据集

先看一下样本数据集中的第一个句子对，即 She cooked pasta 和 It was delicious。首先，我们对句子对进行分词，如下所示。

```
tokens = [She, cooked, pasta, It, was, delicious]
```

接下来，我们在第一句的开头添加一个[CLS]标记，并在每一句的结尾添加一个[SEP]标记，如下所示。

```
tokens = [[CLS], She, cooked, pasta, [SEP], It, was, delicious, [SEP]]
```

然后，将以上输入标记送入标记嵌入层、分段嵌入层和位置嵌入层，得到嵌入值。再将嵌入值送入 BERT 模型，得到每个标记的特征值。如图 2-16 所示，$\boldsymbol{R}_{[\mathrm{CLS}]}$ 表示标记[CLS]的特征值，$\boldsymbol{R}_{\mathrm{She}}$ 表示 She 的特征值，以此类推。

我们已经知道，下句预测是二分类任务。但是，现在只有每个句子对的标记特征值，我们如何根据这些特征值对句子对进行分类呢？

为了进行分类，只需将[CLS]标记的特征值通过 softmax 激活函数将其送入前馈网络层，然后返回句子对分别是isNext和notNext的概率。但为什么只需要取[CLS]标记的嵌入，而不是其他标记的嵌入？

因为[CLS]标记基本上汇总了所有标记的特征，所以它可以表示句子的总特征。我们可以忽略所有其他标记的特征值，只取[CLS]标记的特征值 $\boldsymbol{R}_{[\mathrm{CLS}]}$，并将其送入使用 softmax 激活函数的前馈网络层，以得到分类概率，如图 2-17 所示。注意，为减少重复，图中没有显示嵌入层。

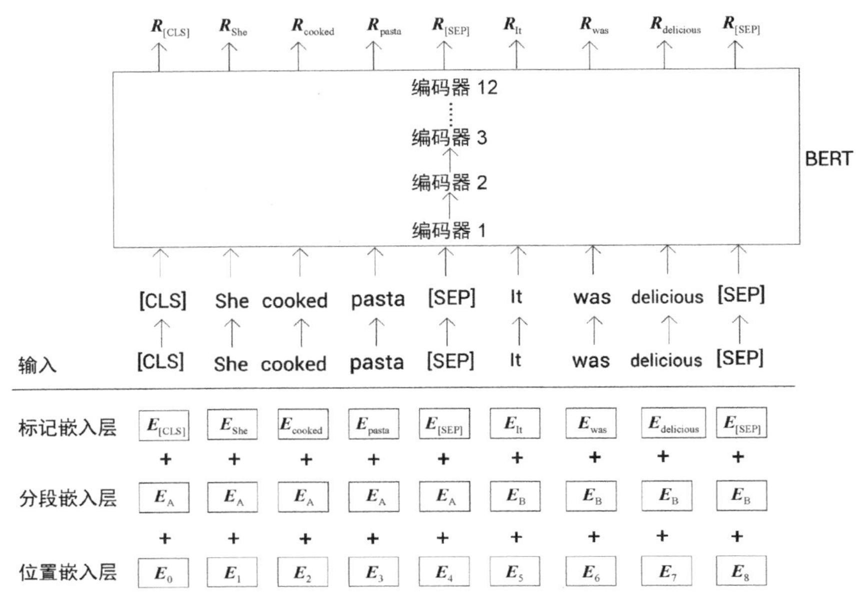

图 2-16 BERT

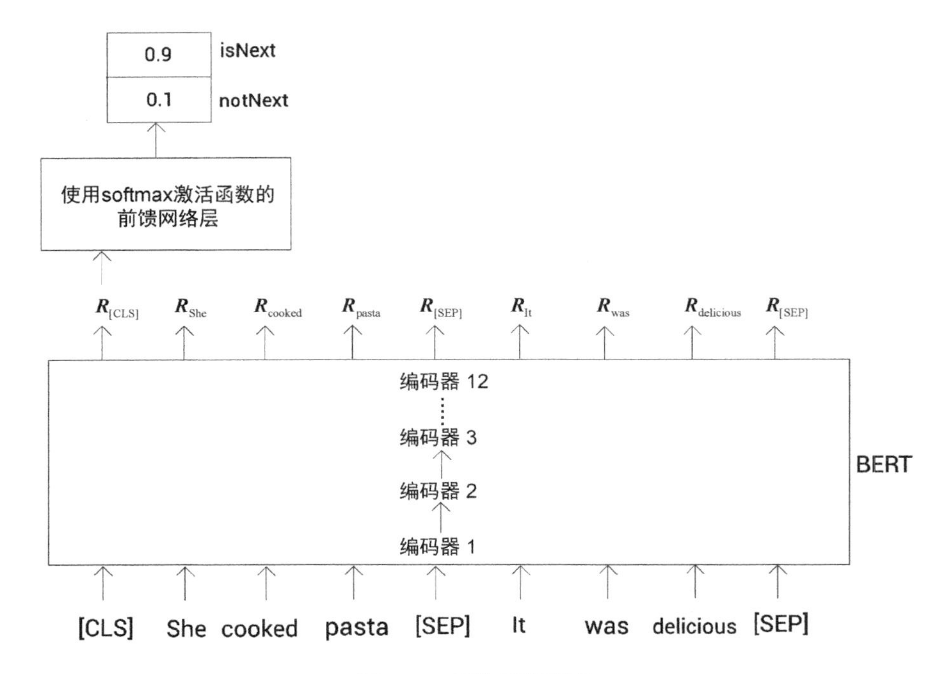

图 2-17 下句预测任务

如图 2-17 所示，前馈网络层的返回结果为，输入句子对属于 `isNext` 类别的概率较高。

需要注意，在刚开始的迭代中，模型并不会返回正确的概率，因为 BERT 的前馈网络层和编码器层的权重并未优化。经过一系列的迭代，并通过反向传播，我们可以更新前馈网络层和编码器层的权重，并从中习得最佳权重。

以上述方式，我们通过下句预测任务训练了 BERT 模型。本节讲解了如何使用全词掩码和下句预测对 BERT 模型进行预训练。下面，我们将学习预训练过程。

2.4.3 预训练过程

BERT 使用多伦多图书语料库（Toronto BookCorpus）和维基百科数据集进行预训练。我们已经了解 BERT 是使用掩码语言模型（完形填空）和下句预测任务进行预训练的。现在，我们需要准备数据集，并通过这两个任务来训练 BERT 模型。

我们从语料库中抽取两个句子（两个文本跨度）。假设抽取了句子 A 和句子 B，这两个句子的标记数之和应该小于或等于 512。在对两个句子（两个文本跨度）进行采样时，我们需要保证句子 B 作为句子 A 的下一句和句子 B 不作为句子 A 的下一句的比例是 1∶1。

假设我们抽取了以下两个句子。

句子 A：We enjoyed the game（我们很享受比赛）

句子 B：Turn the radio on（打开收音机）

首先，使用 WordPiece 对句子进行标记，将`[CLS]`标记添加到第一句的开头，并将`[SEP]`标记添加到每句的结尾，结果如下。

```
tokens = [[CLS], we, enjoyed, the, game, [SEP], turn, the, radio, on, [SEP]]
```

接下来，我们根据 80-10-10 规则，随机掩盖 15%的标记。假设掩盖了标记 `game`，标记内容如下所示。

```
tokens = [[CLS], we, enjoyed, the, [MASK], [SEP], turn, the, radio, on,
[SEP]]
```

然后，将这些标记送入 BERT 模型，并训练 BERT 模型预测被掩盖的标记，同时对句子 B 是否是句子 A 的下一句进行分类。

BERT使用256个序列的批量①大小进行1 000 000步的训练。我们使用Adam优化器将学习率设置为$l_r = 1\text{e}-4$、$\beta_1 = 0.9$、$\beta_2 = 0.999$，且将预热步骤设置为10 000。但什么是预热步骤呢?

在训练过程的初始阶段，我们可以设置高学习率，使最初的迭代更快地接近最优点。在后续的迭代中，调低学习率可以使结果更加精确。因为在最初的迭代中，权值远离收敛值，所以较大幅度的变化是可以接受的。但在后来的迭代中，由于已经接近收敛值，因此如果仍采用同样的变化幅度，就容易错过收敛值。在开始时设置高学习率，在后续的训练中逐步降低学习率，这就是学习率调整策略。

学习率调整策略需要有预热步骤。假设我们的学习率是$1\text{e}-4$，预热步骤为10 000次迭代。这表示在最初的10 000次迭代中，学习率将从0线性地提高到$1\text{e}-4$。在这10 000次迭代之后，随着误差接近收敛，我们再线性地降低学习率。

在训练中，我们还对所有层使用了随机节点关闭（dropout），每层关闭节点的概率为0.1。BERT的激活函数是GeLU，即**高斯误差线性单元**（Gaussian Error Linear Unit）。

GeLU激活函数如下所示。

$$\text{GeLU}(x) = x\Phi(x)$$

$\Phi(x)$是标准的高斯累积分布函数，GeLU激活函数与其类似，如下所示。

$$\text{GeLU}(x) = 0.5x\left(1+\tanh\left[\sqrt{\frac{2}{\pi}}\left(x+0.044715x^3\right)\right]\right)$$

图2-18为GeLU激活函数的图示。

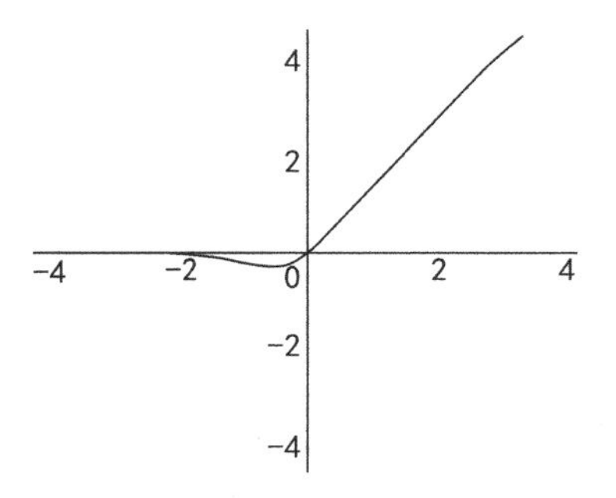

图2-18 GeLU激活函数

① 批量是指一次训练过程中送入模型的样本量，它一般小于训练集的大小。大量学术研究表明，批量值越大，在相同训练次数下，模型精度越低。——译者注

通过这种方式，我们可以使用掩码语言模型和下句预测对BERT模型进行预训练。预训练后，BERT 模型可以应用于各种任务。我们将在第 3 章中详细学习如何使用BERT模型。下面，让我们学习几种有趣的子词词元化算法。

2.5 子词词元化算法

BERT 和 GPT-3 等先进的自然语言处理模型普遍使用子词词元化算法，它在处理未登录词方面非常有效。在本节中，我们将详细了解子词词元化算法的工作方式。在研究子词词元化之前，让我们先看一下单词词元化。

假设我们有一个训练数据集。现在，根据这个训练数据集，我们创建一张词表，将数据集中的文本分隔开，并将不存在于词表中的词添加进来。一般来说，词表由许多单词（标记）组成。为简单起见，我们假设词表仅由以下几个单词组成。

```
vocabulary = {game, the, I, played, walked, enjoy}
```

现在，我们可以使用该词表对输入句进行标记。假设输入句为 I played the game，为了基于句子中的单词创建标记，我们先分隔句子，以获得句子中的所有单词，即`[I, played, the, game]`。然后，检查是否所有的单词都存在于词表中。由于这些单词都在词表中，因此给定句子的最终标记如下所示。

```
tokens = [I, played, the, game]
```

下面，对句子 I enjoyed the game 进行标记。我们先分隔给定的句子，以获得单词，即`[I, enjoyed, the, game]`。检查是否所有的单词都存在于词表中。可以看出，除了单词 enjoyed，其他单词都在词表中。由于单词 enjoyed 不在词表中，因此需要使用表示未知单词的标记`<UNK>`代替它。这句话的最终标记如下所示。

```
tokens = [I, <UNK>, the, game]
```

我们看到，尽管词表中有 enjoy 这个单词，但是仅因为没有 enjoy 的过去式，即enjoyed，我们就使用`<UNK>`将其标记为未知单词。一般来说，很难构建一张能够包含所有单词的词表。一旦出现词表中没有的单词，我们就将它标记为`<UNK>`。不过，过大的词表会导致内存问题和性能问题，并且仍然无法处理从未见过的单词（词表中没有的单词）。

是否有更好的方法来解决这个问题呢？答案是肯定的。这就是子词词元化的用武之地。让我们使用前面的例句了解子词词元化的工作原理。我们已经了解词表包括以下内容。

```
vocabulary = {game, the, I, played, walked, enjoy}
```

在子词词元化过程中，我们将单词分成子词。假设将单词 played 分成子词[play, ed]，将单词 walked 分成子词[walk, ed]。拆分后，我们将子词加进词表。注意，词表中不能有重复的单词。因此，新词表包括以下内容。

```
vocabulary = {game, the, I, play, walk, ed, enjoy}
```

同样，将词表应用于句子 I enjoyed the game。为了对句子进行分词，我们先分隔句子，获得单词，即[I, enjoyed, the, game]。然后检查是否所有的单词都在词表中。可以看到，除了单词 enjoyed，其他所有的单词都在词表中。由于词表中没有单词 enjoyed，因此我们可以把它分成子词[enjoy, ed]。现在，再次检查词表中是否有 enjoy 和 ed 这两个子词。因为它们在词表中，所以标记如下所示。

```
tokens = [I, enjoy, ##ed, the, game]
```

可以看到，ed 这个词前面有两个#号。这表明 ed 是它前面的单词的子词。单词开头的子词不需要添加##，这就是在 enjoy 之前没有##的原因。添加##只是为了表明 ed 是一个子词，且和其前面的单词相关联。通过这种方式，单词分词处理了未知单词，即词表中不存在的单词。

但问题是，为什么只拆分 played 和 walked 这两个单词呢？如何决定哪些单词需要拆分，哪些不需要拆分？这就是我们利用子词词元化算法的原因。

我们将学习几种有趣的创建词表的子词词元化算法。创建词表后，我们可以用子词词元化算法对句子进行分词。以下是 3 种常用的子词词元化算法。

- 字节对编码
- 字节级字节对编码
- WordPiece

2.5.1 字节对编码

让我们通过一个例子来了解**字节对编码**（byte pair encoding，BPE）的工作原理。假设有一个数据集，我们首先从其中提取所有的单词并计算它们出现的次数。假设从数据集中提取的单词和计数如下所示。

(cost, 2)、(best, 2)、(menu, 1)、(men, 1)、(camel, 1)

将所有的单词拆成字符并创建一个字符序列。图 2-19 显示了字符序列和计数。

字符序列	计数
c o s t	2
b e s t	2
m e n u	1
m e n	1
c a m e l	1

图 2-19 带有计数的字符序列

接下来，我们定义词表的大小。假设我们要创建大小为 14 的词表，也就是说，要创建包含 14 个标记的词表。现在，让我们了解如何使用字节对编码创建词表。

首先，将字符序列中的所有非重复字母添加到词表中，如图 2-20 所示。

字符序列	计数
c o s t	2
b e s t	2
m e n u	1
m e n	1
c a m e l	1

词表
a, b, c, e, l, m, n, o, s, t, u

图 2-20 创建含非重复字母的词表

如图 2-20 所示，词表的大小为 11。

接着，在词表中添加一个新标记。我们先确定出现得最频繁的符号对，再合并，将其添加到词表中。需要重复这一步骤，直到达到词表的大小要求。下面，让我们看一下具体步骤。

从图 2-21 中的字符序列可以看出，出现得最频繁的符号对是 s 和 t，因为符号对 s 和 t 出现了 4 次（两次是在 cost 中，另外两次是在 best 中）。

字符序列	计数
c o s t	2
b e s t	2
m e n u	1
m e n	1
c a m e l	1

词表

a, b, c, e, l, m, n, o, s, t, u

图 2-21　找到出现得最频繁的符号对

因此，将 s 和 t 合并，并将其添加到词表中，如图 2-22 所示。

字符序列	计数
c o **st**	2
b e **st**	2
m e n u	1
m e n	1
c a m e l	1

词表

a, b, c, e, l, m, n, o, s, t, u, **st**

图 2-22　合并 s 和 t

下面，重复同样的步骤，也就是说，再次检查出现得最频繁的符号对。从图 2-23 中可以看出，现在出现得最频繁的符号对是 m 和 e，因为这个符号对出现了 3 次（1 次是在 menu 中，1 次是在 men 中，1 次是在 camel 中）。

字符序列	计数
c o st	2
b e st	2
m e n u	1
m e n	1
c a m e l	1

词表

a, b, c, e, l, m, n, o, s, t, u, st

图 2-23　合并 s 和 t 之后，找到出现得最频繁的符号对

同样，将 m 和 e 合并，并将其添加到词表中，如图 2-24 所示。

字符序列	计数
c o st	2
b e st	2
me n u	1
me n	1
c a me l	1

词表

a, b, c, e, l, m, n, o, s ,t , u, st, me

图 2-24 合并 m 和 e

继续检查出现得最频繁的符号对。从图 2-25 中可以看到，现在出现得最频繁的符号对是 me 和 n，因为这个符号对出现了两次（1 次是在 menu 中，1 次是在 men 中）。

字符序列	计数
c o st	2
b e st	2
me n u	1
me n	1
c a me l	1

词表

a, b, c, e, l, m, n, o, s, t, u, st, me

图 2-25 继续寻找出现得最频繁的符号对

将 me 和 n 合并，并将其添加到词表中，如图 2-26 所示。

字符序列	计数
c o st	2
b e st	2
men u	1
men	1
c a me l	1

词表

a, b, c, e, l, m, n, o, s, t, u, st, me, men

图 2-26 合并 me 和 n

以这种方式重复这个步骤，直到达到所需的词表大小。从图2-26中可以看出，现在词表有14个标记。在本例中，我们的目标是创建大小为14的词表，所以到此结束。

至此，从给定的数据集中，我们创建了包含14个标记的词表，如下所示。

```
vocabulary = {a,b,c,e,l,m,n,o,s,t,u,st,me,men}
```

字节对编码所涉及的步骤小结如下。

(1) 从给定的数据集中提取单词并计算它们出现的次数。
(2) 确定词表的大小。
(3) 将单词拆分成一个字符序列。
(4) 将字符序列中的所有非重复字符添加到词表中。
(5) 选择并合并具有高频率的符号对。
(6) 重复步骤5，直到达到步骤2中所设定的词表大小。

现在，我们已经学习了如何使用字节对编码构建词表。但如何使用词表呢？我们需要使用词表来标记给定的输入句。下面，我们将通过几个例子来理解这一概念。

用字节对编码进行标记

目前，我们学习了利用给定的数据集创建以下词表。

```
vocabulary = {a,b,c,e,l,m,n,o,s,t,u,st,me,men}
```

现在，让我们看看如何使用词表。假设输入文本只包括一个单词 mean，检查一下 mean 这个单词是否在词表中。可以看出，它并不存在于词表中，所以将 mean 拆分成其子词[me, an]。再次检查这些子词是否在词表中。子词 me 在词表中，但子词 an 不在。因此，子词 an 被再次拆分，得到分词序列[me, a, n]。现在，检查词表中是否存在 a 和 n 这两个字符。因为它们在词表中，所以最终标记如下所示。

```
tokens = [me,a,n]
```

再举一个例子。输入词 ear 不在词表中，所以将它拆分成子词[e, ar]。检查子词 e 和 ar 是否在词表中。子词 e 是存在的，但 ar 不在词表中。因此，继续拆分子词 ar，得到[e, a, r]序列。再次检查词表中是否存在 a 和 r 这两个字符。a 在词表中，但 r 不存在。词表中的最小单元为字母，所以字母 r 无法再拆分，需要用<UNK>标记来代替 r。最终标记如下所示。

```
tokens = [e,a,<UNK>]
```

但是有个问题：我们知道字节对编码能够很好地处理稀疏词，为何现在出现了

<UNK>标记呢？这是因为，由于生成词表的数据集过小，因此字符 r 并不存在于词表中。当使用足够大的语料库创建词表时，常见字符就都会被包含其中。

让我们再看看单词 men，检查一下 men 是否在词表中。由于单词 men 在词表中，因此可以直接把它作为一个标记返回，最终标记如下所示。

```
tokens = [men]
```

这就是使用字节对编码对输入句进行标记的方式。现在，我们已经了解了字节对编码的工作原理。下面探讨字节级字节对编码。

2.5.2 字节级字节对编码

字节级字节对编码（byte-level byte pair encoding，BBPE）是另一种常用的子词词元化算法。它的工作原理与字节对编码非常相似，但它不使用字符序列，而是使用字节级序列。让我们通过一个例子来了解 BBPE 的工作原理。

假设输入文本只有单词 best，在字节对编码中，需要将单词转换为字符序列，可得到以下序列。

字符序列：b e s t

而在字节级字节对编码中，我们不是将单词转换为字符序列，而是将其转换为字节级序列。所以，单词 best 将转换为以下字节级序列。

字节级序列：62 65 73 74

每个 Unicode 字符都被转换为 1 字节。一个字符可以有 1 ~ 4 字节。

再看一个例子。假设输入是“你好”这个中文词组。现在，我们不是将字转换为字符序列，而是将字转换为字节级序列，如下所示。

字节级序列：e4 bd a0 e5 a5 bd

可以看到，输入的词组转换成了字节级序列。通过这种方式，我们将给定的文本转换为字节级序列，然后应用字节对编码算法，使用字节级频繁对构建词表。字节级字节对编码在多语言环境下是非常有用的。它在处理未登录词方面非常有效，而且在理解多语言共享词表方面也很出色。

2.5.3 WordPiece

WordPiece 的工作原理与字节对编码类似，但二者稍有区别。在字节对编码中，首先要从给定的数据集中提取带有计数的单词。然后，将这些单词拆分为字符序列。接着，将具有高频率的符号对进行合并。最后，不断地迭代合并具有高频率的符号对，直到达到词表的大小要求。在 WordPiece 中，我们也是这样做的，但不同的是，我们不根据频率合并符号对，而是根据相似度合并符号对。合并具有高相似度的符号对，其相似度由在给定的数据集上训练的语言模型提供。我们可以通过下面这个例子来理解 WordPiece 的工作原理。

让我们使用前面用过的一个例子，如图 2-27 所示。

字符序列	计数
c o s t	2
b e s t	2
m e n u	1
m e n	1
c a m e l	1

词表
a, b, c, e, l, m, n, o, s, t, u

图 2-27 字符序列和计数

在字节对编码中，出现得最频繁的符号对将被合并。我们合并了符号对 s 和 t，因为这个符号对出现了 4 次。但在 WordPiece 这种方法中，我们不根据次数合并符号对，而是根据相似度合并它们。首先，检查每个符号对的语言模型（在给定的训练集上训练）的相似度。然后，合并相似度最大的符号对。符号对 s 和 t 的相似度可以通过下面的公式求得。

$$\frac{p(\mathrm{st})}{p(\mathrm{s})p(\mathrm{t})}$$

如果相似度很大，就合并符号对，并将它们添加到词表中。通过以上公式，计算出所有符号对的相似度，合并具有最大相似度的符号对，将其添加到词表中。算法步骤如下。

(1) 从给定的数据集中提取单词并计算它们出现的次数。
(2) 确定词表的大小。
(3) 将单词拆分成一个字符序列。
(4) 将字符序列中的所有非重复字符添加到词表中。
(5) 在给定的数据集（训练集）上构建语言模型。

(6) 选择并合并具有最大相似度（基于步骤 5 中的语言模型）的符号对。
(7) 重复步骤 6，直到达到步骤 2 中所设定的词表大小。

构建词表后，我们将用它进行文本标记。假设以下是使用 WordPiece 构建的词表。

```
vocabulary = {a,b,c,e,l,m,n,o,s,t,u,st,me}
```

假设输入文本只包括一个单词 stem。可以看出，词表中没有单词 stem，所以需要把它拆分成子词`[st, ##em]`。然后检查子词 st 和 em 是否存在于词表中。子词 st 在词表中，但 em 不在。因此，拆分子词 em 后，得到`[st, ##e, ##m]`。再次检查词表中是否存在 e 和 m 这两个字符。因为它们在词表中，所以最终标记如下所示。

```
tokens = [st, ##e, ##m]
```

通过这种方式，我们可以使用 WordPiece 子词词元化算法创建词表，并使用该词表标记输入文本。

本章详细介绍了 BERT 是如何进行预训练的，还介绍了不同的子词词元化算法。在第 3 章中，我们将进一步了解如何应用预训练的 BERT 模型。

2.6 小结

在本章中，我们首先学习了 BERT 的基本理念。BERT 可以理解单词的上下文含义，并根据上下文生成嵌入向量。它不像 word2vec 那样的无上下文模型，后者生成的嵌入向量与上下文无关。

接下来，我们深入了解了 BERT 的工作原理。顾名思义，BERT 就是基于 Transformer 的模型。

在此基础上，我们分析了 BERT 模型的不同配置。BERT-base 由 12 层编码器、12 个注意力头和 768 个隐藏神经元组成，BERT-large 则由 24 层编码器、16 个注意力头和 1024 个隐藏神经元组成。

接着，我们了解了 BERT 模型的两个有趣的预训练任务，分别为掩码语言模型构建和下句预测。在掩码语言模型构建任务中，有 15%的标记被掩盖，以训练 BERT 模型预测被掩盖的标记。在下句预测任务中，我们训练 BERT 模型来判断一个句子是否是另一个句子的下一句。

然后，我们学习了 BERT 的预训练过程。本章的最后部分讲解了 3 种常用的子词词元化算法，即字节对编码、字节级字节对编码和 WordPiece。在第 3 章中，我们将亲身体验一下 BERT。

2.7 习题

让我们检验一下自己是否已经掌握了本章介绍的知识。请尝试回答以下问题。

(1) BERT 与其他嵌入模型有何不同?
(2) BERT-base 模型和 BERT-large 模型之间有什么区别?
(3) 什么是分段嵌入?
(4) BERT 是如何进行预训练的?
(5) 掩码语言模型是如何实现的?
(6) 什么是 80-10-10 规则?
(7) 下句预测任务是如何实现的?

2.8 深入阅读

想要了解更多内容，请查阅以下资料。

- Jacob Devlin、Ming-Wei Chang、Kenton Lee 和 Kristina Toutanova 撰写的论文 “BERT: Pre-training of Deep Bidirectional Transformers for Language Understanding”。
- Dan Hendrycks 和 Kevin Gimpel 撰写的论文“Gaussian Error Linear Units (GeLUs)”。
- Rico Sennrich、Barry Haddow 和 Alexandra Birch 撰写的论文 “Neural Machine Translation of Rare Words with Subword Units”。
- Changhan Wang、Kyunghyun Cho 和 Jiatao Gu 撰写的论文 “Neural Machine Translation with Byte-Level Subwords”。
- Mike Schuster 和 Kaisuke Nakajima 撰写的论文 “Japanese and Korean Voice Search”。

第3章

BERT 实战

在本章中，我们将详细学习如何使用预训练的 BERT 模型。首先，我们将了解谷歌对外公开的预训练的 BERT 模型的不同配置。然后，我们将学习如何使用预训练的 BERT 模型作为特征提取器。此外，我们还将探究 Hugging Face 的 Transformers 库，学习如何使用 Transformers 库从预训练的 BERT 模型中提取嵌入。

接着，我们将了解如何从 BERT 的编码器层中提取嵌入，并学习如何为下游任务微调预训练的 BERT 模型。我们先学习为文本分类任务微调预训练的 BERT 模型，然后学习使用 Transformers 库微调 BERT 模型以应用于情感分析任务。最后，我们将学习如何将预训练的 BERT 模型应用于自然语言推理任务、问答任务以及命名实体识别等任务。

本章重点如下。

- 预训练的 BERT 模型
- 从预训练的 BERT 模型中提取嵌入
- 从 BERT 的所有编码器层中提取嵌入
- 针对下游任务进行微调

3.1 预训练的 BERT 模型

在第 2 章中，我们学习了如何使用掩码语言模型构建任务和下句预测任务对 BERT 模型进行预训练。但是，从头开始预训练 BERT 模型是很费算力的。因此，我们可以下载预训练的 BERT 模型并直接使用。谷歌对外公开了其预训练的 BERT 模型，我们可以直接从其 GitHub 仓库中下载。谷歌发布了各种配置的预训练 BERT 模型，如图 3-1 所示。L 表示编码器的层数，H 表示隐藏神经元的数量（特征大小）。

	H = 128	H = 256	H = 512	H = 768
L = 2	2/128(BERT-tiny)	2/256	2/512	2/768
L = 4	4/128	4/256(BERT-mini)	4/512(BERT-small)	4/768
L = 6	6/128	6/256	6/512	6/768
L = 8	8/128	8/256	8/512(BERT-medium)	8/768
L = 10	10/128	10/256	10/512	10/768
L = 12	12/128	12/256	12/512	12/768(BERT-base)

图 3-1 谷歌提供的预训练 BERT 模型的配置

预训练模型可以使用不区分大小写（BERT-uncased）的格式和区分大小写（BERT-cased）的格式。在不区分大小写时，所有标记都转化为小写；在区分大小写时，标记大小写不变，直接用于训练。我们应该使用哪个预训练的 BERT 模型？是不区分大小写，还是区分大小写？不区分大小写的模型是最常用的模型，但如果我们正在执行某些任务，比如**命名实体识别**（named entity recognition，NER），则必须保留大小写，使用区分大小写的模型。除此之外，谷歌还发布了使用全词掩码方法训练的预训练 BERT 模型。

我们可以将预训练模型应用于以下两种场景：

- 作为特征提取器，提取嵌入；
- 针对文本分类任务、问答任务等下游任务对预训练的 BERT 模型进行微调。

下面，我们将学习如何使用预训练的 BERT 模型作为特征提取器来提取嵌入，然后详细学习如何为下游任务微调预训练的 BERT 模型。

3.2 从预训练的 BERT 模型中提取嵌入

让我们通过一个例子来学习如何从预训练的 BERT 模型中提取嵌入。以 I love Paris 这个句子为例，假设需要提取句子中每个词的上下文嵌入。我们首先需要对句子进行标记，并将这些标记送入预训练的 BERT 模型，该模型将返回每个标记的嵌入。除了获得标记级（词级）的特征外，还可以获得句级的特征。

下面，让我们详细了解一下到底如何从预训练的 BERT 模型中提取词级嵌入和句级嵌入。

假设需要执行一项情感分析任务，其样本数据集如图 3-2 所示。

句子	标签
I love Paris	1
Sam hated the movie	0
It was a great day	1
The song is not good	0
⋮	⋮
We loved the game	1

图 3-2　样本数据集

从图 3-2 中可以看到几个句子及其对应的标签，其中 1 表示正面情绪，0 表示负面情绪。我们可以利用给定的数据集训练一个分类器，对句子所表达的情感进行分类。

但是，我们不能把数据集直接输入分类器。因为数据集包含文本，所以我们需要对文本进行向量化。TF-IDF[①]、word2vec 等算法或模型可以对文本进行向量化。但在第 2 章中，我们了解到 BERT 学习的是上下文嵌入，这与 word2vec 等无上下文嵌入的模型不同。所以，我们将学习如何使用预训练的 BERT 模型对数据集中的句子进行向量化。

首先，我们来看数据集中的第一句话，即 I love Paris。我们使用 WordPiece 对句子进行分词，并得到标记（单词），如下所示。

```
tokens = [I, love, Paris]
```

然后，在开头添加`[CLS]`标记，在结尾添加`[SEP]`标记，如下所示。

```
tokens = [ [CLS], I, love, Paris, [SEP] ]
```

以此类推，我们对训练集中的所有句子进行标记。但因为每个句子的长度不同，所以标记的长度也不同。为了保持所有标记的长度一致，我们将数据集中的所有句子

---

① TF-IDF 是 term frequency-inverse document frequency 的缩写，它是一种用于信息检索与文本挖掘的常用加权技术，也是一种统计方法，用以评估一个字词对于一个文档集或一个语料库中的其中一份文档的重要程度。——译者注

的标记长度设为 7。句子 I love Paris 的标记长度是 5，为了使其长度为 7，需要添加两个标记来填充，即`[PAD]`。因此，新标记如下所示。

```
tokens = [ [CLS], I, love, Paris, [SEP], [PAD], [PAD] ]
```

添加两个`[PAD]`标记后，标记的长度达到所要求的 7。下一步，要让模型理解`[PAD]`标记只是为了匹配标记的长度，而不是实际标记的一部分。为了做到这一点，我们需要引入一个注意力掩码。我们将所有位置的注意力掩码值设置为 1，将`[PAD]`标记的位置设置为 0，如下所示。

```
attention_mask = [ 1, 1, 1, 1, 1, 0, 0]
```

然后，将所有的标记映射到一个唯一的标记 ID。假设映射的标记 ID 如下所示。

```
token_ids = [101, 1045, 2293, 3000, 102, 0, 0]
```

ID `101` 表示标记`[CLS]`，`1045` 表示标记 `I`，`2293` 表示标记 `love`，以此类推。

现在，我们把 `token_ids` 和 `attention_mask` 一起输入预训练的 BERT 模型，并获得每个标记的特征向量（嵌入）。通过代码，我们可以进一步理解以上步骤。

图 3-3 显示了如何使用预训练的 BERT 模型来获得嵌入。为清晰起见，图中显示的是标记而不是标记 ID。我们看到，一旦我们将标记作为输入，编码器 1 就会计算出所有标记的特征，并将其发送给下一个编码器，也就是编码器 2。编码器 2 将编码器 1 计算的特征作为输入，再计算特征，并将其发送给下一个编码器，也就是编码器 3。以这样的方式，每个编码器都会将它的特征发送给下一个编码器。最后的编码器，也就是编码器 12，返回句子中所有标记的最终特征（嵌入）。

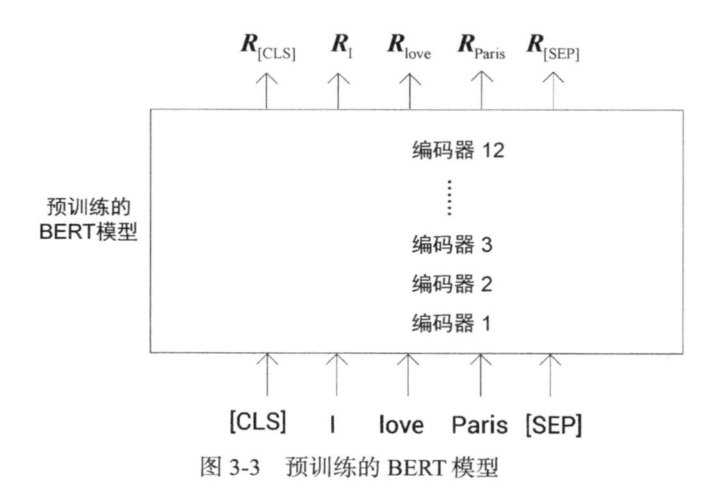

图 3-3 预训练的 BERT 模型

如图 3-3 所示，$R_{[CLS]}$ 是标记`[CLS]`的嵌入，R_{I} 是标记 `I` 的嵌入，R_{love} 是标记 `love` 的嵌入，以此类推。这样一来，我们就可以获得每个标记的特征向量。这些特征向量是基于上下文的单词（标记）嵌入。假设使用的是预训练的 BERT-base 模型配置，那么每个标记的特征向量大小为 768。

我们学习了如何获得 I love Paris 这个句子中每个单词的特征，但是如何获得完整句子的特征呢？

我们已经在句子的开头预留了`[CLS]`标记，它的特征将代表整个句子的总特征。因此，其他标记的嵌入可以忽略，而只用`[CLS]`标记的嵌入作为句子的特征。也就是说，句子 I love Paris 的特征可以用`[CLS]`标记的特征 $R_{[CLS]}$ 来表示。

采用类似的方法，可以计算出训练集中所有句子的特征向量。一旦有了训练集中所有句子的特征，就可以把这些特征作为输入，训练一个分类器来完成情感分析任务了。

请注意，使用`[CLS]`标记的特征代表整个句子的特征并不总是一个好主意。要获得一个句子的特征，最好基于所有标记的特征进行平均或者汇聚。在后面的章节中，我们将了解更多这方面的知识。

至此，我们已经学会了如何使用预训练的 BERT 模型提取嵌入（特征）。在 3.2.1 节中，我们将学习如何使用 Transformers 库来实现同样的目标。

3.2.1 Hugging Face 的 Transformers 库

Hugging Face 是一个致力于通过自然语言将 AI 技术大众化的组织。它的开源 Transformers 库在自然语言处理社区中非常受欢迎，尤其对一些自然语言处理任务和**自然语言理解**（natural language understanding，NLU）任务非常有效。Transformers 库包括 100 多种语言的数千个预训练模型，其优势之一是它与 PyTorch 和 TensorFlow 都兼容。

我们可以直接使用 `pip` 安装 Transformers 库，如下所示。

```
pip install Transformers==3.5.1
```

本书使用的是 Transformers 库的 3.5.1 版本。

3.2.2 BERT 嵌入的生成

在本节中，我们将学习如何从预训练的 BERT 模型中提取嵌入。同样，我们以 I love Paris 这句话为例，看看如何使用 Hugging Face 的 Transformers 库中的预训练 BERT 模型为句子中的所有单词获得基于上下文的嵌入。完整代码请从本书的 GitHub 资源库中获取。为了确保代码可运行，请将代码复制到 Google Colab 中运行。

首先，导入必要的库模块，如下所示。

```
from transformers import BertModel, BertTokenizer
import torch
```

接下来，下载预训练的 BERT 模型。这里使用的是不区分大小写的模型 bert-base-uncased。顾名思义，它是以 BERT 为基础的模型，有 12 个编码器，并且是用小写的标记来训练的。由于使用的是 BERT-base，因此特征向量的大小是 768。

下载并加载预训练的模型。

```
model = BertModel.from_pretrained('bert-base-uncased')
```

然后，下载并加载用于预训练模型的词元分析器。

```
tokenizer = BertTokenizer.from_pretrained('bert-base-uncased')
```

下面，让我们看看如何对输入进行预处理。

1. 对输入进行预处理

假设输入句如下所示。

```
sentence = 'I love Paris'
```

对该句进行分词，并获得标记，如下所示。

```
tokens = tokenizer.tokenize(sentence)
```

打印这些标记。

```
print(tokens)
```

以上代码的输出如下所示。

```
['i', 'love', 'paris']
```

现在，将[CLS]标记加在前面，将[SEP]标记加在后面，如下所示。

```
tokens = ['[CLS]'] + tokens + ['[SEP]']
```

查看更新后的标记。

```
print(tokens)
```

输出如下。

```
['[CLS]', 'i', 'love', 'paris', '[SEP]']
```

我们可以看到，标记列表的开头处有一个`[CLS]`标记，其结尾处有一个`[SEP]`标记，且标记长度为 5。

假设需要将标记长度设为 7，那么需要在列表最后添加两个`[PAD]`标记来满足长度要求，如下所示。

```
tokens = tokens + ['[PAD]'] + ['[PAD]']
```

打印更新后的标记列表。

```
print(tokens)
```

输出如下。

```
['[CLS]', 'i', 'love', 'paris', '[SEP]', '[PAD]', '[PAD]' ]
```

如上所示，现在我们有一个带有`[PAD]`标记的标记列表，且标记长度为 7。

接下来，需要创建注意力掩码。如果标记不是`[PAD]`，那么将注意力掩码值设置为`1`，否则我们将其设置为`0`，如下所示。

```
attention_mask = [1 if i!= '[PAD]' else 0 for i in tokens]
```

打印`attention_mask`。

```
print(attention_mask)
```

输出如下。

```
[1, 1, 1, 1, 1, 0, 0]
```

可以看出，在有`[PAD]`标记的位置，注意力掩码值为`0`，在其他位置为`1`。

接下来，将所有标记转换为它们的标记 ID，如下所示。

```
token_ids = tokenizer.convert_tokens_to_ids(tokens)
```

看一下`token_ids`的值。

```
print(token_ids)
```

输出如下。

```
[101, 1045, 2293, 3000, 102, 0, 0]
```

可以看到，每个标记都被映射到不同的标记 ID。

现在，将 token_ids 和 attention_mask 转换为张量，如下所示。

```
token_ids = torch.tensor(token_ids).unsqueeze(0)
attention_mask = torch.tensor(attention_mask).unsqueeze(0)
```

下面，我们就可以将 token_ids 和 attention_mask 输入到预训练的 BERT 模型中，并得到嵌入向量。

2. 获得嵌入向量

如以下代码所示，我们将 token_ids 和 attention_mask 送入模型，并得到嵌入向量。需要注意，model 返回的输出是一个有两个值的元组。第 1 个值 hidden_rep 表示隐藏状态[①]的特征，它包括从顶层编码器（编码器 12）获得的所有标记的特征。第 2 个值 cls_head 表示[CLS]标记的特征。

```
hidden_rep, cls_head = model(token_ids, attention_mask = attention_mask)
```

在上面的代码中，hidden_rep 包含了输入中所有标记的嵌入（特征）。打印一下 hidden_rep 的大小。

```
print(hidden_rep.shape)
```

输出如下。

```
torch.Size([1, 7, 768])
```

数组[1, 7, 768]表示[batch_size, sequence_length, hidden_size]，也就是说，批量大小设为 1，序列长度等于标记长度，即 7。因为有 7 个标记，所以序列长度为 7。隐藏层的大小等于特征向量（嵌入向量）的大小，在 BERT-base 模型中，其为 768。

得到每个标记的特征向量的方法如下。

- hidden_rep[0][0]给出了第 1 个标记[CLS]的特征。
- hidden_rep[0][1]给出了第 2 个标记 I 的特征。
- hidden_rep[0][2]给出了第 3 个标记 love 的特征。

通过这种方式，可以获得所有标记的上下文特征，这基本上等同于句子中所有单词的上下文嵌入向量。

---

① 隐藏状态与隐藏层不同。隐藏状态（hidden state）为 BERT 模型中每一层编码器的输出。隐藏层为前馈神经网络中介于输入层与输出层之间的网络层，也被称为隐藏单元或隐藏神经元。——译者注

现在，让我们查看一下 `cls_head`，它包含`[CLS]`标记的特征。打印 `cls_head` 的大小。

```
print(cls_head.shape)
```

输出如下。

```
torch.Size([1, 768])
```

大小`[1, 768]`表示`[batch_size, hidden_size]`。

我们知道 `cls_head` 持有句子的总特征，所以，可以用 `cls_head` 作为句子 I love Paris 的整句特征。

在本节中，我们学会了如何从预训练的 BERT 模型中提取嵌入，但这些只是从 BERT 的顶层编码器（编码器 12）获得的嵌入。我们是否可以从 BERT 的所有编码器层中提取嵌入呢？答案是肯定的。我们将在 3.3 节中了解如何做到这一点。

3.3 从 BERT 的所有编码器层中提取嵌入

我们学习了如何从预训练的 BERT 模型的顶层编码器提取嵌入。除此之外，我们也应该考虑从所有的编码器层获得嵌入。下面，让我们来探讨这个问题。

我们用 h_0 表示输入嵌入层，用 h_1 表示第 1 个编码器层（第 1 个隐藏层），用 h_2 表示第 2 个编码器层（第 2 个隐藏层），以此类推，一直到最后的第 12 个编码器层，即 h_{12}，如图 3-4 所示。

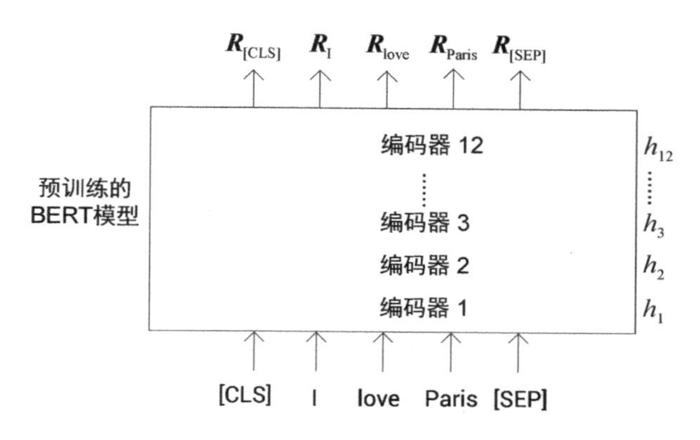

图 3-4　预训练的 BERT 模型

BERT 的研究人员尝试了从不同的编码器层中提取嵌入。例如，对于命名实体识别任务，研究人员使用预训练的 BERT 模型来提取特征。他们没有只使用来自顶层编码器（最后的隐藏层）的嵌入作为特征，而是尝试使用来自其他编码器层（其他的隐藏层）的嵌入作为特征，所得到的 F1 分数如图 3-5 所示。

特征	符号	F1 分数
输入嵌入层	h_0	91.0
倒数第2个隐藏层	h_{11}	95.6
最后的隐藏层	h_{12}	94.9
最后4个隐藏层的加权总和	$h_9 \sim h_{12}$	95.9
串联最后4个隐藏层	$h_9 \sim h_{12}$	96.1
所有12层的加权总和	$h_1 \sim h_{12}$	95.5

图 3-5　不同层的嵌入的 F1 分数

从图 3-5 中可以看到，将最后 4 个编码器层（最后 4 个隐藏层）的嵌入连接起来可以得到最高的 F1 分数，即 96.1。这说明可以使用其他编码器层的嵌入，而不只是提取顶层编码器（最后的隐藏层）的嵌入。

下面，我们将学习如何使用 Transformers 库从所有编码器层中提取嵌入。

提取嵌入

首先，我们导入必要的库模块。

```
from transformers import BertModel, BertTokenizer
import torch
```

接下来，下载预训练的 BERT 模型和词元分析器。可以看到，在下载预训练的 BERT 模型时，需要设置 `output_hidden_states = True`。将此设置为 `True` 将允许我们从所有编码器层获得嵌入。

```
model = BertModel.from_pretrained('bert-base-uncased',
                                  output_hidden_states = True)
tokenizer = BertTokenizer.from_pretrained('bert-base-uncased')
```

然后，我们对模型输入进行预处理。

1. 对模型输入进行预处理

我们还是以句子 I love Paris 为例，对该句进行标记。在句子开头添加[CLS]标记，在结尾添加[SEP]标记。

```
sentence = 'I love Paris'
tokens = tokenizer.tokenize(sentence)
tokens = ['[CLS]'] + tokens + ['[SEP]']
```

假设还是将标记长度设置为 7，那么需要添加[PAD]标记并定义注意力掩码。

```
tokens = tokens + ['[PAD]'] + ['[PAD]']
attention_mask = [1 if i!= '[PAD]' else 0 for i in tokens]
```

接下来，将标记转换成标记 ID。

```
token_ids = tokenizer.convert_tokens_to_ids(tokens)
```

然后，把 token_ids 和 attention_mask 转换成张量。

```
token_ids = torch.tensor(token_ids).unsqueeze(0)
attention_mask = torch.tensor(attention_mask).unsqueeze(0)
```

现在，我们已经对输入进行了预处理。下面，让我们来获取嵌入。

2. 获取嵌入

在定义模型时，我们设置了 output_hidden_states = True，以获得所有编码器层的嵌入。模型返回一个含有 3 个值的输出元组，如下所示。

```
last_hidden_state, pooler_output, hidden_states = \
model(token_ids, attention_mask = attention_mask)
```

上面的代码体现了以下内容。

- last_hidden_state 包含从最后的编码器（编码器 12）中获得的所有标记的特征。
- pooler_output 表示来自最后的编码器的[CLS]标记的特征，它被一个线性激活函数和 tanh 激活函数进一步处理。
- hidden_states 包含从所有编码器层获得的所有标记的特征。

下面，让我们逐一了解每个值。

首先来看 last_hidden_state，它仅有从最后的编码器（编码器 12）中获得的所有标记的特征。让我们看看它的大小。

```
print(last_hidden_state.shape)
```

输出如下。

```
torch.Size([1, 7, 768])
```

数组`[1, 7, 768]`表示`[batch_size, sequence_length, hidden_size]`，其表明批量大小为 1，序列长度等于标记长度，即 7。隐藏层的大小等于特征向量（嵌入向量）的大小，在 BERT-base 模型中，其大小为 768。

每个标记的嵌入如下所示。

- `last_hidden_state[0][0]`给出了第 1 个标记`[CLS]`的特征。
- `last_hidden_state[0][1]`给出了第 2 个标记 `I` 的特征。
- `last_hidden_state[0][2]`给出了第 3 个标记 `love` 的特征。

同样，我们可以从顶层编码器获得所有标记的特征。

下面来看 `pooler_output`，它包含来自最后的编码器的`[CLS]`标记的特征，并将被线性激活函数和 tanh 激活函数进一步处理。来看 `pooler_output` 的大小。

```
print(pooler_output.shape)
```

输出如下。

```
torch.Size([1, 768])
```

数组`[1, 768]`表示`[batch_size, hidden_size]`。

前面已知，`[CLS]`标记持有该句子的总特征，因此，可以用`pooler_output` 作为 I love Paris 这个句子的特征。

最后，`hidden_states` 包含从所有编码器层获得的所有标记的特征。它是一个包含 13 个值的元组，含有所有编码器层（隐藏层）的特征，即从输入嵌入层 h_0 到最后的编码器层 h_{12}。

```
len(hidden_states)
```

以上代码的输出如下。

```
13
```

可以看到，它包含 13 个值，具有所有编码器层的特征。

- hidden_states[0]包含从输入嵌入层 h_0 获得的所有标记的特征。
- hidden_states[1]包含从第 1 个编码器层 h_1 获得的所有标记的特征。
- hidden_states[2]包含从第 2 个编码器层 h_2 获得的所有标记的特征。
- hidden_states[12]包含从最后一个编码器层 h_{12} 获得的所有标记的特征。

让我们进一步了解。首先，打印 hidden_states[0]的大小，它包含从输入嵌入层 h_0 获得的所有标记的特征。

```
print(hidden_states[0].shape)
```

输出如下。

```
torch.Size([1, 7, 768])
```

数组[1, 7, 768]表示[batch_size, sequence_length, hidden_size]。

然后，打印 hidden_states[1]的大小，它包含从第 1 个编码器层 h_1 获得的所有标记的特征。

```
print(hidden_states[1].shape)
```

输出如下。

```
torch.Size([1, 7, 768])
```

通过这种方式，我们就可以获得所有编码器层的标记嵌入。

在本节中，我们学会了如何使用预训练的 BERT 模型来提取嵌入。我们是否可以将预训练的 BERT 模型应用于下游任务，比如情感分析任务？答案是肯定的。我们将在 3.4 节中学习如何做到这一点。

3.4 针对下游任务进行微调

到目前为止，我们已经学会了如何使用预训练的 BERT 模型。现在，我们将学习如何针对下游任务微调预训练的 BERT 模型。需要注意的是，微调并非需要我们从头开始训练 BERT 模型，而是使用预训练的 BERT 模型，并根据任务需要更新模型的权重。

在本节中，我们将学习如何为以下任务微调预训练的 BERT 模型。

- 文本分类任务

- 自然语言推理任务
- 问答任务
- 命名实体识别任务

3.4.1 文本分类任务

首先，我们学习如何为文本分类任务微调预训练的BERT模型。比如我们要进行情感分析，目标是对一个句子是积极（正面情绪）还是消极（负面情绪）进行分类。假设我们有一个包含句子及其标签的数据集。

以句子I love Paris为例，我们首先对句子进行标记，在句首添加`[CLS]`，在句尾添加`[SEP]`。然后，将这些标记输入预训练的BERT模型，并得到所有标记的嵌入。

接下来，我们只取`[CLS]`的嵌入，也就是$\boldsymbol{R}_{[\mathrm{CLS}]}$，忽略所有其他标记的嵌入，因为`[CLS]`标记的嵌入包含整个句子的总特征。我们将$\boldsymbol{R}_{[\mathrm{CLS}]}$送入一个分类器（使用softmax激活函数的前馈网络层），并训练分类器进行情感分析。

但这与我们在本节一开始看到的情况有什么不同呢？微调预训练的BERT模型与使用预训练的BERT模型作为特征提取器有何不同呢？

在3.2节中，我们了解到，在提取句子的嵌入$\boldsymbol{R}_{[\mathrm{CLS}]}$后，我们将$\boldsymbol{R}_{[\mathrm{CLS}]}$送入一个分类器并训练其进行分类。同样，在微调过程中，我们将嵌入$\boldsymbol{R}_{[\mathrm{CLS}]}$送入一个分类器，并训练它进行分类。

不同的是，对预训练的BERT模型进行微调时，模型的权重与分类器一同更新。但使用预训练的BERT模型作为特征提取器时，我们只更新分类器的权重，而不更新模型的权重。

在微调期间，可以通过以下两种方式调整权重。

- 与分类器层一起更新预训练的BERT模型的权重。
- 仅更新分类器层的权重，不更新预训练的BERT模型的权重。这类似于使用预训练的BERT模型作为特征提取器的情况。

图3-6显示了如何针对文本分类任务对预训练的BERT模型进行微调。

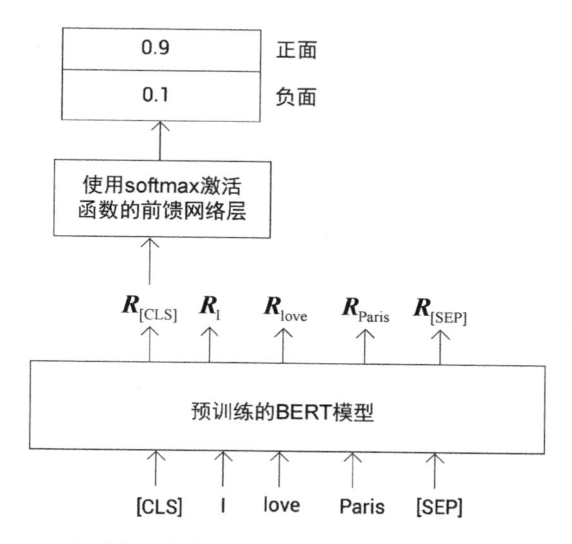

图 3-6 针对文本分类任务对预训练的 BERT 模型进行微调

从图 3-6 中可以看到，我们将标记送入预训练的 BERT 模型，得到所有标记的嵌入。然后将`[CLS]`标记的嵌入送入使用 softmax 激活函数的前馈网络层进行分类。

下面，我们将针对情感分析任务对预训练的 BERT 模型进行微调，以深入了解微调的工作原理。

针对情感分析任务微调 BERT

我们以使用 IMDB 数据集的情感分析任务为例来微调预训练的 BERT 模型。IMDB 数据集由电影评论和情感标签（正面/负面）组成。完整代码可从本书的 GitHub 资源库中获取。为了确保代码可运行，请将代码复制到 Google Colab 中运行。

导入依赖库

首先，安装必要的库。

```
!pip install nlp==0.4.0
!pip install Transformers==3.5.1
```

然后，导入必要的模块。

```
from transformers import BertForSequenceClassification, BertTokenizerFast,
Trainer, TrainingArguments
from nlp import load_dataset
import torch
import numpy as np
```

加载模型和数据集

使用 nlp 库下载并加载数据集。

然后，检查数据类型。

```
type(dataset)
```

输出如下。

```
nlp.arrow_dataset.Dataset
```

接下来，将数据集分成训练集和测试集。

```
dataset = dataset.train_test_split(test_size=0.3)
```

打印数据集的内容。

```
print(dataset)
```

输出如下。

```
{
'test':Dataset(features: {'text':Value(dtype='string', id=None), 'label':
Value(dtype='int64', id=None)}, num_rows: 30),
 'train':Dataset(features: {'text':Value(dtype='string', id=None),
'label':Value(dtype='int64', id=None)}, num_rows: 70)
}
```

现在，创建训练集和测试集。

```
train_set = dataset['train']
test_set = dataset['test']
```

接下来，下载并加载预训练的 BERT 模型。在这个例子中，我们使用预训练的 bert-base-uncased 模型。由于要进行序列分类，因此我们使用 BertForSequenceClassification 类。

```
model = BertForSequenceClassification.from_pretrained('bert-base-uncased')
```

然后，下载并加载用于预训练 bert-base-uncased 模型的词元分析器。

可以看到，我们使用了 BertTokenizerFast 类创建词元分析器，而不是使用 BertTokenizer。与 BertTokenizer 相比，BertTokenizerFast 类有很多优点。我们将在后面了解这方面的内容。

```
tokenizer = BertTokenizerFast.from_pretrained('bert-base-uncased')
```

现在，我们已经加载了数据集和模型，可以开始对数据集进行预处理了。

预处理数据集

我们仍然以句子 I love Paris 为例，使用词元分析器对数据集进行快速预处理。

首先，对例句进行标记，在句首添加[CLS]标记，在句尾添加[SEP]标记，如下所示。

```
tokens = [ [CLS], I, love, Paris, [SEP] ]
```

接下来，将标记映射到唯一的输入 ID（标记 ID）。假设输入 ID 如下所示。

```
input_ids = [101, 1045, 2293, 3000, 102]
```

然后，添加分段 ID（标记类型 ID）。假设输入中有两个句子，分段 ID 可以用来区分这两个句子。第 1 句中的所有标记被映射为 0，第 2 句中的所有标记被映射为 1。在这里，我们只有一个句子，因此所有的标记都会被映射为 0，如下所示。

```
token_type_ids = [0, 0, 0, 0, 0]
```

现在创建注意力掩码。我们知道注意力掩码是用来区分实际标记和[PAD]标记的，它把所有实际标记映射为 1，把[PAD]标记映射为 0。假设标记长度为 5，因为标记列表已经有 5 个标记，所以不必添加[PAD]标记。在本例中，注意力掩码如下所示。

```
attention_mask = [1, 1, 1, 1, 1]
```

不过，我们无须手动执行上述所有步骤，词元分析器会为我们完成这些步骤。我们只需将例句传递给词元分析器，如下所示。

```
tokenizer('I love Paris')
```

上面的代码将返回以下内容。可以看到，输入句已被标记，并被映射到 input_ids、token_type_ids 和 attention_mask。

```
{
'input_ids': [101, 1045, 2293, 3000, 102],
'token_type_ids': [0, 0, 0, 0, 0],
'attention_mask': [1, 1, 1, 1, 1]
}
```

通过词元分析器，还可以输入任意数量的句子，并动态地进行补长或填充。要实现动态补长或填充，需要将 padding 设置为 True，同时设置最大序列长度。假设输入 3 个句子，并将最大序列长度 max_length 设置为 5，如下所示。

```
tokenizer(['I love Paris', 'birds fly', 'snow fall'], padding = True,
          max_length = 5)
```

上面的代码将返回以下内容。可以看到，所有的句子都被映射到 input_ids、token_type_ids 和 attention_mask。第2句和第3句只有两个标记，加上[CLS]和[SEP]后，有4个标记。由于将 padding 设置为 True，并将 max_length 设置为 5，因此在第 2 句和第 3 句中添加了一个额外的[PAD]标记。这就是在第 2 句和第 3 句的注意力掩码中出现 0 的原因。

```
{
'input_ids': [[101, 1045, 2293, 3000, 102], [101, 5055, 4875, 102, 0],
[101, 4586, 2991, 102, 0]],
'token_type_ids': [[0, 0, 0, 0, 0], [1, 1, 1, 1, 1], [0, 0, 0, 0, 0]],
'attention_mask': [[1, 1, 1, 1, 1], [1, 1, 1, 1, 0], [1, 1, 1, 1, 0]]
}
```

有了词元分析器，我们可以轻松地预处理数据集。我们定义了一个名为 preprocess 的函数来处理数据集，如下所示。

```
def preprocess(data):
    return tokenizer(data['text'], padding = True, truncation = True)
```

使用 preprocess 函数对训练集和测试集进行预处理。

```
train_set = train_set.map(preprocess, batched = True,
                          batch_size = len(train_set))
test_set = test_set.map(preprocess, batched = True, batch_size = len(test_set))
```

接下来，使用 set_format 函数，选择数据集中需要的列及其对应的格式，如下所示。

```
train_set.set_format('torch',
                     columns = ['input_ids', 'attention_mask', 'label'])
test_set.set_format('Torch',
                    columns = ['input_ids', 'attention_mask', 'label'])
```

现在，数据集已经准备好，可以开始训练这个模型了。

训练模型

首先，定义批量大小和迭代次数。

```
batch_size = 8
epochs = 2
```

然后，确定预热步骤和权重衰减。

```
warmup_steps = 500
weight_decay = 0.01
```

接着，设置训练参数。

```
training_args = TrainingArguments(
    output_dir = './results',
    num_train_epochs = epochs,
    per_device_train_batch_size = batch_size,
    per_device_eval_batch_size = batch_size,
    warmup_steps = warmup_steps,
    weight_decay = weight_decay,
    evaluate_during_training = True,
    logging_dir = './logs',
)
```

最后，定义训练函数。

```
trainer = Trainer(
    model = model,
    args = training_args,
    train_dataset = train_set,
    eval_dataset = test_set
)
```

现在，开始训练模型。

```
trainer.train()
```

训练结束后，可以使用 `evaluate` 函数来评估模型。

```
trainer.evaluate()
```

以上代码的输出如下。

```
{'epoch': 1.0, 'eval_loss': 0.68}
{'epoch': 2.0, 'eval_loss': 0.50}
```

以这种方式，我们就可以针对文本分类任务对预训练的 BERT 模型进行微调。

3.4.2 自然语言推理任务

现在，我们学习如何为自然语言推理任务微调 BERT 模型。在自然语言推理任务中，模型的目标是确定在给定前提下，一个假设是必然的（真）、矛盾的（假），还是未定的（中性）。

在图 3-7 所示的样本数据集中，有几个前提和假设，并有标签表明假设是真、是假，还是中性。

前提	假设	标签
He is playing	He is sleeping	假
A soccer game with multiple males playing	Some men are playing sport	真
An older and a younger man smiling	Two men are smiling at the dogs playing on the floor	中性

图 3-7 自然语言推理任务的样本数据集

模型的目标是确定一个句子对（前提–假设对）是真、是假，还是中性。我们以一个前提–假设对为例来了解如何做到这一点。

前提：He is playing（他在玩）

假设：He is sleeping（他在睡觉）

首先，对句子对进行标记，在第 1 句的开头添加`[CLS]`标记，在每句的结尾添加`[SEP]`标记，如下所示。

```
tokens = [ [CLS], He, is, playing, [SEP], He, is, sleeping, [SEP] ]
```

现在，将这些标记送入预训练的 BERT 模型，得到每个标记的嵌入。我们已经知道`[CLS]`标记的特征就是整个句子对的特征。

因此，将`[CLS]`标记的特征 $\boldsymbol{R}_{[CLS]}$ 送入分类器（使用 softmax 激活函数的前馈网络层）。分类器将返回该句子对是真、是假，以及是中性的概率，如图 3-8 所示。在最初的迭代中，结果会不准确，但经过多次迭代后，结果会逐渐准确。

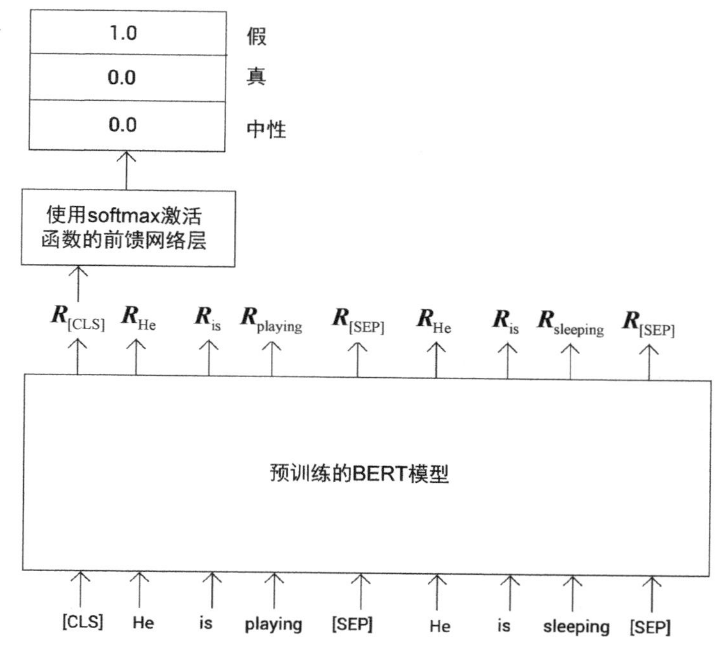

图 3-8 针对自然语言推理任务微调预训练的 BERT 模型

现在，我们就学会了如何为自然语言推理任务微调 BERT 模型。

3.4.3 问答任务

在本节中，我们将学习如何为问答任务微调 BERT 模型。在问答任务中，针对一个问题，模型会返回一个答案。我们的目标是让模型针对给定问题返回正确的答案。

BERT 模型的输入是一个问题和一个段落，也就是说，需要向 BERT 输入一个问题和一个含有答案的段落。BERT 必须从该段落中提取答案。因此，从本质上讲，BERT 必须返回包含答案的文本段。让我们通过下面这个问题–段落对示例来理解。

问题："什么是免疫系统？"

段落："免疫系统是一个由生物体内许多生物结构和过程组成的系统，它能保护人们免受疾病的侵害。为了正常运作，免疫系统必须检测各种各样的制剂，即所谓的病原体，从病毒到寄生虫，并将它们与有机体自身的健康组织区分开来。"

BERT 必须从该段落中提取出一个答案，也就是包含答案的文本段。因此，它应该返回如下信息。

答案："一个由生物体内许多生物结构和过程组成的系统，它能保护人们免受疾病的侵害。"

如何微调 BERT 模型来完成这项任务？要做到这一点，模型必须了解给定段落中包含答案的文本段的起始索引和结束索引。以"什么是免疫系统"这个问题为例，如果模型理解这个问题的答案是从索引 5（"一"）[1]开始，在索引 39（"害"）结束，那么可以得到如下答案。

段落："免疫系统是**一个由生物体内许多生物结构和过程组成的系统，它能保护人们免受疾病的侵害**。为了正常运作，免疫系统必须检测各种各样的制剂，即所谓的病原体，从病毒到寄生虫，并将它们与有机体自身的健康组织区分开来。"

如何找到包含答案的文本段的起始索引和结束索引呢？我们如果能够得到该段落中每个标记是答案的起始标记和结束标记的概率，那么就可以很容易地提取答案。但如何才能实现这一点？这里需要引入两个向量，称为起始向量 $\boldsymbol{S}$ 和结束向量 $\boldsymbol{E}$ 。起始向量和结束向量的值将通过训练习得。

首先，计算该段落中每个标记是答案的起始标记的概率。

为了计算这个概率，对于每个标记 i，计算标记特征 $\boldsymbol{R}_i$ 和起始向量 $\boldsymbol{S}$ 之间的点积。然后，将 softmax 函数应用于点积 $\boldsymbol{S}\cdot\boldsymbol{R}_i$，得到概率。计算公式如下所示。

$$P_i=\frac{\mathrm{e}^{\boldsymbol{S}\cdot\boldsymbol{R}_i}}{\sum_j \mathrm{e}^{\boldsymbol{S}\cdot\boldsymbol{R}_j}}$$

接下来，选择其中具有最高概率的标记，并将其索引值作为起始索引。

以同样的方式，计算该段落中每个标记是答案的结束标记的概率。为了计算这个概率，为每个标记 i 计算标记特征 $\boldsymbol{R}_i$ 和结束向量 $\boldsymbol{E}$ 之间的点积。然后，将 softmax 函数应用于点积 $\boldsymbol{E}\cdot\boldsymbol{R}_i$，得到概率。计算公式如下所示。

$$P_i=\frac{\mathrm{e}^{\boldsymbol{E}\cdot\boldsymbol{R}_i}}{\sum_j \mathrm{e}^{\boldsymbol{E}\cdot\boldsymbol{R}_j}}$$

接着，选择其中具有最高概率的标记，并将其索引值作为结束索引。现在，我们就可以使用起始索引和结束索引选择包含答案的文本段了。

---

① 计算机科学中的索引从 0 开始。——译者注

如图 3-9 所示，首先对问题–段落对进行标记，然后将这些标记送入预训练的 BERT 模型。该模型返回所有标记的嵌入（标记特征）。$\boldsymbol{R}_i$ 是问题中的标记的嵌入，$\boldsymbol{R}'_i$ 是段落中的标记的嵌入。

在得到嵌入后，开始分别计算嵌入与起始向量和结束向量的点积，并使用 softmax 函数获得段落中每个标记是起始词和结束词的概率。

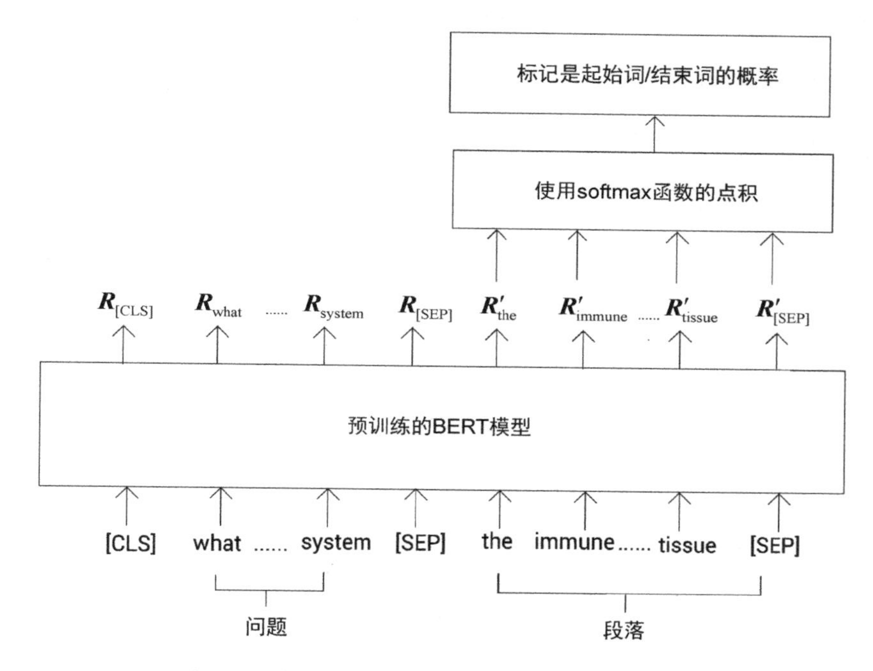

图 3-9 针对问答任务微调预训练的 BERT 模型

图 3-9 展现了如何计算段落中每个标记是起始词和结束词的概率。下面，我们使用概率最高的起始索引和结束索引来选择包含答案的文本段。为了更好地理解这一点，下面我们将学习如何在问答任务中使用微调后的 BERT 模型。

用微调后的 BERT 模型执行问答任务

首先，导入必要的库模块。

```
from transformers import BertForQuestionAnswering, BertTokenizer
```

然后，下载并加载该模型。我们使用的是 `bert-large-uncased-whole-word-masking-finetuned-squad` 模型，该模型基于**斯坦福问答数据集**（SQuAD）微调而得。

```
model = BertForQuestionAnswering.from_pretrained('bert-large-uncased-
whole-word-masking-finetuned-squad')
```

接下来，下载并加载词元分析器。

```
tokenizer = BertTokenizer.from_pretrained('bert-large-uncased-whole-word-
masking-finetuned-squad')
```

我们已经下载了模型和词元分析器。下面对输入进行预处理。

对模型输入进行预处理

首先，定义 BERT 的输入。输入的问题和段落文本如下所示。

```
question = "What is the immune system?"
paragraph = "The immune system is a system of many biological structures
and processes within an organism that protects against disease. To function
properly, an immune system must detect a wide variety of agents, known as
pathogens, from viruses to parasitic worms, and distinguish them from the
organism's own healthy tissue."
```

接着，在问题的开头添加`[CLS]`标记，在问题和段落的结尾添加`[SEP]`标记。

```
question = '[CLS]' + question + '[SEP]'
paragraph = paragraph + '[SEP]'
```

然后，标记问题和段落。

```
question_tokens = tokenizer.tokenize(question)
paragraph_tokens = tokenizer.tokenize(paragraph)
```

合并问题标记和段落标记，并将其转换为 `input_ids`。

```
tokens = question_tokens + paragraph_tokens
input_ids = tokenizer.convert_tokens_to_ids(tokens)
```

设置 `segment_ids`。对于问题的所有标记，将 `segment_ids` 设置为 `0`；对于段落的所有标记，将 `segment_ids` 设置为 `1`。

```
segment_ids = [0] * len(question_tokens)
segment_ids = [1] * len(paragraph_tokens)
```

把 `input_ids` 和 `segment_ids` 转换成张量。

```
input_ids = torch.tensor([input_ids])
segment_ids = torch.tensor([segment_ids])
```

我们已经处理了输入，现在将它送入模型以获得答案。

获得答案

把 input_ids 和 segment_ids 送入模型。模型将返回所有标记的起始分数和结束分数。

```
start_scores, end_scores = model(input_ids, token_type_ids = segment_ids)
```

这时，我们需要选择 start_index 和 end_index，前者是具有最高起始分数的标记的索引，后者是具有最高结束分数的标记的索引。

```
start_index = torch.argmax(start_scores)
end_index = torch.argmax(end_scores)
```

然后，打印起始索引和结束索引之间的文本段作为答案。

```
print(' '.join(tokens[start_index:end_index+1]))
```

以上代码的输出如下。

```
a system of many biological structures and processes within an organism
that protects against disease
```

现在，我们学会了如何对执行问答任务的 BERT 模型进行微调。在 3.4.4 节中，我们将学习如何对执行命名实体识别任务的 BERT 模型进行微调。

3.4.4 命名实体识别任务

在命名实体识别任务中，我们的目标是将命名实体划分到预设的类别中。例如在句子 Jeremy lives in Paris 中，Jeremy 应被归类为人，而 Paris 应被归类为地点。

现在，让我们看看如何微调预训练的 BERT 模型以执行命名实体识别任务。首先，对句子进行标记，在句首添加[CLS]标记，在句尾添加[SEP]标记。然后，将这些标记送入预训练的 BERT 模型，获得每个标记的特征。接下来，将这些标记特征送入一个分类器（使用 softmax 激活函数的前馈网络层）。最后，分类器返回每个命名实体所对应的类别，如图 3-10 所示。

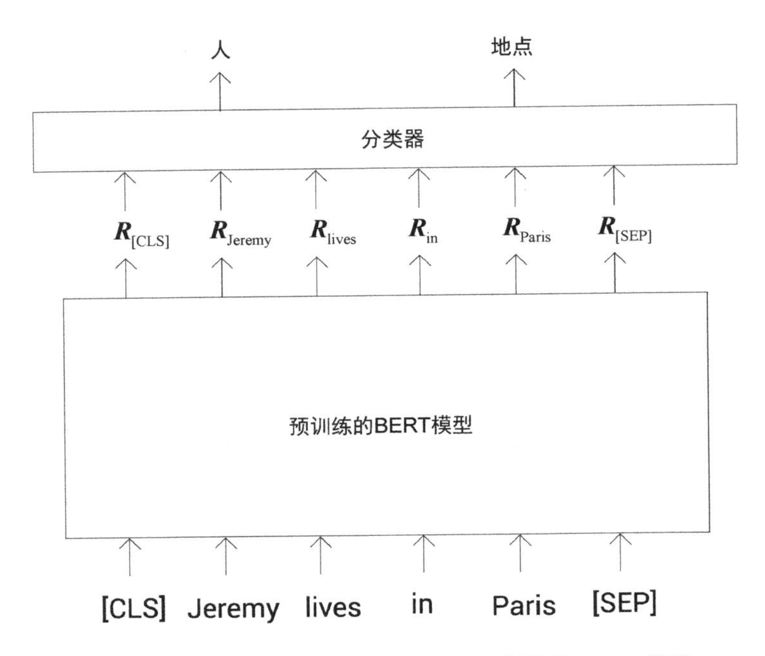

图 3-10 针对命名实体识别任务微调预训练的 BERT 模型

至此，我们学会了如何针对几种下游任务微调预训练的 BERT 模型。

3.5 小结

在本章中，我们首先了解了谷歌的预训练 BERT 模型的不同配置。然后，我们了解到可以通过两种方式使用预训练模型，即把 BERT 模型作为特征提取器提取嵌入和针对文本分类任务、问答任务等下游任务微调预训练的 BERT 模型。

接着，我们详细了解了如何从预训练的 BERT 模型中提取嵌入，并使用 Hugging Face 的 Transformers 库来生成嵌入。我们还学习了如何从 BERT 的所有编码器层中提取嵌入。

最后，我们学习了如何为下游任务微调预训练的 BERT 模型。下游任务包括文本分类任务、自然语言推理任务、问答任务和命名实体识别任务。在第 4 章中，我们将探讨 BERT 的几个有趣的变体。

3.6 习题

让我们检验一下自己是否已经掌握了本章介绍的知识。请尝试回答以下问题。

(1) 如何使用预训练的 BERT 模型？
(2) `[PAD]`标记的用途是什么？
(3) 什么是注意力掩码？
(4) 什么是微调？
(5) 在问答任务中，如何计算答案的起始索引？
(6) 在问答任务中，如何计算答案的结束索引？
(7) 如何将 BERT 应用于命名实体识别任务？

3.7 深入阅读

想要了解更多内容，请查阅以下资料。

- Hugging Face 的 Transformers 库的相关文档，可在 Hugging Face 官方网站上查阅。
- Jacob Devlin、Ming-Wei Chang、Kenton Lee 和 Kristina Toutanova 撰写的论文“BERT: Pre-training of Deep Bidirectional Transformers for Language Understanding”。

第二部分

探索 BERT 变体

在第二部分中，我们将探索 BERT 的几个有趣的变体：ALBERT、RoBERTa、ELECTRA 和 SpanBERT。此外，我们还将了解 DistilBERT 和 TinyBERT 等基于知识蒸馏的 BERT 变体。

本部分包括以下两章。

- 第 4 章　BERT 变体（上）：ALBERT、RoBERTa、ELECTRA 和 SpanBERT
- 第 5 章　BERT 变体（下）：基于知识蒸馏

第 4 章

BERT 变体（上）：ALBERT、RoBERTa、ELECTRA 和 SpanBERT

在本章中，我们将了解 BERT 的不同变体，包括 ALBERT、RoBERTa、ELECTRA 和 SpanBERT。我们将首先了解 ALBERT。ALBERT 的英文全称为 A Lite version of BERT，意思是 BERT 模型的精简版。ALBERT 模型对 BERT 的架构做了一些改变，以尽量缩短训练时间。本章将详细介绍 ALBERT 的工作原理及其与 BERT 的不同之处。

接着，我们将了解 RoBERTa 模型，它是 Robustly Optimized BERT Pretraining Approach（稳健优化的 BERT 预训练方法）的简写。RoBERTa 是目前最流行的 BERT 变体之一，它被应用于许多先进的系统。RoBERTa 的工作原理与 BERT 类似，但在预训练步骤上有一些变化。我们将详细探讨 RoBERTa 的工作原理及其与 BERT 的区别。

然后，我们将学习 ELECTRA 模型，它的英文全称为 Efficiently Learning an Encoder that Classifies Token Replacements Accurately（高效训练编码器如何准确分类替换标记）。与其他 BERT 变体不同，ELECTRA 使用一个生成器（generator）和一个判别器（discriminator），并使用替换标记检测这一新任务进行预训练。我们将详细了解 ELECTRA 的具体运作方式。

最后，我们将了解 SpanBERT，它被普遍应用于问答任务和关系提取任务。我们将通过探究 SpanBERT 的架构来了解它的工作原理。

本章重点如下。

- BERT 的精简版 ALBERT
- 了解 RoBERTa
- 了解 ELECTRA
- 用 SpanBERT 预测文本段

4.1 BERT 的精简版 ALBERT

在本节中，我们将了解 BERT 的精简版 ALBERT。BERT 的难点之一是它含有数以百万计的参数。BERT-base 由 1.1 亿个参数组成，这使它很难训练，且推理时间较长。增加模型的参数可以带来益处，但它对计算资源也有更高的要求。为了解决这个问题，ALBERT 应运而生。与 BERT 相比，ALBERT 的参数更少。它使用以下两种技术减少参数的数量。

- 跨层参数共享
- 嵌入层参数因子分解

通过使用这两种技术，我们可以有效地缩短 BERT 模型的训练时间和推理时间。我们将首先了解这两种技术的工作原理，然后学习 ALBERT 是如何进行预训练的。

4.1.1 跨层参数共享

跨层参数共享是一种有趣的方法，它可以减少 BERT 模型的参数数量。我们知道 BERT 由 *N* 层编码器组成。例如，BERT-base 由 12 层编码器组成。所有编码器层的参数将通过训练获得。但在跨层参数共享的情况下，不是学习所有编码器层的参数，而是只学习第一层编码器的参数，然后将第一层编码器的参数与其他所有编码器层共享。

图 4-1 显示了有 *N* 层编码器的 BERT 模型。为了避免重复，只有编码器 1 被展开说明。

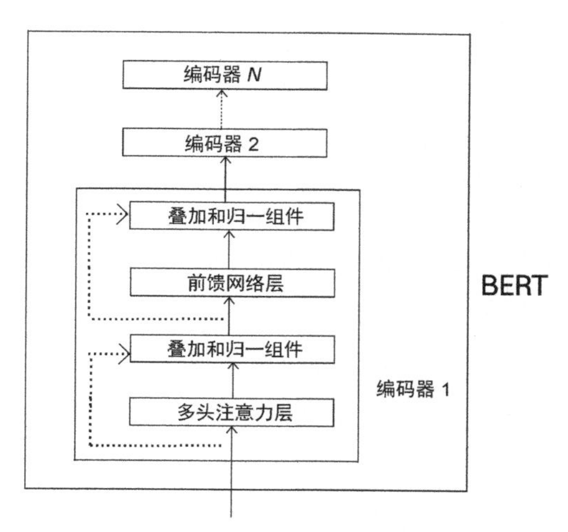

图 4-1　有 *N* 层编码器的 BERT 模型

我们已知每层编码器都是相同的，也就是说，每层编码器都包含多头注意力层和前馈网络层。所以，我们可以只学习编码器 1 的参数，并与其他编码器共享这套参数。在应用跨层参数共享时有以下几种方式。

- 全共享：其他编码器的所有子层共享编码器 1 的所有参数。
- 共享前馈网络层：只将编码器 1 的前馈网络层的参数与其他编码器的前馈网络层共享。
- 共享注意力层：只将编码器 1 的多头注意力层的参数与其他编码器的多头注意力层共享。

> 默认情况下，ALBERT 使用全共享选项，也就是说，所有层共享编码器 1 的参数。

现在，我们了解了跨层参数共享技术的工作原理。下面，我们将研究另一种有趣的参数缩减技术。

4.1.2 嵌入层参数因子分解

BERT 使用 WordPiece 词元分析器创建 WordPiece 标记。WordPiece 标记的嵌入大小被设定为与隐藏层嵌入的大小（特征大小）相同。WordPiece 嵌入是无上下文信息的特征，它是从词表的独热（one-hot）编码向量中习得的，而隐藏层嵌入是由编码器返回的有上下文信息的特征。

我们用 $\boldsymbol{V}$ 表示词表的大小。BERT 的词表大小为 30 000。我们用 $\boldsymbol{H}$ 表示隐藏层嵌入的大小，用 $\boldsymbol{E}$ 表示 WordPiece 嵌入的大小。

为了将更多的信息编码到隐藏层嵌入中，我们通常将隐藏层嵌入的大小设置为较大的一个数。例如，在 BERT-base 中，隐藏层嵌入的大小被设置为 768。隐藏层嵌入的维度是 $\boldsymbol{V} \times \boldsymbol{H} = 30\ 000 \times 768$。由于 WordPiece 嵌入的大小与隐藏层嵌入的大小相同，因此如果隐藏层嵌入的大小 $\boldsymbol{H}$ 为 768，那么 WordPiece 嵌入的大小 $\boldsymbol{E}$ 也为 768。因此，WordPiece 嵌入的维度是 $\boldsymbol{V} \times \boldsymbol{E} = 30\ 000 \times 768$。也就是说，增加隐藏层嵌入的大小 $\boldsymbol{H}$ 也会同时增加 WordPiece 嵌入的大小 $\boldsymbol{E}$。

WordPiece 嵌入和隐藏层嵌入都是通过训练学习的。将 WordPiece 嵌入的大小设置为与隐藏层嵌入的大小相同，会增加需要学习的参数数量。那么应当如何避免这种情况呢？我们可以使用嵌入层参数因子分解方法，将嵌入矩阵分解成更小的矩阵。

我们将 WordPiece 嵌入的大小设置为隐藏层嵌入的大小，因为我们可以直接将词表的独热编码向量投射到隐藏空间。通过分解，我们将独热编码向量投射到低维嵌入空间（$\boldsymbol{V} \times \boldsymbol{E}$），然后将这个低维嵌入投射到隐藏空间（$\boldsymbol{E} \times \boldsymbol{H}$），而不是直接将词表的独热编码向量投射到隐藏空间（$\boldsymbol{V} \times \boldsymbol{H}$）。也就是说，我们不是直接投射$\boldsymbol{V} \times \boldsymbol{H}$，而是将这一步分解为$\boldsymbol{V} \times \boldsymbol{E}$和$\boldsymbol{E} \times \boldsymbol{H}$。

举个例子，假设词表$\boldsymbol{V}$的大小为 30 000，我们不必将 WordPiece 嵌入的大小设置为隐藏层嵌入的大小。假设 WordPiece 嵌入的大小$\boldsymbol{E}$为 128，隐藏层嵌入的大小$\boldsymbol{H}$为 768，我们通过以下步骤投射$\boldsymbol{V} \times \boldsymbol{H}$。

- 首先，将词表$\boldsymbol{V}$的独热编码向量投射到低维 WordPiece 嵌入的大小$\boldsymbol{E}$，即$\boldsymbol{V} \times \boldsymbol{E}$。WordPiece 嵌入的维度为$\boldsymbol{V} \times \boldsymbol{E} = 30\ 000 \times 128$。
- 接着，将 WordPiece 嵌入的大小$\boldsymbol{E}$投射到隐藏层$\boldsymbol{H}$中，即$\boldsymbol{E} \times \boldsymbol{H}$，维度变为$\boldsymbol{E} \times \boldsymbol{H} = 128 \times 768$。

现在，我们知道了如何通过跨层参数共享和嵌入层参数因子分解来减少模型参数。在 4.1.3 节中，我们将学习如何训练 ALBERT 模型。

4.1.3 训练 ALBERT 模型

与 BERT 类似，ALBERT 模型使用英语维基百科数据集和多伦多图书语料库进行预训练。我们已知 BERT 是使用掩码语言模型构建任务和下句预测任务进行预训练的。与之类似，ALBERT 模型是使用掩码语言模型构建任务进行预训练的，但 ALBERT 没有使用下句预测任务，而是使用**句序预测**（sentence order prediction，SOP）这一新任务。为什么不使用下句预测任务呢？

ALBERT 的研究人员指出，使用下句预测任务进行预训练其实并不十分有效。与掩码语言模型构建任务相比，它并不是一个很难的任务。此外，下句预测任务将主题预测和一致性预测融合在一个任务中。为了解决这样做所导致的问题，研究人员引入了句序预测任务。句序预测基于句子间的连贯性，而不是基于主题预测。下面，让我们详细了解句序预测任务的工作原理。

句序预测任务

与下句预测任务类似，句序预测也是二分类任务。下句预测任务训练模型预测一个句子对是属于 `isNext` 类别，还是属于 `notNext` 类别，而句序预测任务则需要训练模型预测在给定的句子对中，两个句子的顺序是否被调换。我们以下面的一个句子对为例来说明这一点。

句子 1：She cooked pasta（她做了意大利面）

句子 2：It was delicious（它很美味）

在这两个句子中，可以看出句子 2 是句子 1 的后续句子。我们将此句子对标记为正例。我们可以通过调换句子的顺序来创建一个负例，如下所示。

句子 1：It was delicious（它很美味）

句子 2：She cooked pasta（她做了意大利面）

可以看到，句子顺序被调换了。我们把这一句子对标记为负例。

模型的目标是分析句子对是属于正例（句子顺序没有互换）还是负例（句子顺序互换）。我们可以使用任何语言的语料库为句序预测任务创建一个数据集。假设我们有几份文档，从一份文档中抽取两个连续的句子，将其标记为正例。接下来，将这两个句子的顺序互换，将其标记为负例。

现在我们知道，ALBERT 模型是使用掩码语言模型构建任务和句序预测任务进行预训练的。与 BERT 相比，ALBERT 模型的效率和能力如何？我们将在 4.1.4 节中讨论这个问题。

4.1.4 对比 ALBERT 与 BERT

与 BERT 类似，ALBERT 是通过不同的配置进行预训练的。不过与 BERT 相比，ALBERT 的所有配置的参数都比较少。图 4-2 比较了 BERT 和 ALBERT 的不同配置。我们可以看到，BERT-large 有 3.4 亿个参数，而 ALBERT-large 只有 1800 万个参数。

模型	参数个数	层数	隐藏神经元的数量	嵌入层
BERT-base	1.1 亿	12	768	768
BERT-large	3.4 亿	24	1024	1024
ALBERT-base	1200 万	12	768	128
ALBERT-large	1800 万	24	1024	128
ALBERT-xlarge	6000 万	24	2048	128
ALBERT-xxlarge	2.35 亿	12	4096	128

图 4-2 比较 BERT 与 ALBERT

图 4-2 的结果来自论文“ALBERT: A Lite BERT for Self-supervised Learning of Language Representations”。

与 BERT 一样，在预训练后，我们可以针对任何下游任务微调 ALBERT 模型。ALBERT-xxlarge 模型在多个语言基准数据集上的性能明显优于 BERT-base 和 BERT-large。这些数据集包括 SQuAD 1.1、SQuAD 2.0、MNLI、SST-2 和 RACE。

因此，ALBERT 模型可以作为 BERT 的一个很好的替代品。在 4.2 节中，我们将探讨如何从预训练的 ALBERT 模型中提取嵌入。

4.2 从 ALBERT 中提取嵌入

有了 Hugging Face 的 Transformers 库，我们可以像使用 BERT 那样使用 ALBERT 模型。举个例子，假设需要得到句子 Paris is a beautiful city 中每个单词的上下文嵌入，我们来看看如何使用 ALBERT 实现。

导入必要的模块。

```
from transformers import AlbertTokenizer, AlbertModel
```

下载并加载预训练的 ALBERT 模型和词元分析器。在本例中，我们使用 ALBERT-base 模型。

```
model = AlbertModel.from_pretrained('albert-base-v2')
tokenizer = AlbertTokenizer.from_pretrained('albert-base-v2')
```

将句子送入词元分析器，得到预处理后的输入。

```
sentence = "Paris is a beautiful city"
inputs = tokenizer(sentence, return_tensors = "pt")
```

打印结果。

```
print(inputs)
```

输出结果包括 `input_ids`、`token_type_ids` 和 `attention_mask`，它们都被映射到输入句。输入句 Paris is a beautiful city 由 5 个标记（单词）组成，加上 `[CLS]` 和 `[SEP]`，共有 7 个标记，如下所示。

```
{
'input_ids': tensor([[    2, 1162,    25,    21, 1632,   136,     3]]),
'token_type_ids': tensor([[0, 0, 0, 0, 0, 0, 0]]),
'attention_mask': tensor([[1, 1, 1, 1, 1, 1, 1]])
}
```

然后，将输入送入模型并得出结果。模型返回的 `hidden_rep` 包含最后一个编码器层的所有标记的隐藏状态特征和 cls_head。cls_head 包含最后一个编码器层的[CLS]标记的隐藏状态特征。

```
hidden_rep, cls_head = model(**inputs)
```

我们可以像在 BERT 中一样获得句子中每个标记的上下文嵌入，如下所示。

- hidden_rep[0][0]包含[CLS]标记的上下文嵌入。
- hidden_rep[0][1]包含 Paris 标记的上下文嵌入。
- hidden_rep[0][2]包含 is 标记的上下文嵌入。

以此类推，hidden_rep[0][6]包含[SEP]标记的上下文嵌入。

这样一来，我们就可以像使用 BERT 模型那样使用 ALBERT 模型了。此外，我们还可以针对下游任务对 ALBERT 模型进行微调，这与对 BERT 模型进行微调的方式类似。

在 4.3 节中，我们将探讨 RoBERTa，这是 BERT 的另一个变体。

4.3 了解 RoBERTa

RoBERTa 是 BERT 的另一个有趣且流行的变体。研究人员发现，BERT 的训练远未收敛，所以他们提出了几种对 BERT 模型预训练的方法。RoBERTa 本质上是 BERT，它只是在预训练中有以下变化。

- 在掩码语言模型构建任务中使用动态掩码而不是静态掩码。
- 不执行下句预测任务，只用掩码语言模型构建任务进行训练。
- 以大批量的方式进行训练。
- 使用**字节级字节对编码**作为子词词元化算法。

下面，我们将逐一讨论这几点。

4.3.1 使用动态掩码而不是静态掩码

我们已经知道要使用掩码语言模型构建任务和下句预测任务对 BERT 模型进行预训练。在掩码语言模型构建任务中，我们随机掩盖 15%的标记，让网络预测被掩盖的标记。

我们以句子 We arrived at the airport in time 为例，在添加标记[CLS]和[SEP]后，我们得到如下标记列表。

```
tokens = [ [CLS], we, arrived, at, the, airport, in, time, [SEP] ]
```

然后，随机掩盖 15%的标记。

```
tokens = [ [CLS], we, [MASK], at, the, airport, in, [MASK], [SEP] ]
```

现在，将这些标记送入 BERT，并训练它预测被掩盖的标记。注意，在预处理阶段，我们只做了一次掩码处理，且在多次迭代训练中预测相同的掩码标记，这被称为静态掩码。而 RoBERTa 使用的是动态掩码。让我们通过一个例子来了解动态掩码的工作原理。

首先，我们将一个句子复制 10 份。假设例句仍为 We arrived at the airport in time，我们将其复制 10 份。然后，随机掩盖这 10 个句子中的 15%的标记，并且每个句子中都有不同的标记被掩盖，如图 4-3 所示。

句子	标记
句子 1	[CLS], we, [MASK], at, the, airport, in, [MASK], [SEP]
句子 2	[CLS], we, arrived, [MASK], the, [MASK], in, time, [SEP]
⋮	⋮
句子 10	[CLS], we, arrived, at, [MASK], airport, [MASK], time, [SEP]

图 4-3　例句被复制了 10 次

我们对该模型进行 40 轮全数据遍历训练。在每次训练中，句子中被掩盖的标记都不同。对于第一轮全数据遍历，句子 1 被送入模型；对于第二轮全数据遍历，句子 2 被送入模型，以此类推，如图 4-4 所示。

轮数	句子
轮数 1	句子 1
轮数 2	句子 2
⋮	⋮
轮数 10	句子 10
轮数 11	句子 1
轮数 12	句子 2
⋮	⋮
轮数 40	句子 10

图 4-4　每次遍历中使用的句子

具有相同掩码标记的句子会出现在4轮中。例如，句子1出现在轮数1、轮数11、轮数21和轮数31中，句子2出现在轮数2、轮数12、轮数22和轮数32中。通过这种方式，我们使用了动态掩码而不是静态掩码来训练RoBERTa模型。

4.3.2 移除下句预测任务

研究人员发现，下句预测任务对于预训练BERT模型并不是真的有用，因此只需用掩码语言模型构建任务对 RoBERTa 模型进行预训练。为了更好地理解移除下句预测任务的重要性，我们将进行以下实验。

- **片段对+下句预测**：在这种情况下，用下句预测任务训练BERT模型。这类似于训练标准BERT模型的方式，输入由少于512个标记的片段对组成。
- **句子对+下句预测**：同样用下句预测任务来训练BERT模型，输入由一个句子对组成。这个句子对可以从一个文件的连续部分采样，也可以从不同的文件中采样，且输入的标记少于512个。
- **完整句**：这个实验是在没有下句预测任务的情况下训练BERT模型。输入是一个完整的句子，从一个或多个文件中连续采样而得。输入最多由512个标记组成。如果输入到达一个文件的末尾，那么就从下一个文件开始采样。
- **文档句**：同样是在没有下句预测任务的情况下训练BERT模型。它与完整句类似，输入也是由一个完整的句子组成的，但只从一个文件中采样。也就是说，如果输入到达一个文件的末尾，就不会从下一个文件中采样。

研究人员使用以上4个实验预训练了BERT模型，并在多个数据集上评估了该模型，数据集包括SQuAD、MNLI-m、SST-2和RACE。图4-5显示了BERT模型在SQuAD数据集上的F1分数以及在MNLI-m、SST-2和RACE上的准确度分数。

实验类型	SQuAD 1.1/2.0	MNLI-m	SST-2	RACE
片段对+下句预测	90.4/78.7	84.0	92.9	64.2
句子对+下句预测	88.7/76.2	82.9	92.1	63.0
完整句	90.4/79.1	84.7	92.5	64.8
文档句	90.6/79.7	84.7	92.7	65.6

图4-5 BERT在不同设置中的性能

图 4-5 所示的结果来自论文“RoBERTa: A Robustly Optimized BERT Pretraining Approach”。

如图 4-5 所示，BERT 在完整句和文档句中的性能更好，而在这两个实验中，都没有执行下句预测任务。

在文档句中，只从单一文件中采样，这比在完整句中从不同文件中采样的性能要好。但在 RoBERTa 中，因为文档句中的批量大小不同，所以使用了完整句的采样方法。

我们小结一下，在 RoBERTa 中，我们只用掩码语言模型构建任务来训练模型。输入是一个完整的句子，它是从一个或多个文件中连续采样而得的。输入最多由 512 个标记组成。如果输入到达一个文件的末尾，那么就从下一个文件开始采样。

4.3.3 用更多的数据集进行训练

我们用多伦多图书语料库和英语维基百科数据集对 BERT 进行预训练，这两个数据集的大小共有 16 GB。除了这两个数据集，还可以使用 CC-News（Common Crawl-News）、Open WebText 和 Stories（Common Crawl 的子集）对 RoBERTa 进行预训练。

因此，RoBERTa 模型共使用 5 个数据集进行预训练。这 5 个数据集的大小之和为 160 GB。

4.3.4 以大批量的方式进行训练

我们知道，BERT 的预训练有 100 万步，批量大小为 256。而 RoBERTa 将采用更大的批量进行预训练，即批量大小为 8000，共 30 万步。它还可以用同样的批量大小进行更长时间的预训练，比如 50 万步。

但为什么要增加批量大小？用大批量训练的优势是什么？答案是用较大的批量进行训练可以提高模型的速度和性能。

4.3.5 使用字节级字节对编码作为子词词元化算法

我们知道 BERT 使用 WordPiece 作为子词词元化算法，也知道 WordPiece 的工作原理与字节对编码类似，它根据相似度而不是出现频率来合并符号对。但是，与 BERT 不同，RoBERTa 使用字节级字节对编码作为子词词元化算法。

在第2章中，我们已经学习了字节级字节对编码的工作原理。字节级字节对编码的工作原理与字节对编码非常相似，但它不是使用字符序列，而是使用字节级序列。BERT使用的词表有30 000个标记，而RoBERTa使用的词表有50 000个标记。下面，让我们进一步了解RoBERTa词元分析器。

探索RoBERTa词元分析器

首先，导入必要的库模块。

```
from transformers import RobertaConfig, RobertaModel, RobertaTokenizer
```

然后，下载并加载预训练的RoBERTa模型。

```
model = RobertaModel.from_pretrained('roberta-base')
```

接着，检查一下RoBERTa模型的配置。

```
model.config
```

我们从输出结果中可以看到，在加载的RoBERTa-base模型中，有12层编码器、12个注意力头和768个隐藏神经元，如下所示。

```
RobertaConfig {
  "_name_or_path": "roberta-base",
  "architectures": [
    "RobertaForMaskedLM"
  ],

  "attention_probs_dropout_prob":0.1,
  "bos_token_id":0,
  "eos_token_id":2,
  "gradient_checkpointing": false,
  "hidden_act": "gelu",
  "hidden_dropout_prob":0.1,
  "hidden_size":768,
  "initializer_range":0.02,
  "intermediate_size":3072,
  "layer_norm_eps":1e-05,
  "max_position_embeddings":514,
  "model_type": "roberta",
  "num_attention_heads":12,
  "num_hidden_layers":12,
  "pad_token_id":1,
  "type_vocab_size":1,
  "vocab_size":50265
}
```

下载并加载 RoBERTa 词元分析器。

```
tokenizer = RobertaTokenizer.from_pretrained("roberta-base")
```

以句子 It was a great day 为例，使用 RoBERTa 模型对其进行标记。

```
tokenizer.tokenize('It was a great day')
```

以上代码的输出如下。

```
['It', 'Ġwas', 'Ġa', 'Ġgreat', 'Ġday']
```

可以看到，以上序列为句子的标记，但那个 Ġ 字符是什么？它用来表示一个空格。RoBERTa 词元分析器将所有空格替换为 Ġ 字符。除了第一个标记外，Ġ 出现在所有标记之前，这是因为在句子中，除了第一个标记之前没有空格，其他标记之前都有空格。假设对同一句进行标记，在句子的第一个单词前面添加空格，如下所示。

```
tokenizer.tokenize(' It was a great day')
```

以上代码的输出如下。

```
['ĠIt', 'Ġwas', 'Ġa', 'Ġgreat', 'Ġday']
```

可以看到，由于在第一个标记的前面添加了一个空格，因此现在所有的标记前面都有 Ġ 字符。

我们再看一个例句，假设对句子 I had a sudden epiphany 进行标记。

```
tokenizer.tokenize('I had a sudden epiphany')
```

以上代码的输出如下。

```
['I', 'Ġhad', 'Ġa', 'Ġsudden', 'Ġep', 'iphany']
```

因为 `epiphany` 不存在于词表中，所以它被分割成子词 `ep` 和 `iphany`。我们也可以看到空格被替换成了 Ġ 字符。

小结一下，RoBERTa 是 BERT 的一个变体，它只使用掩码语言模型构建任务进行预训练。与 BERT 不同的是，它使用了动态掩码而不是静态掩码，而且使用大批量进行训练。它使用字节级字节对编码作为子词词元化算法，词表大小为 50 000。

现在，我们已经了解了 RoBERTa 的工作原理。在 4.4 节中，我们将学习 BERT 模型的另一个有趣的变体，即 ELECTRA。

4.4 了解ELECTRA

ELECTRA（Efficiently Learning an Encoder that Classifies Token Replacements Accurately，高效训练编码器准确分类替换标记）是BERT的另一个变体。我们已知要使用掩码语言模型构建任务和下句预测任务对BERT进行预训练。在掩码语言模型构建任务中，我们随机掩盖15%的标记，并训练BERT来预测被掩盖的标记。但是，ELECTRA没有使用掩码语言模型构建任务作为预训练目标，而是使用一个叫作替换标记检测的任务进行预训练。

替换标记检测任务与掩码语言模型构建任务非常相似，但它不是用`[MASK]`标记来掩盖标记，而是用另一个标记来替换，并训练模型判断标记是实际标记还是替换后的标记。

但为什么使用替换标记检测任务，而不使用掩码语言模型构建任务？这是因为掩码语言模型构建任务有一个问题。它在预训练时使用了`[MASK]`标记，但在针对下游任务的微调过程中，`[MASK]`标记并不存在，这导致了预训练和微调之间的不匹配。在替换标记检测任务中，我们不使用`[MASK]`来掩盖标记，而是用不同的标记替换另一个标记，并训练模型来判断给定的标记是实际标记还是替换后的标记。这就解决了预训练和微调之间不匹配的问题。

与使用掩码语言模型构建任务和下句预测任务进行预训练的BERT不同，ELECTRA仅使用替换标记检测任务进行预训练。但替换标记检测任务是如何工作的？需要替换什么标记？如何训练模型来执行这一任务？下面，就让我们找出这些问题的答案。

4.4.1 了解替换标记检测任务

让我们通过一个例子来了解替换标记检测任务究竟是如何工作的。

首先，我们为句子The chef cooked the meal进行分词，如下所示。

```
tokens = [ the, chef, cooked, the, meal ]
```

然后，把第一个标记`the`换成`a`，把第三个标记`cooked`换成`ate`，如下所示。

```
tokens = [ a, chef, ate, the, meal ]
```

我们替换了两个标记，现在开始训练模型，来判断标记是实际标记还是替换标记。我们把这个模型叫作判别器，因为它只是对标记是实际标记还是替换标记进行分类。

如图 4-6 所示，将标记送入判别器，它将给出分类结果。

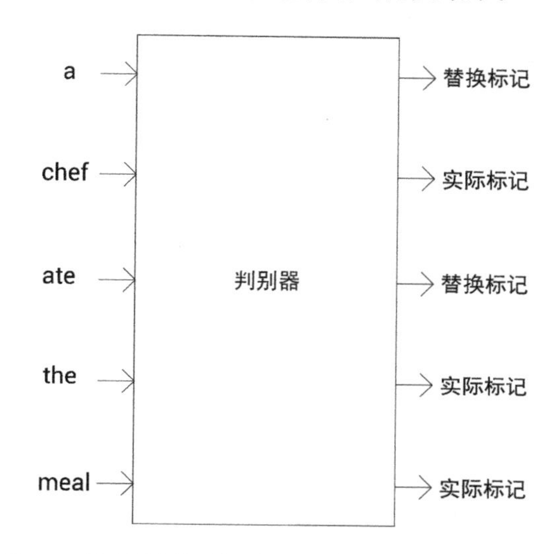

图 4-6 判别器判断输入标记是实际标记还是替换标记

我们已知需要在句子中替换一些标记，并将其送入判别器，以判断这些标记是实际标记还是替换标记。但问题是，在将标记送入判别器之前，究竟该如何替换它们？为了替换标记，需要使用掩码语言模型。在为句子 The chef cooked the meal 分词后，我们得到的结果如下所示。

```
tokens = [ the, chef, cooked, the, meal ]
```

现在，用`[MASK]`标记随机地替换两个标记，结果如下所示。

```
tokens = [ [MASK], chef, [MASK], the, meal ]
```

接下来，将这些标记送入另一个 BERT 模型，并预测被掩盖的标记。我们把这个 BERT 模型称为生成器，因为它会返回标记的概率分布。从图 4-7 中可以看到，我们将`[MASK]`标记送入生成器，它会预测出被`[MASK]`掩盖的最有可能的标记。

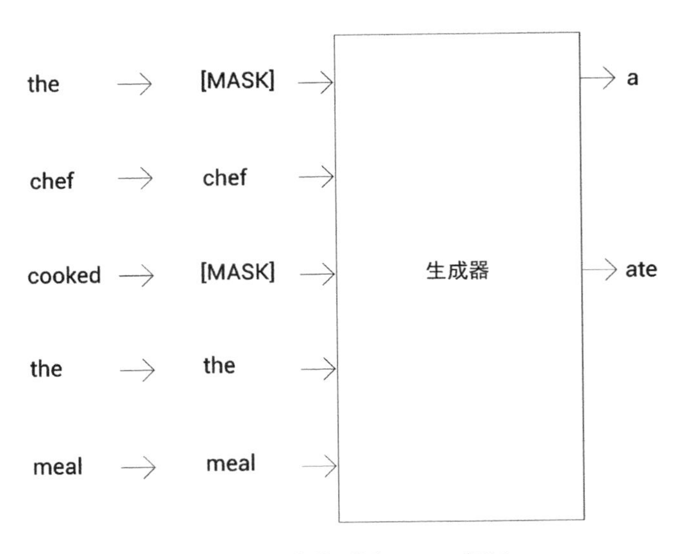

图 4-7　生成器预测`[MASK]`标记

从图 4-7 中可以看出，生成器将 `the` 预测为 `a`，将 `cooked` 预测为 `ate`。就这样，将生成器生成的标记拿出来用于替换。也就是说，我们用生成器生成的标记替换给定句子中的标记。还是以句子 The chef cooked the meal 为例，在分词后，我们得到如下结果。

```
tokens = [ the, chef, cooked, the, meal ]
```

现在，用生成器生成的标记替换这些标记，标记列表将变成如下内容。

```
tokens = [ a, chef, ate, the, meal ]
```

可以看到，我们将 `the` 和 `cooked` 替换为生成器生成的 `a` 和 `ate`。然后，我们将标记送入判别器，并训练它对标记是实际标记还是替换标记进行分类。

如图 4-8 所示，我们首先随机地将标记替换为`[MASK]`，并将其送入生成器。生成器预测`[MASK]`标记。接下来，我们用生成器生成的标记替换原先的标记，并将其送入判别器。判别器对输入的标记是实际标记还是替换标记进行分类。

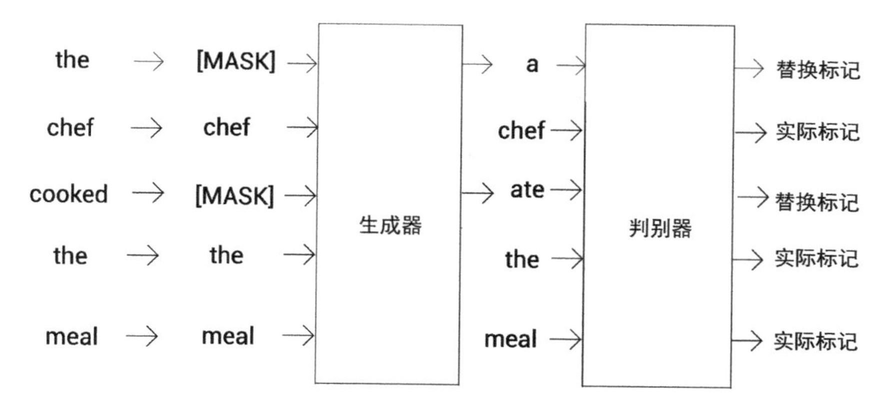

图 4-8　ELECTRA 的生成器和判别器

基本上来说，判别器就是 ELECTRA 模型。训练结束后，我们可以移除生成器，用判别器作为 ELECTRA 模型。现在，我们已经了解了替换标记检测任务是如何工作的。下面，让我们进一步了解生成器和判别器的细节。

4.4.2 ELECTRA 的生成器和判别器

我们知道生成器执行的是掩码语言模型构建任务，它以 15%的概率随机将一些标记替换为`[MASK]`，并预测`[MASK]`处的标记。假设用 $\boldsymbol{X}=[x_1,x_2,\cdots,x_n]$ 来表示输入的标记。我们随机地用`[MASK]`替换一些标记，并将它们作为输入送入生成器。$\boldsymbol{h}_{\mathrm{G}}(\boldsymbol{X})=[h_1,h_2,\cdots,h_n]$ 是生成器返回的每个标记的特征。h_1 为第一个标记 x_1 的特征，h_2 为第二个标记 x_2 的特征，以此类推。

现在，将标记的特征送入分类器。分类器是使用 softmax 函数的前馈网络层，它将返回标记的概率分布，即词表中每个单词是`[MASK]`的概率。

还是以句子 The chef cooked the meal 为例，我们随机地将一些标记替换为`[MASK]`，并将其送入生成器。之后，由分类器返回词表中每个单词是`[MASK]`的概率，如图 4-9 所示。

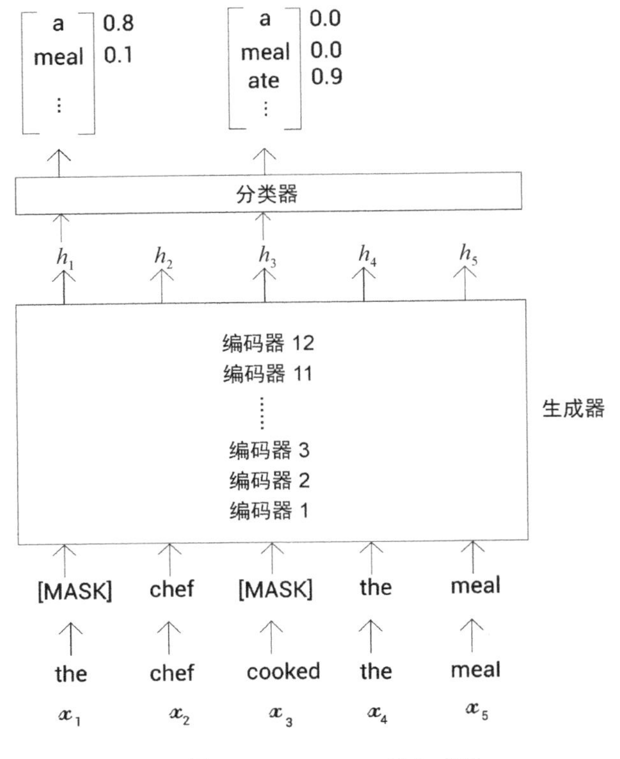

图 4-9 ELECTRA 的生成器

用 x_t 表示位置 t 被`[MASK]`替换的单词。然后，生成器返回词表中每个单词是 x_t 的概率。计算概率的公式如下所示。

$$P_{\mathrm{G}}\left(x_t \mid \boldsymbol{X}\right)=\frac{\exp\left(\mathrm{e}\left(x_t\right)^{\mathrm{T}} \boldsymbol{h}_{\mathrm{G}}(\boldsymbol{X})_t\right)}{\sum_{x'} \exp\left(\mathrm{e}\left(x'\right)^{\mathrm{T}} \boldsymbol{h}_{\mathrm{G}}(\boldsymbol{X})_t\right)}$$

在上面的公式中，$\mathrm{e}(\cdot)$ 为标记嵌入。通过分类器返回的概率分布，可以选择高概率的单词作为`[MASK]`标记所掩盖的实际单词。根据图 4-9 所示的概率分布，掩码标记 x_1 被预测为 a，而掩码标记 x_3 被预测为 ate。接下来，用生成器生成的标记替换输入的标记，并将其送入判别器。

判别器的目标是判断给定的标记是由生成器生成的还是实际标记。首先，将标记送入判别器，判别器返回每个标记的特征。我们用 $\boldsymbol{h}_{\mathrm{D}}(\boldsymbol{X})=\left[h_1, h_2, \cdots, h_n\right]$ 表示判别器返回的每个标记的特征。接下来，将每个标记的特征送入分类器，已知它是使用 sigmoid

函数的前馈网络层。分类器返回给定的标记是实际标记还是替换标记。

如图 4-10 所示，向判别器输入标记。

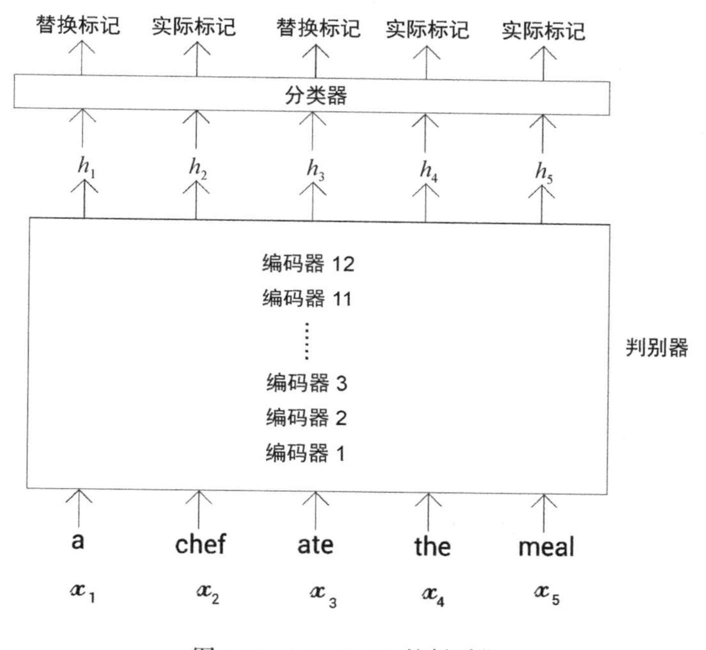

图 4-10 ELECTRA 的判别器

x_t 代表位置 t 的标记。判别器使用 sigmoid 函数返回该标记是实际标记还是替换标记，如下所示。

$$D(\boldsymbol{X},t) = \text{sigmoid}\left(w^{\mathrm{T}} \boldsymbol{h}_{\mathrm{D}}(\boldsymbol{X})_t\right)$$

小结一下，将`[MASK]`标记送入生成器，生成器则预测被`[MASK]`替换的标记。然后，用生成器生成的标记替换输入的标记，将其再送入判别器。判别器对输入的标记是实际标记还是替换标记进行分类，如图 4-11 所示。

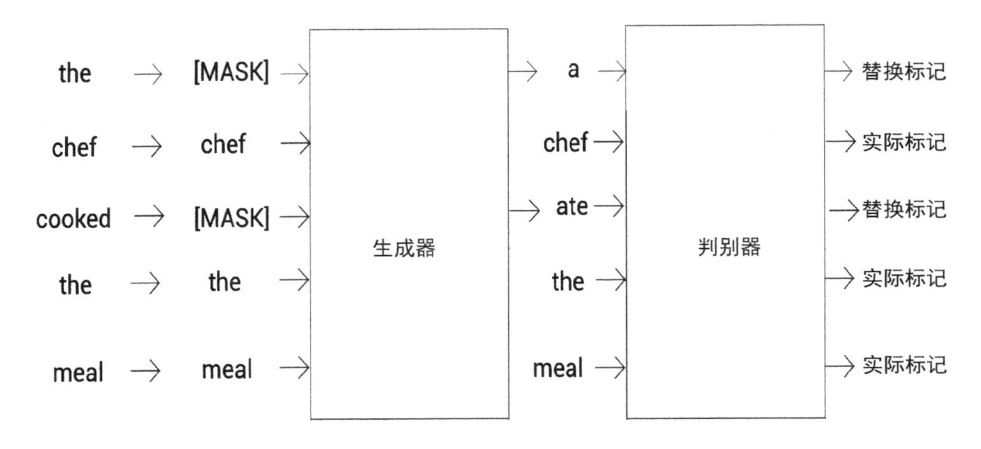

图 4-11 ELECTRA 的生成器和判别器

判别器就是 ELECTRA 模型，它要训练 BERT 对给定的标记是实际标记还是替换标记进行分类，因此它被称为 ELECTRA，即高效训练编码器准确分类替换标记。

与 BERT 相比，ELECTRA 有自己的优点。在 BERT 中，我们使用掩码语言模型构建任务作为训练目标，只替换 15%的固定标记，所以模型的训练信号只有这 15%的标记，它只预测那些被替换为`[MASK]`的标记。但是在 ELECTRA 中，训练信号是所有的标记，因为模型会对所有给定的标记是实际标记还是替换标记进行分类。

现在，我们已经学习了生成器和判别器的工作原理。下面，我们将学习如何训练 ELECTRA 模型。

4.4.3 训练 ELECTRA 模型

我们使用掩码语言模型构建任务对生成器进行训练。对于一个给定的输入 $\boldsymbol{X}=[x_1,x_2,\cdots,x_n]$，我们随机选择几个位置替换为`[MASK]`标记。$\boldsymbol{M}=[m_1,m_2,\cdots,m_n]$ 表示选定的`[MASK]`位置。然后，我们用`[MASK]`标记替换所选位置的标记，公式如下所示。

$$\boldsymbol{X}^{\text{masked}}=\text{Replace}(\boldsymbol{X},\boldsymbol{M},[\text{MASK}])$$

将 $\boldsymbol{X}^{\text{masked}}$ 标记送入生成器，让生成器预测被`[MASK]`替换的标记。

将输入中的一些标记用由生成器生成的标记替换，并将其标记为 $\boldsymbol{X}^{\text{corrupt}}$，它是由被生成器替换的标记组成的。

生成器的损失函数如下所示。[①]

$$L_{\mathrm{G}}\left(\boldsymbol{X},\theta_{\mathrm{G}}\right)=E\left(\sum_{i\in m}-\log P_{\mathrm{G}}\left(x_i \mid \boldsymbol{X}^{\mathrm{masked}}\right)\right)$$

我们将被替换的标记 $\boldsymbol{X}^{\mathrm{corrupt}}$ 送入判别器，对给定的标记是实际标记还是替换标记进行分类。判别器的损失函数如下所示。

$$L_{\mathrm{D}}\left(\boldsymbol{X},\theta_{\mathrm{D}}\right)=E\left(\sum_{t=1}^{n}-1\left(x_t^{\mathrm{corrupt}}=x_t\right)\log D\left(\boldsymbol{X}^{\mathrm{corrupt}},t\right)-1\left(x_t^{\mathrm{corrupt}}\neq x_t\right)\log\left(1-D\left(\boldsymbol{X}^{\mathrm{corrupt}},t\right)\right)\right)$$

我们通过最小化生成器和判别器的综合损失来训练 ELECTRA 模型，其公式如下所示。

$$\min_{\theta_{\mathrm{D}},\theta_{\mathrm{G}}}\sum_{X\in\mathbb{X}}L_{\mathrm{G}}\left(\boldsymbol{X},\theta_{\mathrm{G}}\right)+\lambda L_{\mathrm{D}}\left(\boldsymbol{X},\theta_{\mathrm{D}}\right)$$

在公式中，θ_{G} 和 θ_{D} 分别表示生成器和判别器的参数，$\mathbb{X}$ 表示一个大型文本语料库。下面，让我们学习如何高效地训练 ELECTRA 模型。

4.4.4 高效的训练方法

为了高效地训练 ELECTRA 模型，可以在生成器和判别器之间共享权重。也就是说，如果生成器和判别器的大小相同，那么编码器的权重就可以共享。

但问题是，如果生成器和判别器的大小相同，就会增加训练时间。为了避免这种情况，可以使用较小的生成器。当生成器较小时，可以仅共享生成器和判别器之间的嵌入层（标记嵌入和位置嵌入）。这种生成器和判别器之间的共享式嵌入可使训练时间最小化。

预训练的 ELECTRA 模型可以从 GitHub 上下载。它有以下 3 种配置。

- ELECTRA-small：有 12 层编码器，隐藏层大小为 256。
- ELECTRA-base：有 12 层编码器，隐藏层大小为 768。
- ELECTRA-large：有 24 层编码器，隐藏层大小为 1024。

我们可以像使用其他 BERT 模型一样，将 ELECTRA 模型与 Transformers 库一起使用。

首先，导入必要的模块。

① 损失函数中的 log 默认以 2 为底，一般不必标明底数。——译者注

```
from transformers import ElectraTokenizer, ElectraModel
```

假设使用ELECTRA-small判别器，下载并加载预训练的ELECTRA-small判别器，如下所示。

```
model = ElectraModel.from_pretrained('google/electra-small-discriminator')
```

假设使用ELECTRA-small生成器，下载并加载预训练的ELECTRA-small生成器，如下所示。

```
model = ElectraModel.from_pretrained('google/electra-small-generator')
```

通过同样的方式，我们也可以加载ELECTRA的其他配置。

现在，我们已经了解了ELECTRA的工作原理。下面，让我们学习BERT的另一个有趣的变体SpanBERT。

4.5 用SpanBERT预测文本段

顾名思义，SpanBERT主要用于预测文本区间的问答任务。我们先通过SpanBERT的架构来了解它的工作原理。

4.5.1 了解SpanBERT的架构

我们以下面这句话为例来了解SpanBERT。

You are expected to know the laws of your country（希望你了解你的国家的法律）

在对该句分词之后，标记如下所示。

```
tokens = [ you, are, expected, to, know, the, laws, of, your, country ]
```

在SpanBERT中，我们不再随机地掩盖标记并替换为`[MASK]`，而是将连续标记段替换为`[MASK]`，如下所示。

```
tokens = [ you, are, expected, to, know, [MASK], [MASK], [MASK], [MASK],
country ]
```

可以看到，这里不是对标记进行随机掩码，而是随机地对连续区间掩码。之后，我们将标记送入SpanBERT并得到标记的特征。如图4-12所示，我们随机地将连续区间的标记替换为`[MASK]`，并将其送入SpanBERT模型，其返回每个标记x_i的特征$\boldsymbol{R}_i$。

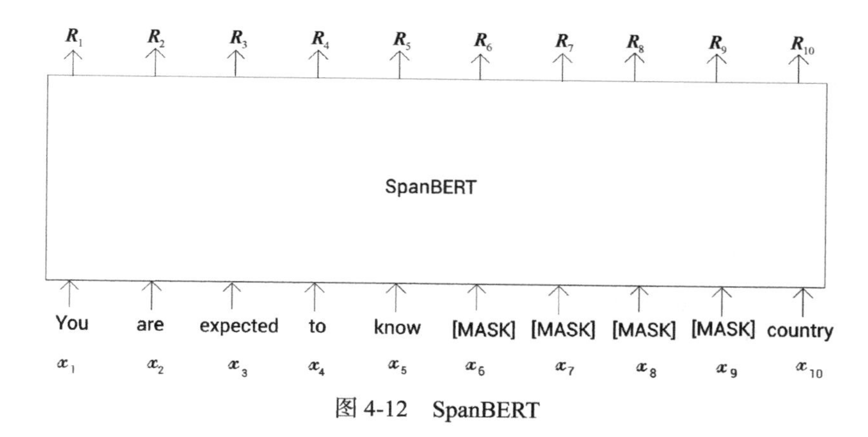

图 4-12 SpanBERT

为了预测[MASK]所代表的标记，我们用掩码语言模型构建目标和**区间边界目标**（span boundary objective，SBO）来训练 SpanBERT 模型。

在掩码语言模型构建目标中，为了预测[MASK]所代表的标记，模型使用掩码标记的相应特征。假设需要预测掩码标记 x_7，通过其对应的特征 $\boldsymbol{R}_7$，就可以预测被掩盖的标记。我们将 $\boldsymbol{R}_7$ 输入一个分类器，它就会返回词表中每个单词是被掩盖单词的概率。

在区间边界目标中，为了预测任何一个掩码标记，只使用区间边界中的标记特征，而不使用相应的掩码标记的特征。区间边界包括区间开始之前的标记和区间结束之后的标记。

如图 4-13 所示，x_5 和 x_{10} 表示区间边界标记，$\boldsymbol{R}_5$ 和 $\boldsymbol{R}_{10}$ 为区间边界标记的特征。我们只使用这两个特征来预测任一掩码标记。比如，为了预测掩码标记 x_7，模型只使用区间边界标记特征 $\boldsymbol{R}_5$ 和 $\boldsymbol{R}_{10}$。

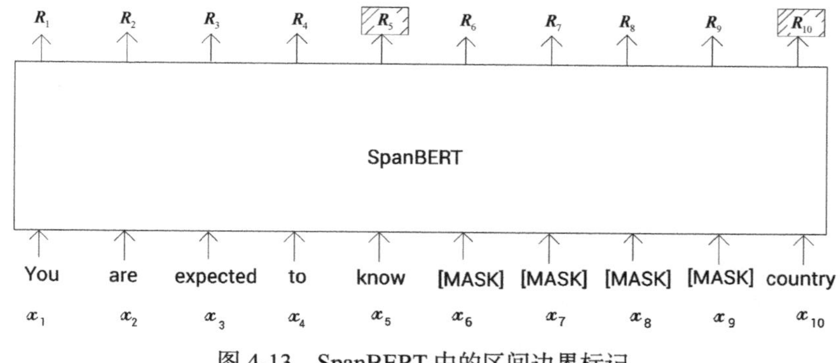

图 4-13 SpanBERT 中的区间边界标记

问题是，如果模型只使用区间边界标记特征来预测所有掩码标记，那么它将如何区分不同的掩码标记？例如，为了预测掩码标记 x_6，模型只使用区间边界标记特征 $\boldsymbol{R}_5$ 和 $\boldsymbol{R}_{10}$。为了预测掩码标记 x_7，模型也只使用区间边界标记特征 $\boldsymbol{R}_5$ 和 $\boldsymbol{R}_{10}$。同样，为了预测任一掩码标记，模型都只使用区间边界标记特征。那么，模型如何区分区间内的不同标记呢？

除了区间边界标记特征，模型还使用了[MASK]的位置嵌入。位置嵌入表示掩码标记的相对位置。假设预测的是掩码标记 x_7，在所有的掩码标记中，查看一下掩码标记 x_7 的位置。如图 4-14 所示，掩码标记 x_7 在所有掩码标记中处于第二位。为了预测掩码标记 x_7，除了使用区间边界标记特征 $\boldsymbol{R}_5$ 和 $\boldsymbol{R}_{10}$，我们还使用了掩码标记的位置嵌入，即 $\boldsymbol{P}_2$。

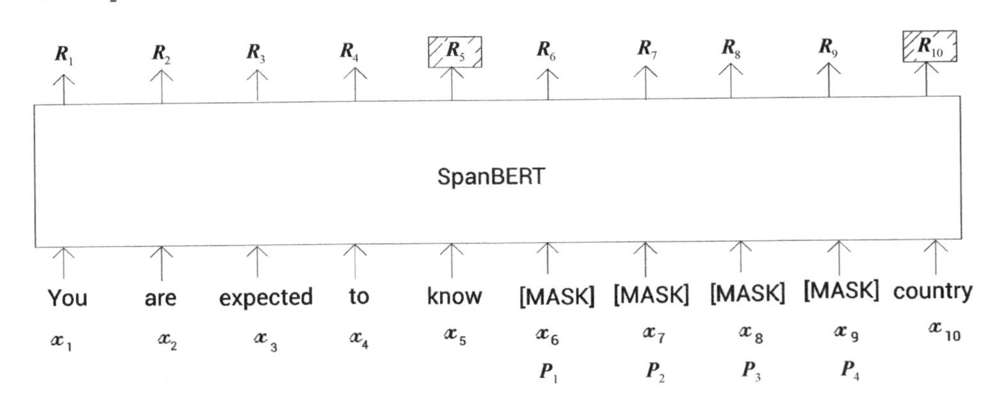

图 4-14 使用掩码标记的位置嵌入

因此，SpanBERT 使用两个目标：一个是掩码语言模型构建目标，另一个是区间边界目标。在掩码语言模型构建目标中，为了预测掩码标记，我们只使用相应标记的特征。在区间边界目标中，为了预测掩码标记，我们只使用区间边界标记特征和掩码标记的位置嵌入。

现在，我们对 SpanBERT 的工作原理有了一定的了解。下面，让我们再了解更多的细节。

4.5.2 深入了解 SpanBERT

在 SpanBERT 中，我们使用[MASK]替换了句子中连续区间的标记。假设 x_s 和 x_e 分别为被掩盖区间的起始位置和结束位置。将标记送入 SpanBERT，它将返回所有标记的特征。标记 x_i 的特征为 $\boldsymbol{R}_i$，区间边界标记特征是 $\boldsymbol{R}_{s-1}$ 和 $\boldsymbol{R}_{e+1}$。

让我们先看看区间边界目标。为了预测掩码标记 x_i，需要用到 3 个值，它们分别是区间边界标记特征 $\boldsymbol{R}_{s-1}$ 和 $\boldsymbol{R}_{e+1}$，以及掩码标记的位置嵌入 $\boldsymbol{P}_{i-s+1}$。究竟如何使用这 3 个值来预测被掩盖的标记呢？

首先，我们创建一个新特征，称为 z_i，它由以上 3 个值通过函数 $f(\cdot)$ 求得。

$$z_i = f\left(\boldsymbol{R}_{s-1}, \boldsymbol{R}_{e+1}, \boldsymbol{P}_{i-s+1}\right)$$

$f(\cdot)$ 是一个使用了 GeLU 激活函数的双层前馈网络。

$$\begin{aligned}
h_0 &= \left[\boldsymbol{R}_{s-1}; \boldsymbol{R}_{e+1}; \boldsymbol{P}_{i-s+1}\right] \\
h_1 &= \text{LayerNorm}\left(\text{GeLU}\left(W_1 h_0\right)\right) \\
z_i &= \text{LayerNorm}\left(\text{GeLU}\left(W_2 h_1\right)\right)
\end{aligned}$$

为了预测掩码标记 x_i，只需使用 z_i。将 z_i 输入分类器，该分类器将返回词表中每个单词是被掩盖单词的概率。

在掩码语言模型构建目标中，为了预测掩码标记 x_i，只需使用相应的标记特征 $\boldsymbol{R}_i$。将 $\boldsymbol{R}_i$ 送入分类器，得到词表中每个单词是被掩盖单词的概率。

SpanBERT 的损失函数是掩码语言模型损失和区间边界目标损失之和。我们通过最小化损失函数来训练 SpanBERT。经过预训练后，SpanBERT 模型可用于任何下游任务。

4.5.3 将预训练的 SpanBERT 用于问答任务

现在，我们来看看如何用预训练的 SpanBERT 模型执行问答任务，并针对问答任务进行微调。这里，我们将使用 Transformers 库中的 pipeline API。pipeline API 是由 Transformers 库提供的简单接口，用于无缝地执行从文本分类任务到问答任务等各类复杂任务。

让我们看看如何将 pipeline 用于问答任务。

首先，导入 pipeline。

```
from transformers import pipeline
```

然后，定义问答 pipeline。在 pipeline API 中，将我们要执行的任务、预训练的模型和词元分析器作为参数传入。如下面的代码所示，我们使用 `spanbert-large-finetuned-squadv2` 模型，这是用于问答任务的预训练和微调的 SpanBERT 模型。

```
qa_pipeline = pipeline(
    "question-answering",
    model="mrm8488/spanbert-large-finetuned-squadv2",
    tokenizer="SpanBERT/spanbert-large-cased"
)
```

现在，只需要向 `qa_pipeline` 输入问题和上下文，它将返回包含答案的结果。

```
results = qa_pipeline({
    'question': "What is machine learning?",
    'context': "Machine learning is a subset of artificial intelligence. It
is widely for creating a variety of applications such as email filtering
and computer vision"
})
```

打印结果。

```
print(results['answer'])
```

以上代码的输出如下。

```
a subset of artificial intelligence
```

以这种方式，SpanBERT 可以普遍用于需要预测文本段的任务。

在本章中，我们学习了 BERT 的几种变体。在第 5 章，我们将学习另一组基于知识蒸馏的 BERT 变体。

4.6 小结

在本章中，我们首先了解了 ALBERT 的工作原理。ALBERT 是 BERT 的精简版，它使用了两种有趣的参数缩减方法，即跨层参数共享和嵌入层参数因子分解。我们还学习了 ALBERT 中的句序预测任务。句序预测任务是一个二分类任务，目标是判断句子对中的句子顺序是否被调换。

在了解 ALBERT 模型后，我们探讨了 RoBERTa 模型。RoBERTa 是 BERT 的一个变体，它只使用掩码语言模型构建任务进行预训练。与 BERT 不同的是，它使用了动态掩码而不是静态掩码，而且使用大批量进行训练。它还使用字节级字节对编码作为子词词元化算法，词表大小为 50 000。

在了解 RoBERTa 之后，我们了解了 ELECTRA 模型。在 ELECTRA 中，我们没有使用掩码语言模型构建任务作为预训练目标，而是使用了一种新的预训练策略，即替换标记检测任务。在替换标记检测任务中，我们不用 `[MASK]` 掩盖一个标记，而是用一个不同的标记替换某个标记。该任务训练模型预测给定的标记是实际标记还是替换标记。我们还详细探讨了 ELECTRA 模型的判别器和生成器的工作原理。

在本章的最后，我们学习了 SpanBERT 模型，并详细了解了 SpanBERT 如何使用掩码语言模型构建目标和区间边界目标。

4.7 习题

让我们检验一下自己是否已经掌握了本章介绍的知识。请尝试回答以下问题。

(1) 句序预测任务与下句预测任务有什么不同?
(2) ALBERT 使用的参数缩减技术是什么?
(3) 什么是跨层参数共享?
(4) 在跨层参数共享中，什么是共享前馈网络层和共享注意力层?
(5) RoBERTa 与 BERT 有什么不同?
(6) 在 ELECTRA 中，什么是替换标记检测任务?
(7) 如何在 SpanBERT 中掩盖标记?

4.8 深入阅读

想要了解更多内容，请查阅以下资料。

- Zhenzhong Lan、Mingda Chen、Sebastian Goodman、Kevin Gimpel、Piyush Sharma 和 Radu Soricut 撰写的论文“ALBERT: A Lite BERT for Self-supervised Learning of Language Representations”。
- Yinhan Liu、Myle Ott 等撰写的论文“RoBERTa: A Robustly Optimized BERT Pretraining Approach”。
- Kevin Clark、Minh-Thang Luong、Quoc V. Le 和 Christopher D. Manning 撰写的论文“ELECTRA: Pre-training Text Encoders as Discriminators Rather Than Generators”。
- Mandar Joshi、Danqi Chen、Yinhan Liu、Daniel S. Weld、Luke Zettlemoyer 和 Omer Levy 撰写的论文“SpanBERT: Improving Pre-training by Representing and Predicting Spans”。

第 5 章

BERT 变体（下）：基于知识蒸馏

在前几章中，我们了解了 BERT 的工作原理，并探讨了 BERT 的不同变体。我们学习了如何针对下游任务微调预训练的 BERT 模型，从而省去从头开始训练 BERT 的时间。但是，使用预训练的 BERT 模型有一个难点，那就是它的计算成本很高，在有限的资源下很难运行。预训练的 BERT 模型有大量的参数，需要很长的运算时间，这使得它更难在手机等移动设备上使用。

为了解决这个问题，可以使用知识蒸馏法将知识从预训练的大型 BERT 模型迁移到小型 BERT 模型。在本章中，我们将了解基于知识蒸馏的 BERT 变体。

首先，我们将了解知识蒸馏及其工作原理。然后，我们将学习 DistilBERT 模型。通过 DistilBERT 模型，我们将了解如何利用知识蒸馏将知识从一个预训练的大型 BERT 模型迁移到一个小型 BERT 模型中。

接下来，我们将学习 TinyBERT 模型。我们将了解什么是 TinyBERT 模型，以及它如何利用知识蒸馏从预训练的大型 BERT 模型中获取知识。我们还将探讨在 TinyBERT 模型中使用的几种数据增强方法。

最后，我们将学习如何将知识从一个预训练的大型 BERT 模型迁移到简单的神经网络中。

本章重点如下。

- 知识蒸馏简介
- DistilBERT 模型——BERT 模型的知识蒸馏版本
- TinyBERT 模型简介
- 将知识从 BERT 模型迁移到神经网络中

5.1 知识蒸馏简介

知识蒸馏（knowledge distillation）是一种模型压缩技术，它是指训练一个小模型来重现大型预训练模型的行为。知识蒸馏也被称为师生学习，其中大型预训练模型是教师，小模型是学生。让我们通过一个例子来了解知识蒸馏是如何实现的。

假设预先训练了一个大模型来预测句子中的下一个单词。我们将大型预训练模型称为教师网络。我们输入一个句子，让网络预测句子中的下一个单词。它将返回词表中所有单词是下一个单词的概率分布，如图 5-1 所示。为了更好地理解，我们假设词表中只有 5 个单词。

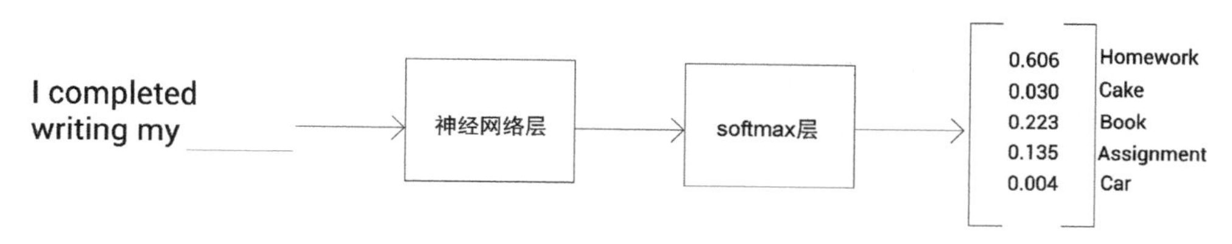

图 5-1 教师网络

从图 5-1 中可以看到网络所返回的概率分布，这个概率分布是由 softmax 函数应用于输出层求得的。我们选择概率最高的单词作为句子中的下一个单词。因为 Homework 这个单词的概率最高，所以句子中的下一个单词为 Homework。

除了选择具有高概率的单词外，能否从网络返回的概率分布中提取一些其他有用的信息呢？答案是肯定的。从图 5-2 中可以看到，除了概率最高的单词，还有一些单词的概率也相对较高。具体地说，Book 和 Assignment 这两个单词的概率比 Cake 和 Car 略高。

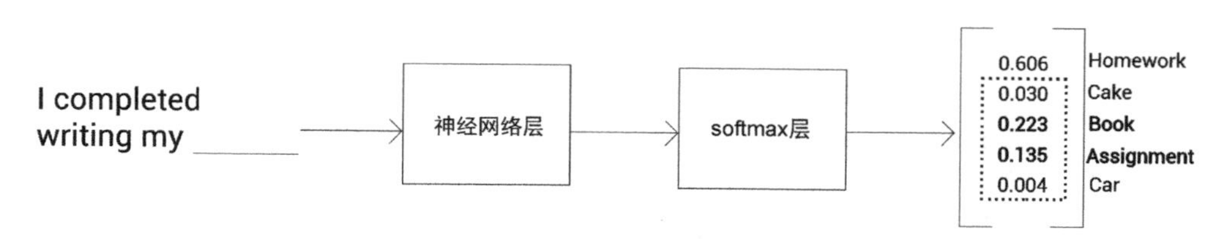

图 5-2 除了概率最高的单词 Homework，单词 Book 和 Assignment 的概率比其他单词略高

这表明，除了 Homework 这个单词，Book 和 Assignment 这两个单词与 Cake 和 Car 这样的单词相比，与输入的句子更为相关。这就是我们所说的**隐藏知识**。在知识蒸馏

过程中，我们希望学生网络能从教师网络那里学到这些隐藏知识。

但通常情况下，任何好的模型都会为正确的类别返回一个接近1的高概率，而为其他类别返回非常接近0的概率。在本例中，假设模型已经返回了以下的概率分布（图5-3）。

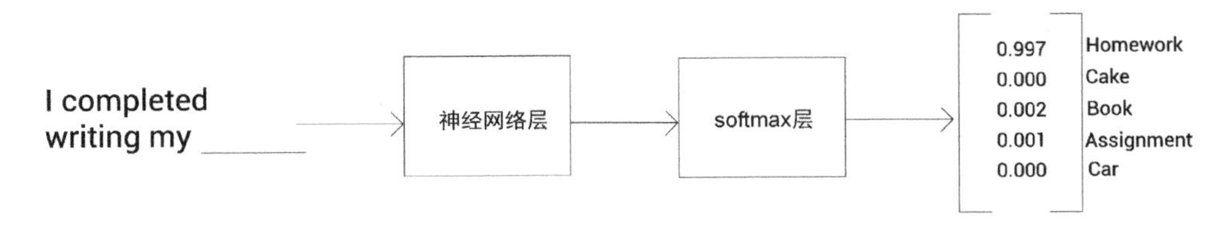

图5-3 假设在教师网络中，Homework的概率接近1，而其他单词的概率都接近于或等于0

从图5-3中，可以看到模型对Homework这个单词返回了一个非常高的概率，而对其他单词，概率都接近于或等于0。除了真值（正确的词）外，概率分布中没有其他太多的信息。那么如何提取隐藏知识呢？

这里，需要使用带有温度系数的softmax函数，它被称为softmax温度。我们在输出层使用softmax温度，用来平滑概率分布。带有温度系数的softmax函数如下所示。

$$P_i = \frac{\exp\left(z_i / T\right)}{\sum_j \exp\left(z_j / T\right)}$$

在上面的公式中，T表示temperature，即温度。如果$T=1$，它就是标准的softmax函数。增加T值，可以使概率分布更加平滑，并提供更多关于其他类别的信息。

如图5-4所示，当$T=1$时，我们将得到与使用标准softmax函数相同的概率分布。当$T=2$时，概率分布会变平滑，而当$T=5$时，概率分布会更加平滑。因此，通过增加T值，我们可以得到一个平滑的概率分布，从而得到更多关于其他类别的信息。

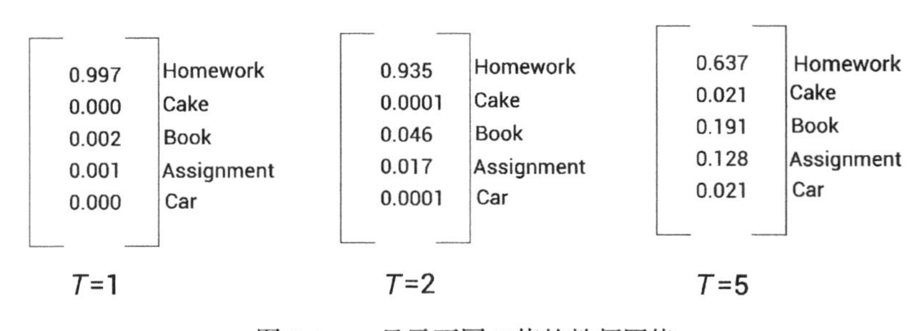

图5-4 显示不同T值的教师网络

通过 softmax 温度，我们可以获得隐藏知识，即先用 softmax 温度对教师网络进行预训练，获得隐藏知识，然后在知识蒸馏过程中，将这些隐藏知识从教师网络迁移到学生网络。

但如何将隐藏知识从教师网络迁移到学生网络呢？学生网络是如何训练的？它是如何从教师网络那里获得知识的？让我们继续探讨。

训练学生网络

我们已经学习了如何预训练网络，使其可以预测句子中的下一个单词。这个预训练网络被称为教师网络。现在，让我们来学习如何将知识从教师网络迁移到学生网络。请注意，学生网络并没有经过预训练，只有教师网络经过预训练，并且在预训练过程中使用了 softmax 温度。

如图 5-5 所示，将输入句送入教师网络和学生网络，并得到概率分布作为输出。我们知道，教师网络是一个预训练网络，所以教师网络返回的概率分布是我们的目标。教师网络的输出被称为**软目标**，学生网络做出的预测则被称为**软预测**。

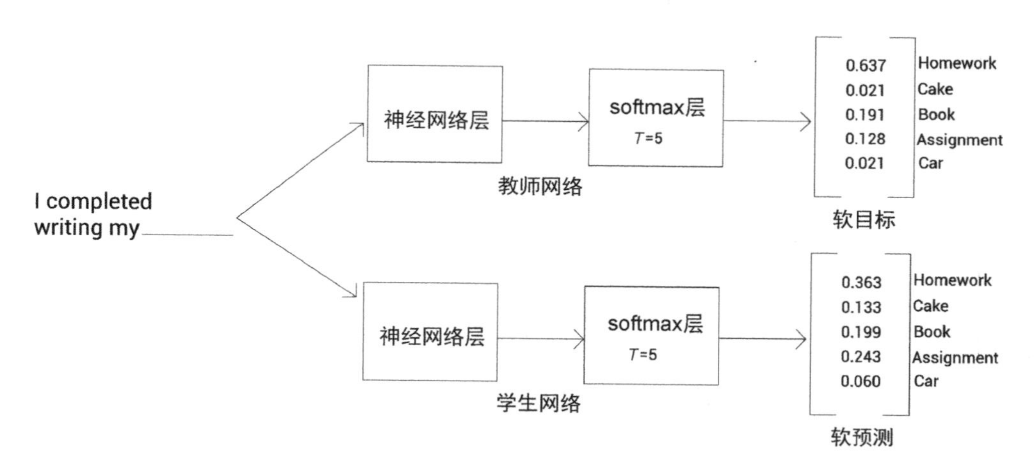

图 5-5 教师–学生架构

现在，我们来计算软目标和软预测之间的交叉熵损失，并通过反向传播训练学生网络，以使交叉熵损失最小化。软目标和软预测之间的交叉熵损失也被称为**蒸馏损失**。我们可以从图 5-6 中看到，在教师网络和学生网络中，softmax 层的 T 值保持一致，且都大于 1。

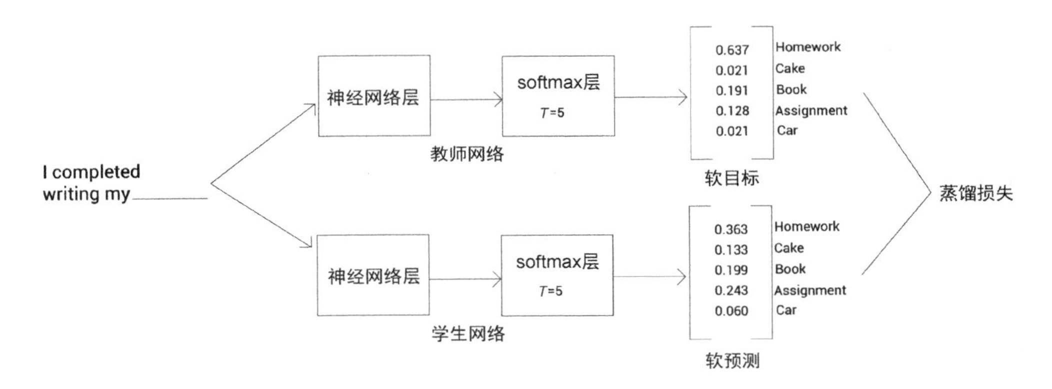

图 5-6 在教师–学生架构中，计算蒸馏损失

我们通过反向传播算法训练学生网络以使蒸馏损失最小化。除了蒸馏损失外，我们还使用另一个损失，称为**学生损失**。

为了理解学生损失，我们首先了解软目标和硬目标之间的区别。如图 5-7 所示，采用教师网络返回的概率分布被称为软目标，而硬目标就是将高概率设置为 1，其余概率设置为 0。

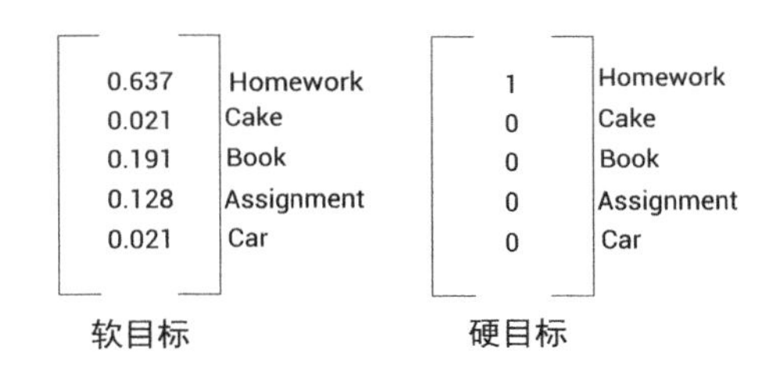

图 5-7 软目标和硬目标

现在，我们了解一下软预测和硬预测的区别。软预测是学生网络预测的概率分布，其中 T 大于 1，而硬预测是由 $T=1$ 得到的概率分布。也就是说，硬预测是指使用标准的 softmax 函数预测，其中 $T=1$。

学生损失就是硬目标和硬预测之间的交叉熵损失。图 5-8 展示了如何计算学生损失和蒸馏损失。可以看出，为了计算学生损失，在学生网络中使用 $T=1$ 的 softmax 函数，得到硬预测。通过在软目标中，将具有高概率的位置设置为 1，将其他位置设置为 0 来获得硬目标。然后，计算硬预测和硬目标之间的交叉熵损失，即学生损失。

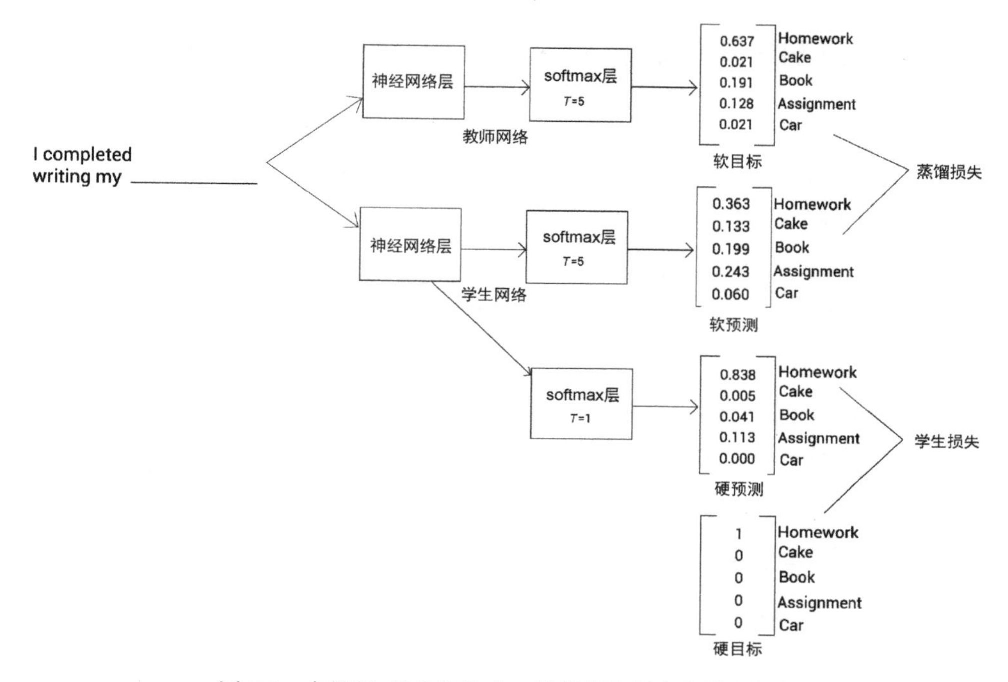

图 5-8 在教师–学生架构中，计算蒸馏损失和学生损失

为了计算蒸馏损失，我们使用 T 大于 1 的 softmax 函数计算软预测和软目标之间的交叉熵损失，即蒸馏损失。

最终的损失函数是学生损失和蒸馏损失的加权和，即：

$$L = \alpha \cdot 学生损失 + \beta \cdot 蒸馏损失$$

α 和 β 是用于计算学生损失和蒸馏损失的加权平均值的超参数。我们通过最小化上述损失函数来训练学生网络。

总结一下，在知识蒸馏中，我们把预训练网络作为教师网络，并训练学生网络通过蒸馏从教师网络获得知识。训练学生网络需要最小化损失，该损失是学生损失和蒸馏损失的加权和。

现在，我们已经了解了什么是知识蒸馏以及它的工作原理。在 5.2 节中，我们将学习如何在 BERT 模型中应用知识蒸馏。

5.2 DistilBERT模型——BERT模型的知识蒸馏版本

预训练的BERT模型有大量的参数，运算时间也很长，这使得它很难在智能手机等移动设备上使用。为了解决这个问题，Hugging Face的研究人员开发了DistilBERT模型。DistilBERT模型是一个更小、更快、更便宜、轻量级版本的BERT模型。

顾名思义，DistilBERT模型采用了知识蒸馏法。DistilBERT的理念是，采用一个预训练的大型BERT模型，通过知识蒸馏将其知识迁移到小型BERT模型中。预训练的大型BERT模型称为**教师BERT模型**，而小型BERT模型称为**学生BERT模型**。

与大型BERT模型相比，DistilBERT模型的速度要快60%，但其大小要小40%。现在，我们对DistilBERT模型有了基本的认识，下面让我们通过细节了解它的工作原理。

5.2.1 教师-学生架构

让我们详细了解教师BERT模型和学生BERT模型的架构。首先，看一下教师BERT模型，然后再看学生BERT模型。

1. 教师BERT模型

教师BERT模型是一个预训练的大型BERT模型。我们使用预训练的BERT-base模型作为教师。在前面的章节中，我们已经学习了BERT-base模型是如何进行预训练的。我们已知，BERT-base模型是使用掩码语言模型构建任务和下句预测任务进行预训练的。

因为BERT是使用掩码语言模型构建任务进行预训练的，所以可以使用预训练的BERT-base模型来预测掩码单词。预训练的BERT-base模型如图5-9所示。

从图5-9中可以看到，输入一个带掩码的句子，预训练的BERT模型输出了词表中所有单词是掩码单词的概率分布。这个概率分布包含隐藏知识，我们需要将这些知识迁移到学生BERT模型中。下面，让我们看看这是如何实现的。

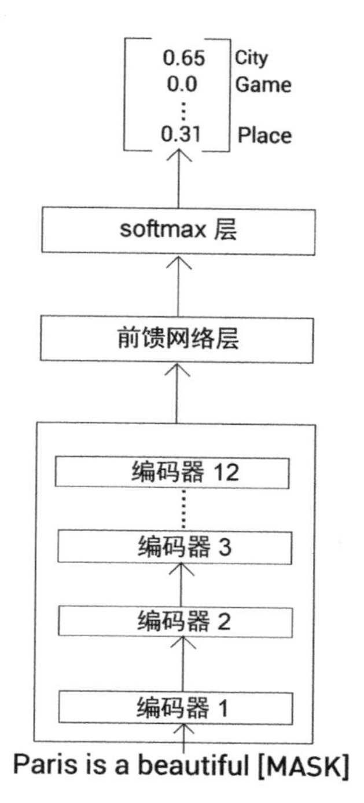

图 5-9 教师 BERT 模型

2. 学生 BERT 模型

与教师 BERT 模型不同，学生 BERT 模型没有经过预训练。学生 BERT 模型必须向老师学习。它是一个小型 BERT 模型，与教师 BERT 模型相比，它包含的层数较少。教师 BERT 模型包含 1.1 亿个参数，而学生 BERT 模型仅包含 6600 万个参数。

因为学生 BERT 模型中的层数较少，所以与教师 BERT 模型（BERT-base 模型）相比，它的训练速度更快。

DistilBERT 模型的研究人员将学生 BERT 模型的隐藏层大小保持在 768，与教师 BERT 模型（BERT-base 模型）的设置一样。他们发现，减少隐藏层的大小对计算效率的影响并不明显，所以，他们只关注减少层数。

那么如何训练学生 BERT 模型？现在，我们大致了解了学生 BERT 模型的架构。下面，我们将学习如何通过教师 BERT 模型将知识迁移到学生 BERT 模型中。

5.2.2 训练学生BERT模型（DistilBERT模型）

训练学生BERT模型可以使用预训练的教师BERT模型所使用的相同数据集。我们知道，BERT-base模型是使用英语维基百科和多伦多图书语料库数据集进行预训练的，同样，我们可以使用这些数据集来训练学生BERT模型（小型BERT模型）。

我们可以从RoBERTa模型中借鉴一些训练策略。RoBERTa是一个BERT变体，第4章做过讲解。这里，我们只使用掩码语言模型构建任务来训练学生BERT模型，并在该任务中使用动态掩码，同时在每次迭代中采用较大的批量值。

如图5-10所示，将一个含掩码的句子作为输入送入教师BERT模型（预训练BERT-base模型）和学生BERT模型，得到词表的概率分布。接下来，计算软目标和软预测之间的交叉熵损失作为蒸馏损失。

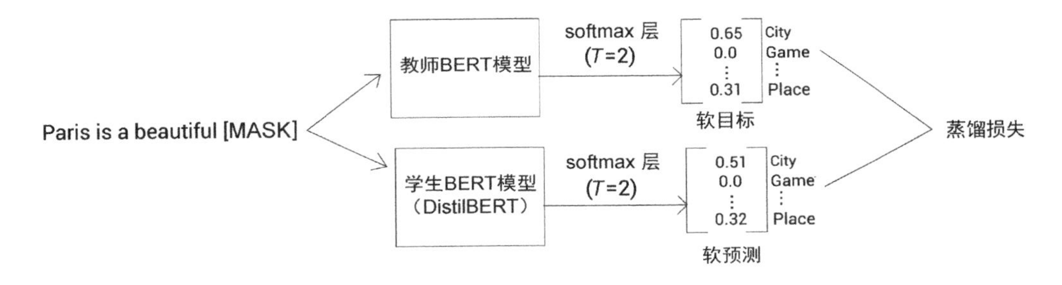

图5-10 DistilBERT模型

在计算蒸馏损失时，我们同时计算了学生损失，即掩码语言模型损失，也就是硬目标（事实真相）和硬预测（$T=1$的标准softmax函数预测）之间的交叉熵损失，如图5-11所示。

除了蒸馏损失和学生损失，还需计算**余弦嵌入损失**（cosine embedding loss）。它是教师BERT模型和学生BERT模型所学的特征向量之间的距离。最小化余弦嵌入损失将使学生网络的特征向量更加准确，与教师网络的嵌入向量更接近。

可见，损失函数是以下3种损失之和：

- 蒸馏损失；
- 掩码语言模型损失（学生损失）；
- 余弦嵌入损失。

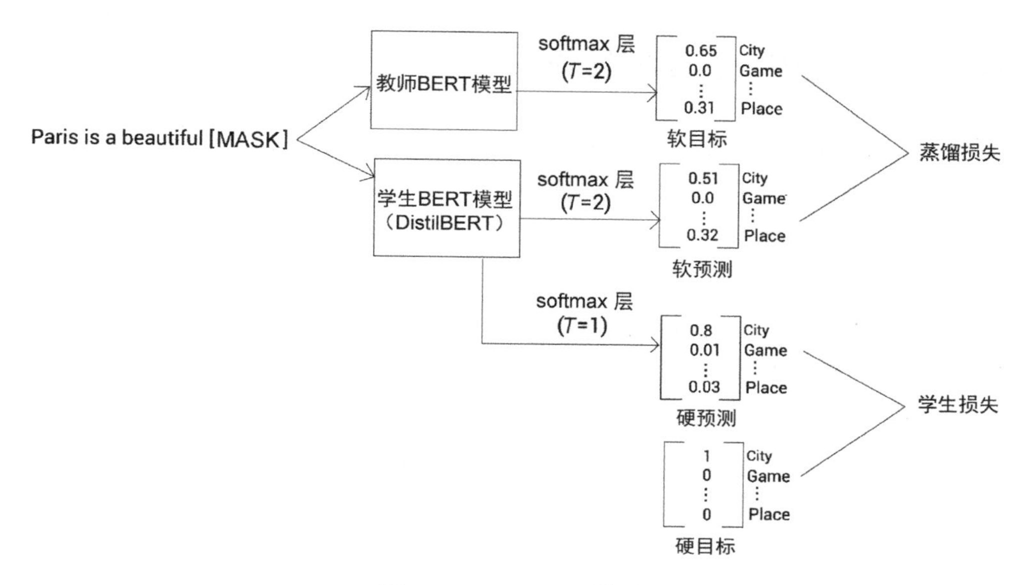

图 5-11　DistilBERT 模型

我们通过最小化以上 3 个损失之和来训练学生 BERT 模型（DistilBERT 模型）。经过训练，学生 BERT 模型会习得教师 BERT 模型的知识。

DistilBERT 模型可以达到 BERT-base 模型几乎 97%的准确度。由于 DistilBERT 模型更加轻便，因此我们可以很容易地将其部署在任何终端设备上。与 BERT 模型相比，它的运算速度快了 60%。

DistilBERT 模型在 8 块 16 GB 的 V100 GPU 上进行了大约 90 小时的训练。Hugging Face 已对外公开预训练的 DistilBERT 模型。正如原始 BERT 模型，我们也可以下载预训练好的 DistilBERT 模型，并为下游任务进行微调。

研究人员针对问答任务对预训练的 DistilBERT 模型进行了微调，并将其部署在 iPhone 7 Plus 上。他们将 DistilBERT 模型的运算速度与基于 BERT-base 模型的问答任务的运算速度做了比较，发现 DistilBERT 模型的运算速度比 BERT-base 模型快了 71%，但模型大小只有 207 MB。

现在，我们已经学习了 DistilBERT 模型是如何使用知识蒸馏法从教师网络那里获得知识的。下面，我们将学习 TinyBERT 模型。

5.3 TinyBERT 模型简介

TinyBERT 模型是 BERT 模型的另一个有趣的变体，它也使用了知识蒸馏法。通过 DistilBERT 模型，我们学会了如何将知识从教师 BERT 模型的输出层迁移到学生 BERT 模型中。但除此之外，还能从教师 BERT 模型的其他层迁移知识吗？答案是肯定的。

在 TinyBERT 模型中，除了从教师 BERT 模型的输出层（预测层）向学生 BERT 模型迁移知识外，还可以从嵌入层和编码层迁移知识。

让我们看一个例子。假设有一个 *N* 层编码器的教师 BERT 模型。为了避免重复，图 5-12 中只显示了预训练的教师 BERT 模型中的一个编码器层。输入一个含掩码的句子，教师 BERT 模型返回词表中所有被掩盖单词的 logit 向量。

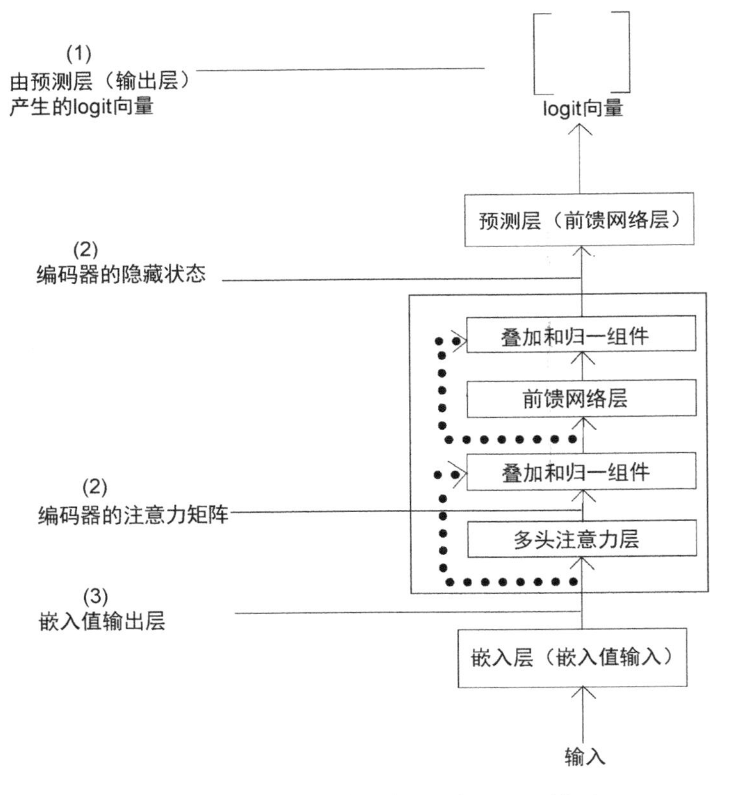

图 5-12 TinyBERT 模型中的教师 BERT 模型

在 DistilBERT 模型中，我们用教师 BERT 模型的输出层产生的 logit 向量（1）训练学生 BERT 模型以产生同样的 logit 向量。除此以外，在 TinyBERT 模型中，我们还用教师 BERT 模型产生的隐藏状态和注意力矩阵（2）来训练学生 BERT 模型以产生相同的隐藏状态和注意力矩阵。接下来，从教师 BERT 模型中获取嵌入层的输出（3）来训练学生 BERT 模型，使其产生与教师 BERT 模型相同的嵌入矩阵。

因此，在 TinyBERT 模型中，除了将知识从教师 BERT 模型的输出层迁移到学生 BERT 模型外，我们还将中间层的知识迁移到学生网络中，这有助于学生 BERT 模型从教师 BERT 模型那里获得更多的信息。比如，注意力矩阵包含语法信息。通过迁移教师 BERT 模型的注意力矩阵中的知识，有助于学生 BERT 模型从教师 BERT 模型那里获得语法信息。

除此之外，在 TinyBERT 模型中，我们使用了一个两阶段学习框架，即在预训练阶段和微调阶段都应用知识蒸馏法。下面，我们将了解两阶段学习究竟是如何进行的。

5.3.1 教师–学生架构

为了理解 TinyBERT 模型的工作原理，我们首先了解一下预设条件和所使用的符号。图 5-13 展示了 TinyBERT 模型的教师–学生架构。

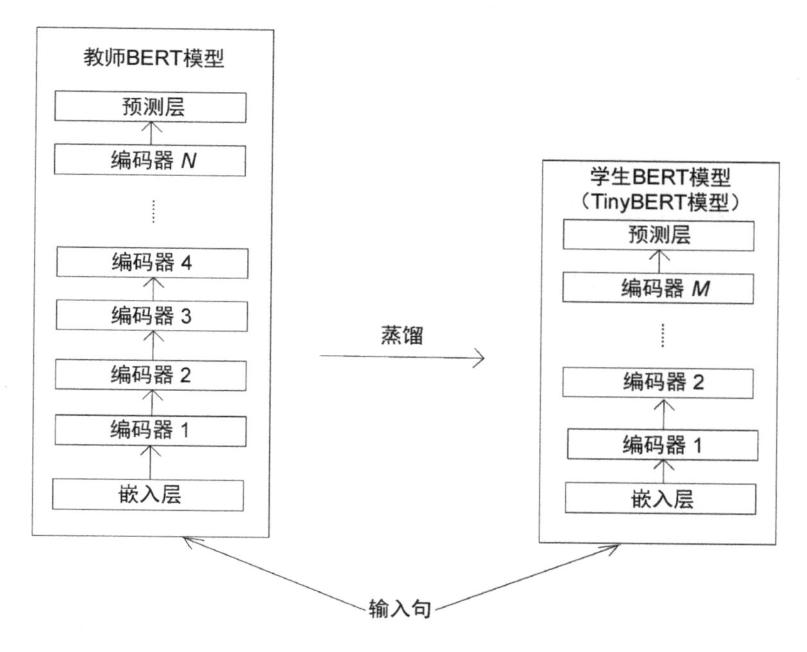

图 5-13　TinyBERT 模型的教师–学生架构

1. 教师 BERT 模型

如图 5-13 所示，教师 BERT 模型由 N 个编码器组成。将输入句送入嵌入层，得到输入嵌入。接下来，将输入嵌入传递给编码器层。这些编码器层利用自注意力机制学习输入句的上下文关系并返回特征。然后，将该特征送入预测层。

预测层是一个前馈网络。如果执行的是掩码语言模型构建任务，那么预测层将返回词表中所有单词是掩码单词的 logit 向量。

我们使用预训练的 BERT-base 模型作为教师 BERT 模型。BERT-base 模型包含 12 层编码器和 12 个注意力头，其所生成的特征大小（隐藏状态维度 d）为 768。教师 BERT 模型包含 1.1 亿个参数。

2. 学生 BERT 模型

如图 5-13 所示，学生 BERT 模型的架构与教师 BERT 模型相似，但不同的是，学生 BERT 模型由 M 个编码器组成，且 N 大于 M。也就是说，教师 BERT 模型中的编码器层数大于学生 BERT 模型中的编码器层数。

我们使用具有 4 层编码器的 BERT 模型作为学生 BERT 模型，并将特征大小（隐藏状态维度 d'）设置为 312。学生 BERT 模型只包含 1450 万个参数。

现在我们了解了 TinyBERT 模型的教师–学生架构，但蒸馏究竟是如何进行的？我们如何将知识从教师 BERT 模型迁移到学生 BERT 模型（TinyBERT 模型）？5.3.2 节将进行讲解。

5.3.2 TinyBERT 模型的蒸馏

我们已知除了从教师 BERT 模型的输出层（预测层）向学生 BERT 模型迁移知识外，也可以从其他层迁移知识。下面，让我们看看在以下各层中，蒸馏是如何进行的。

- Transformer 层（编码器层）
- 嵌入层（输入层）
- 预测层（输出层）

图 5-14 显示了教师 BERT 模型和学生 BERT 模型（TinyBERT 模型）的架构。

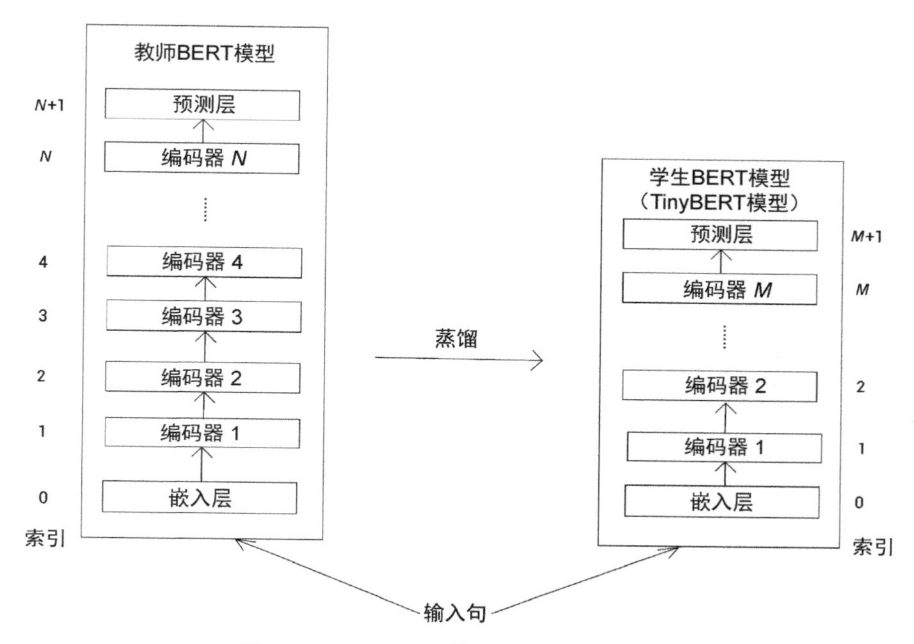

图 5-14 TinyBERT 模型的教师-学生架构

注意，在教师 BERT 模型中，索引 0 表示嵌入层，1 表示第 1 个编码器，2 表示第 2 个编码器。N 表示第 N 个编码器，而 $N+1$ 表示预测层。同样，在学生 BERT 模型中，索引 0 表示嵌入层，1 表示第 1 个编码器，2 表示第 2 个编码器。M 表示第 M 个编码器，$M+1$ 表示预测层。

将知识从教师 BERT 模型迁移到学生 BERT 模型的过程如下。

$$n = g(m)$$

上面的公式表示使用映射函数 g，将知识从教师 BERT 模型的第 n 层迁移到学生 BERT 模型的第 m 层。也就是说，学生 BERT 模型的第 m 层学习到了教师 BERT 模型的第 n 层的信息。

举例如下：

- $0 = g(0)$ 表示将知识从教师 BERT 模型的第 0 层（嵌入层）迁移到学生 BERT 模型的第 0 层（嵌入层）；
- $N+1 = g(M+1)$ 表示将知识从教师 BERT 模型的第 $N+1$ 层（预测层）迁移到学生 BERT 模型的第 $M+1$ 层（预测层）。

现在，我们对 TinyBERT 模型中的知识蒸馏方法有了基本的认识。下面将讲解知识蒸馏是如何在每一层发生的。

1. Transformer 层蒸馏

Transformer 层就是编码器层。我们知道在编码器层，使用多头注意力来计算注意力矩阵，然后将隐藏状态的特征作为输出。在 Transformer 层蒸馏中，我们除了将知识从教师的注意力矩阵迁移到学生中，也将知识从教师的隐藏状态迁移到学生中。因此，Transformer 层蒸馏包括两次知识蒸馏。

- 基于注意力的蒸馏
- 基于隐藏状态的蒸馏

首先，让我们了解基于注意力的蒸馏是如何工作的。

基于注意力的蒸馏

在**基于注意力的蒸馏**中，我们将注意力矩阵中的知识从教师 BERT 模型迁移到学生 BERT 模型。注意力矩阵含有不少有用的信息，如句子结构、指代信息等。这些信息有助于更好地理解语言。因此，将注意力矩阵的知识从教师迁移到学生中非常有用。

为了进行基于注意力的蒸馏，可以通过最小化学生 BERT 模型和教师 BERT 模型注意力矩阵的均方误差来训练学生网络。基于注意力的蒸馏损失 L_{attn} 的计算公式如下所示。

$$L_{\text{attn}}=\frac{1}{h}\sum_{i=1}^{h}\text{MSE}\left(\boldsymbol{A}_i^{\text{S}},\boldsymbol{A}_i^{\text{T}}\right)$$

因为 Transformer 采用多头注意力机制，所以，上面公式中的符号含义如下。

- h 表示注意力头的数量。
- $\boldsymbol{A}_i^{\text{S}}$ 表示学生网络的第 i 个注意力头的注意力矩阵。
- $\boldsymbol{A}_i^{\text{T}}$ 表示教师网络的第 i 个注意力头的注意力矩阵。
- MSE 表示均方误差。

可见，我们通过最小化学生和教师的注意力矩阵之间的均方误差来进行基于注意力的蒸馏。需要注意的是，我们使用的是一个未归一化的注意力矩阵，即未被 softmax 函数处理过的注意力矩阵。这是因为未归一化的注意力矩阵表现得更好且能更快地收敛。这一过程如图 5-15 所示。

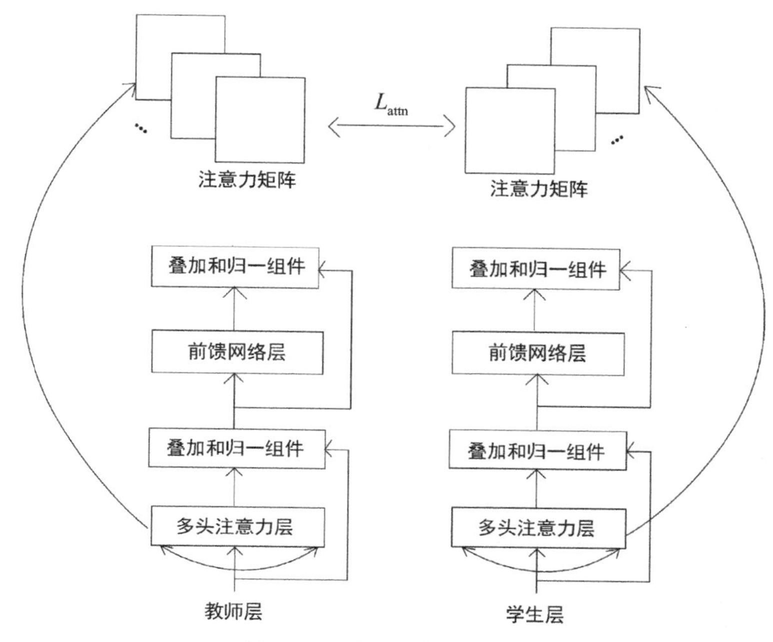

图 5-15 基于注意力的蒸馏

从图 5-15 中，可以看到我们是如何将注意力矩阵中的知识从教师 BERT 模型迁移到学生 BERT 模型中的。

基于隐藏状态的蒸馏

现在，让我们看看如何进行基于隐藏状态的蒸馏。隐藏状态是编码器的输出，也就是特征值。因此，在基于隐藏状态的蒸馏中，我们是将知识从教师编码器的隐藏状态迁移到学生编码器的隐藏状态。用 $\boldsymbol{H}^{\mathrm{S}}$ 表示学生的隐藏状态，$\boldsymbol{H}^{\mathrm{T}}$ 表示教师的隐藏状态。然后，通过最小化 $\boldsymbol{H}^{\mathrm{S}}$ 和 $\boldsymbol{H}^{\mathrm{T}}$ 之间的均方误差来进行蒸馏，如下所示。

$$L_{\text{hidn}} = \text{MSE}\left(\boldsymbol{H}^{\mathrm{S}}, \boldsymbol{H}^{\mathrm{T}}\right)$$

但 $\boldsymbol{H}^{\mathrm{S}}$ 和 $\boldsymbol{H}^{\mathrm{T}}$ 的维度是不同的。d 表示 $\boldsymbol{H}^{\mathrm{T}}$ 的维度，而 d' 表示 $\boldsymbol{H}^{\mathrm{S}}$ 的维度。我们已知教师 BERT 模型是 BERT-base 模型，而学生 BERT 模型是 TinyBERT 模型，所以 d 总是大于 d'。

因此，为了使学生的隐藏状态 $\boldsymbol{H}^{\mathrm{S}}$ 与教师的隐藏状态 $\boldsymbol{H}^{\mathrm{T}}$ 在同一个维度上，我们将 $\boldsymbol{H}^{\mathrm{S}}$ 乘以矩阵 $\boldsymbol{W}_{\mathrm{h}}$ 进行线性变换。请注意，$\boldsymbol{W}_{\mathrm{h}}$ 的值是在训练中学习的。我们将损失函数进行改写，如下所示。

$$L_{\text{hidn}} = \text{MSE}\left(\boldsymbol{H}^{\text{S}}\boldsymbol{W}_{\text{h}}, \boldsymbol{H}^{\text{T}}\right)$$

从上面的公式可以看出，将 $\boldsymbol{H}^{\text{S}}$ 与矩阵 $\boldsymbol{W}_{\text{h}}$ 相乘，从而对 $\boldsymbol{H}^{\text{S}}$ 进行变换，使其与 $\boldsymbol{H}^{\text{T}}$ 在同一维度上。如图 5-16 所示，我们可以看到隐藏状态的知识是如何从教师 BERT 模型迁移到学生 BERT 模型的。

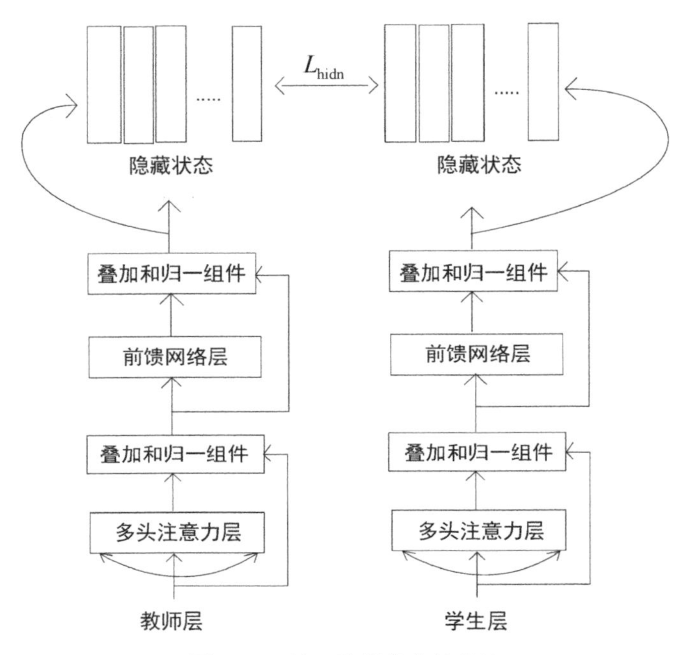

图 5-16 基于隐藏状态的蒸馏

2. 嵌入层蒸馏

在嵌入层蒸馏中，知识将从教师的嵌入层迁移到学生的嵌入层。我们用 $\boldsymbol{E}^{\text{S}}$ 表示学生的嵌入矩阵，$\boldsymbol{E}^{\text{T}}$ 表示教师的嵌入矩阵，那么通过最小化 $\boldsymbol{E}^{\text{S}}$ 和 $\boldsymbol{E}^{\text{T}}$ 之间的均方误差来训练网络进行嵌入层蒸馏，如下所示。

$$L_{\text{embd}} = \text{MSE}\left(\boldsymbol{E}^{\text{S}}, \boldsymbol{E}^{\text{T}}\right)$$

同样，学生的嵌入矩阵和教师的嵌入矩阵的维度也不同。因此，需要将学生的嵌入矩阵 $\boldsymbol{E}^{\text{S}}$ 乘以 W_{e}，使其与教师的嵌入矩阵处于同一空间。得到的损失函数如下所示。

$$L_{\text{embd}} = \text{MSE}\left(\boldsymbol{E}^{\text{S}}\boldsymbol{W}_{\text{e}}, \boldsymbol{E}^{\text{T}}\right)$$

3. 预测层蒸馏

在预测层蒸馏中，我们迁移的是最终输出层的知识，即教师 BERT 模型产生的 logit 向量。与 DistilBERT 模型的蒸馏损失相似，我们通过最小化软目标和软预测之间的交叉熵损失来进行预测层蒸馏。用 $\boldsymbol{Z}^{\mathrm{S}}$ 表示学生网络的 logit 向量，$\boldsymbol{Z}^{\mathrm{T}}$ 表示教师网络的 logit 向量，损失函数表示如下。

$$L_{\text{pred}} = -\text{softmax}\left(\boldsymbol{Z}^{\mathrm{T}}\right)\cdot \text{log\_softmax}\left(\boldsymbol{Z}^{\mathrm{S}}\right)$$

现在，我们已经了解了如何在 TinyBERT 模型的不同层进行知识蒸馏，还看到了不同层对应的损失函数。下面，我们将学习最终的损失函数。

5.3.3 最终损失函数

包含所有层的蒸馏损失的损失函数如下所示。

$$L_{\text{layer}}\left(S_m, T_{g(m)}\right)=\begin{cases} L_{\text{embd}}\left(S_0, T_0\right), & m=0 \\ L_{\text{hidn}}\left(S_m, T_{g(m)}\right)+L_{\text{attn}}\left(S_m, T_{g(m)}\right), & M \geqslant m>0 \\ L_{\text{pred}}\left(S_{M+1}, T_{N+1}\right), & m=M+1 \end{cases}$$

从上面的公式中，可以得出以下结论。

- 当 m 为 0 时，表示训练层是嵌入层，所以使用嵌入层损失。
- 当 m 大于 0 且小于或等于 M 时，表示训练层是 Transformer 层（编码器层），所以用隐藏状态损失和注意力层损失之和作为 Transformer 层的损失。
- 当 m 为 $M+1$ 时，表示训练层是预测层，所以使用预测层损失。

最终的损失函数如下所示。

$$L=\sum_{m=0}^{M+1}\lambda_m L_{\text{layer}}\left(S_m, T_{g(m)}\right)$$

在上面的公式中，L_{layer} 表示第 m 层的损失函数，λ_m 为一个超参数，它用来控制第 m 层的权重。我们通过最小化上面的损失函数来训练学生 BERT 模型（TinyBERT 模型）。在 5.3.4 节中，我们将了解如何训练学生 BERT 模型。

5.3.4 训练学生 BERT 模型（TinyBERT 模型）

在 TinyBERT 模型中，我们使用两阶段学习框架。

- 通用蒸馏
- 特定任务蒸馏

这种两阶段学习框架能够蒸馏预训练阶段和微调阶段的知识。下面，让我们看看每个阶段的详细情况。

1. 通用蒸馏

通用蒸馏基于预训练阶段。这里，我们使用大型的预训练BERT模型（BERT-base模型）作为教师，并通过蒸馏将知识迁移到小型的学生BERT模型（TinyBERT模型）。需要注意的是，所有层上的知识都得到了蒸馏。

我们知道，教师BERT模型是在通用数据集（英语维基百科和多伦多图书语料库数据集）上预训练的。因此，在进行蒸馏时，也就是在将知识从教师（BERT-base模型）迁移到学生（TinyBERT模型）时，我们使用相同的数据集。

经过蒸馏，学生BERT模型将获得教师BERT模型的知识，我们可以把预训练过的学生BERT模型称为**通用TinyBERT模型**。

在通用蒸馏后，我们得到了一个通用TinyBERT模型，它只是预训练过的学生BERT模型。下面，我们将为下游任务微调通用TinyBERT模型。

2. 特定任务蒸馏

特定任务蒸馏基于微调阶段。在这里，我们将为一项具体的任务对通用TinyBERT模型进行微调。与DistilBERT模型不同的是，除了在预训练阶段进行蒸馏外，TinyBERT模型还在微调阶段进行蒸馏。

首先采用预训练的BERT-base模型，并为特定任务对其进行微调，然后将这个微调后的BERT-base模型作为教师。我们开始进行蒸馏，将知识从微调后的BERT-base模型迁移到通用TinyBERT模型中。经过蒸馏，通用TinyBERT模型将包含来自教师的特定任务的知识。我们可以把这个通用TinyBERT模型称为**微调的TinyBERT模型**。

图5-17有助于解释通用蒸馏和特定任务蒸馏之间的区别。

请注意，为了在微调阶段进行蒸馏，需要更多特定任务的数据。也就是说，特定任务蒸馏对数据量有更大的需求。因此，我们将使用一种数据增强方法来获得更大的数据集，并基于该数据集来微调通用TinyBERT模型。下面，我们将展示如何进行数据增强。

	通用蒸馏 （预训练阶段）	特定任务蒸馏 （微调阶段）
教师	预训练的BERT-base模型	微调的BERT-base模型
学生	TinyBERT模型	通用TinyBERT模型
结果	蒸馏完成后，学生BERT模型将包含从教师学到的知识，该预训练的学生BERT模型被称为通用TinyBERT模型	蒸馏完成后，通用TinyBERT模型将包含来自教师的与特定任务相关的知识，该通用TinyBERT模型被称为微调的TinyBERT模型，因为它已经为特定任务进行微调了

图 5-17 通用蒸馏和特定任务蒸馏之间的区别

3. 数据增强方法

首先，让我们看一个例句。

假设有一个句子 Paris is a beautiful city。使用 BERT 模型词元分析器对该句进行分词，并将标记存储在 `X` 中，如下所示：`X = [Paris, is, a, beautiful, city]`。

然后将 `X` 复制到另一个名为 `X_masked` 的列表中，可得 `X_masked = [Paris, is, a, beautiful, city]`。

现在，对于列表 `X` 中的每个元素（单词）`i`， 做如下处理。

(1) 检查 `X[i]` 是否是一个单词。如果它是一个单词，那么就用`[MASK]`标记替代 `X_masked[i]`的值。然后，使用 BERT-base 模型来预测被掩盖的单词。我们将预测概率最大的 K 个单词作为候选单词列表，将其存储在名为 `candidates` 的列表中。假设 `K = 5`，即我们预测出 5 个最有可能的单词，并将它们存储在 `candidates` 列表中。

(2) 如果 `X[i]`不是一个单词，那么将不对其进行掩码处理，而是使用 GloVe[①]嵌入查找与 `X[i]`最相似的 K 个单词，并将它们存储在 `candidates` 列表中。然后，从一个均匀分布 $p \sim \text{Uniform}(0,1)$ 中随机抽取一个值 p，并引入一个新变量，称为**阈值** p_t。将阈值设为 $p_t = 0.4$。

(3) 如果 p 小于或等于 p_t，那么就用 `candidates` 列表中的任何一个随机抽取的单词替换 `X_masked[i]`。

① GloVe（Global Vectors for Word Representation）是一种非监督学习算法，可将单词转化为向量表示。——译者注

(4) 如果p大于p_t，那么就用实际的词X[i]替换X_masked[i]。

我们对句子中的每一个单词执行前面的步骤，并将更新后的X_masked列表添加到一个名为data_aug的列表中。对数据集中的每个句子重复应用这种数据增强方法N次。假设N = 10，那么对于每一个句子，都执行数据增强步骤，并得到10个新句子。

现在，我们了解了数据增强方法的工作原理。让我们来看一个例子，假设我们有如下列表。

```
X = [Paris, is, a, beautiful, city]
```

将X复制到一个名为X_masked的新列表中，如下所示。

```
X_masked = [Paris, is, a, beautiful, city]
```

现在对X[i]做如下处理。

当i = 0时，得到X[0] = Paris。判断X[0]是否是一个单词。由于它是一个单词，因此我们用[MASK]标记替换X_masked[0]，如下所示。

```
X_masked = [[MASK], is, a, beautiful, city]
```

然后，我们使用BERT-base模型预测K个最有可能是掩码标记的单词，并将它们存储在candidates列表中。假设K = 3，那么BERT-base模型将预测的3个最有可能的单词存储在candidates列表中。以下是BERT-base模型对掩码标记所预测的3个最有可能的单词。

```
candidates = [Paris, it, that]
```

接着，从一个均匀分布$p \sim \text{Uniform}(0,1)$中随机抽取一个值$p$。假设$p = 0.3$，检查$p$是否小于或等于阈值$p_t$。假设$p_t = 0.4$，$p$小于阈值$p_t$，我们就把X_masked[0]替换为candidates列表中的一个随机词。假设从candidates列表中随机抽选了it这个单词，那么X_masked列表变为：

```
X_masked = [it, is, a, beautiful, city]
```

最后，我们将X_masked添加到data_aug列表中。

以这种方式，我们重复以上步骤 N 次，以获得更多的数据。有了这样的增强数据集后，就可以对通用TinyBERT模型进行微调了。

简而言之，在TinyBERT模型中，我们不仅对所有层进行知识蒸馏，也在预训练阶段和微调阶段应用了蒸馏方法。

与 BERT-base 模型相比，TinyBERT 模型的运算效率提升了 96%，速度快 9.4 倍。我们可以在 GitHub 上下载预训练的 TinyBERT 模型。

到目前为止，我们已经学会了如何将知识从一个预训练的大型 BERT 模型迁移到小型 BERT 模型中。那么能否将知识从预训练的 BERT 模型迁移到简单的神经网络中呢？这正是 5.4 节要探讨的内容。

5.4 将知识从 BERT 模型迁移到神经网络中

在本节中，让我们先看一篇有趣的论文：滑铁卢大学的“Distilling Task-Specific Knowledge from BERT into Simple Neural Networks”。在论文中，研究人员阐述了如何通过知识蒸馏将特定任务的知识从 BERT 模型迁移到一个简单的神经网络中。下面，我们将仔细分析它是如何实现的。

5.4.1 教师-学生架构

为了了解如何将特定任务的知识从 BERT 模型迁移到神经网络中，首先，让我们看看教师 BERT 模型和学生网络的细节。

1. 教师 BERT 模型

同样使用预训练的 BERT 模型作为教师 BERT 模型。在这里，我们使用预训练的 BERT-large 模型。请注意，我们是将特定任务的知识从教师迁移给学生，因此，要先针对特定任务微调预训练的 BERT-large 模型，然后将其作为教师。

假设我们要让学生网络做情感分析，那么预训练的 BERT-large 模型就需要为情感分析任务进行微调。

2. 学生网络

学生网络是一个简单的双向 LSTM，可以简单表示为 BiLSTM。学生网络架构根据不同任务而变化，让我们先看看学生网络在单句分类任务中的架构。

假设对句子 I love Paris 进行情感分析。首先，得到句子的嵌入，然后将嵌入送入双向 LSTM。双向 LSTM 从两个方向（向前和向后）读取句子，可以得到前向和后向的隐藏状态[①]。

① 此处的隐藏状态是指 LSTM 中每个循环层的输出。——译者注

接着，将前向隐藏状态和后向隐藏状态送入带有 ReLU 激活的全连接层，它将返回 logit 向量作为输出。将 logit 向量送入 softmax 函数，得到该句是正面还是负面的概率，如图 5-18 所示。

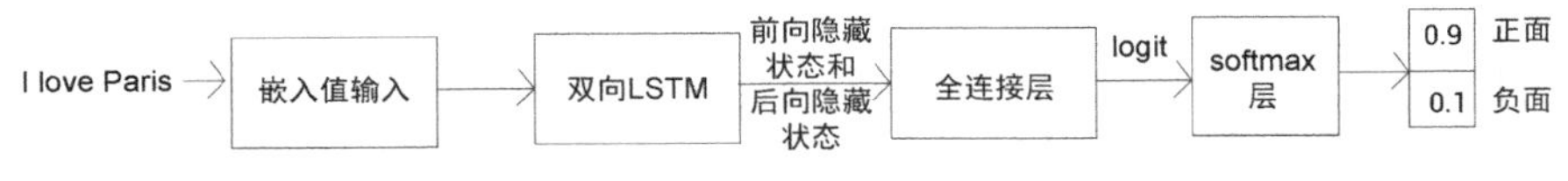

图 5-18 执行单句分类任务的学生网络

现在，让我们来看看句子匹配任务的学生网络架构。假设我们想了解给定的两个句子是否相似。在这种情况下，学生网络使用连体 BiLSTM。

首先，得到句子 1 和句子 2 的嵌入，并将其送入双向 LSTM 1（BiLSTM 1）和双向 LSTM 2（BiLSTM 2）。从 BiLSTM 1 和 BiLSTM 2 中获得前向隐藏状态和后向隐藏状态。假设 $\boldsymbol{h}_{s1}$ 表示从 BiLSTM 1 得到的前向隐藏状态和后向隐藏状态，$\boldsymbol{h}_{s2}$ 是从 BiLSTM 2 得到的前向隐藏状态和后向隐藏状态。然后使用一个连接–比较操作将 $\boldsymbol{h}_{s1}$ 和 $\boldsymbol{h}_{s2}$ 串联起来，得到如下公式。

$$f\left(\boldsymbol{h}_{s1},\boldsymbol{h}_{s2}\right)=\left[\boldsymbol{h}_{s1},\boldsymbol{h}_{s2},\boldsymbol{h}_{s1}\quad \boldsymbol{h}_{s2},\left|\boldsymbol{h}_{s1}-\boldsymbol{h}_{s2}\right|\right]$$

在上面的公式中， 表示逐元素相乘。接下来，将串联的结果送入带有 ReLU 激活的全连接层，得到 logit 向量。然后将 logit 向量送入 softmax 函数，该函数返回给定句子对相似或不相似的概率，如图 5-19 所示。

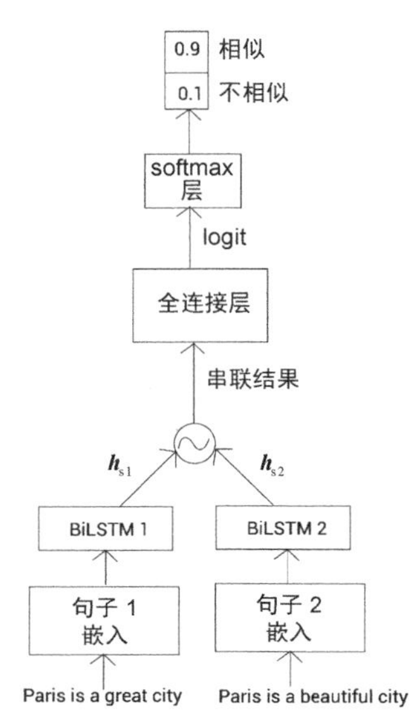

图 5-19 执行句子匹配任务的学生网络

现在，我们已经了解了学生网络架构，下面将学习如何训练学生网络。

5.4.2 训练学生网络

我们将特定任务的知识从教师迁移给学生，因此，如前所述，将采用为特定任务微调后的预训练的 BERT 模型作为教师。也就是说，教师是预训练且经过微调的 BERT 模型，学生则使用 BiLSTM。

通过最小化损失来训练学生网络，损失是学生损失 L_{student} 和蒸馏损失 L_{distill} 的加权和。这与在介绍知识蒸馏时所学到的内容相似，其公式如下。

$$L = \alpha \cdot L_{\text{student}} + \beta \cdot L_{\text{distill}}$$

假设 β 的值为 $(1-\alpha)$，则上面的公式如下所示。

$$L = \alpha \cdot L_{\text{student}} + (1-\alpha) \cdot L_{\text{distill}}$$

我们知道，蒸馏损失一般是软目标和软预测之间的交叉熵损失。但在这里，我们使用均方损失作为蒸馏损失，因为它比交叉熵损失的表现更好，其公式如下。

$$L_{\text{distill}} = \text{MSE}\left(\boldsymbol{Z}^{\text{T}}, \boldsymbol{Z}^{\text{S}}\right)$$

在上面的公式中，$\boldsymbol{Z}^{\text{T}}$ 表示教师网络的 logit 向量，$\boldsymbol{Z}^{\text{S}}$ 表示学生网络的 logit 向量。

学生损失还是硬目标和硬预测之间的标准交叉熵损失。

我们通过最小化损失函数 L 来训练学生网络。为了从教师 BERT 模型中蒸馏知识，将其迁移至学生网络，我们需要一个大型数据集。因此，需要使用一种与任务无关的数据增强方法来增加数据量。

5.4.3 数据增强方法

这里，我们使用以下方法来进行与任务无关的数据增强。

- 掩码方法
- 基于词性的词汇替换方法
- *n*-gram 采样方法

下面逐一讲解。

1. 掩码方法

在掩码方法中，我们用`[MASK]`随机掩盖句子中的一个单词，概率为p_{mask}，并用掩码标记创建一个新句子。假设执行一个情感分析任务，在数据集中有句子 I was listening to music。基于概率p_{mask}，随机掩盖一个单词。假设掩盖了 music，那么得到一个新句子 I was listening to `[MASK]`。

由于`[MASK]`是一个未知标记，因此模型将无法产生确信的 logit 向量。带有`[MASK]`标记的 I was listening to `[MASK]`句子产生的是一个相对欠确信的 logit 向量，也就是比原句 I was listening to music 的置信度要低，这将有助于模型理解每个单词对于所属标记的关联度。

2. 基于词性的词汇替换方法

在基于词性的词汇替换方法中，根据概率p_{pos}，我们用其他单词代替句子中的某一个单词，但词性必须一致。

以 Where did you go 这个句子为例，did 是一个动词。假如用另一个动词来代替 did，原句变成 Where do you go。可以看到，我们使用 do 替换了 did，得到了一个新句子。

3. *n*-gram 采样方法

在 *n*-gram 采样方法中，我们只从句子中以概率p_{ng}随机抽取 n 个单词，n 的值在 1 到 5 中随机选择。

现在，我们了解了 3 种数据增强方法。那么要如何应用它们呢？是把所有方法都放在一起用，还是每次用一个？我们将在下面讨论这个问题。

4. 数据增强过程

假设有一个句子 Paris is a beautiful city。$w_1, w_2, \cdots, w_i, \cdots, w_n$ 代表句子中的单词。现在，对句子中的每个单词 w_i，创建一个名为 X_i 的变量，其值从均匀分布 $X_i \sim \text{Uniform}(0,1)$ 中随机生成。根据 X_i 的值，做出如下操作：

- 如果 $X_i < p_{\text{mask}}$，那么将 w_i 设为掩码；
- 如果 $p_{\text{mask}} \leqslant X_i < p_{\text{mask}} + p_{\text{pos}}$，那么就使用基于词性的词汇替换方法。

请注意，掩码方法和基于词性的词汇替换方法是互斥的，即如果使用其中一个，那么就不能使用另一个。

经过上面的步骤，我们得到一个修改后的句子（合成句）。然后，对合成句以概率 p_{ng} 进行 n-gram 采样，得到最终的合成句。接着，把最终的合成句添加到列表 data_aug 中。

对于每一个句子，都执行前面的步骤 n 次，并得到 n 个新的合成句。如果是句子对而不是句子，那么如何获得合成句子对呢？我们可以创建具有许多组合的合成句子对，其中一些组合如下。

- 只从第一句中创建一个合成句，保持第二句不变。
- 保持第一句不变，只从第二句中创建一个合成句。
- 同时从第一句和第二句中创建合成句。

通过这种方式，我们获得了更多的数据。然后，用增强数据训练学生网络。

至此，我们了解了应用知识蒸馏的 BERT 模型的不同变体，还学习了如何将知识从预训练 BERT 模型迁移到一个简单的神经网络中。

5.5 小结

本章首先介绍了什么是知识蒸馏以及它的工作原理。知识蒸馏是一种模型压缩技术，通过这种技术，一个小模型受到训练以实现一个大型预训练模型才能达到的效果。它也被称为师生学习，其中大型预训练模型是教师，小模型是学生。

接着，我们学习了 DistilBERT 模型。它把一个预训练的大型 BERT 模型作为教师，通过知识蒸馏将知识迁移到小型 BERT 模型中。

然后，我们探讨了 TinyBERT 模型的工作原理。在 TinyBERT 模型中，除了从教师的输出层迁移知识外，我们还可以从其他层迁移知识，比如 Transformer 层、嵌入层和预测层。

最后，我们学习了如何将特定任务的知识从 BERT 模型迁移到一个简单的神经网络中。在第 6 章中，我们将学习如何为文本摘要任务微调预训练的 BERT 模型。

5.6 习题

让我们检验一下自己是否已经掌握了本章介绍的知识。请尝试回答以下问题。

(1) 什么是知识蒸馏?

(2) 什么是软目标和软预测?

(3) 请给出蒸馏损失的定义。

(4) DistilBERT 模型的用途是什么?

(5) DistilBERT 模型的损失函数是什么?

(6) Transformer 层蒸馏是如何工作的?

(7) 预测层蒸馏是如何工作的?

5.7 深入阅读

想要了解更多内容，请查阅以下资料。

- Geoffrey Hinton、Oriol Vinyals 和 Jeff Dean 撰写的论文“Distilling the Knowledge in a Neural Network”。
- Victor Sanh、Lysandre Debut、Julien Chaumond 和 Thomas Wolf 撰写的论文“DistilBERT, a Distilled Version of BERT: Smaller, Faster, Cheaper and Lighter”。
- Xiaoqi Jiao 等人撰写的论文“TinyBERT: Distilling BERT for Natural Language Understanding”。
- Raphael Tang、Yao Lu、Linqing Liu、Lili Mou、Olga Vechtomova 和 Jimmy Lin 撰写的论文“Distilling Task-Specific Knowledge from BERT into Simple Neural Networks”。

第三部分

BERT 模型的应用

在第三部分中，我们将学习 BERT 模型的几个有趣的应用。首先，我们学习如何使用 BERTSUM 模型为文本摘要任务微调 BERT 模型。然后，我们将探讨如何将 BERT 模型应用于英语以外的语言。最后，我们还将了解 VideoBERT 模型和其他几个有趣的模型。

本部分包括以下 4 章。

第6章

用于文本摘要任务的 BERTSUM 模型

文本摘要任务是自然语言处理中最受欢迎的应用之一。在本章中，我们将了解如何为文本摘要任务微调预训练的 BERT 模型。为文本摘要任务微调的 BERT 模型通常被称为 BERTSUM（BERT for summarization）模型。我们还将详细了解什么是 BERTSUM 模型以及如何将其用于文本摘要任务。

首先，我们将学习不同类型的文本摘要任务，即提取式摘要任务和抽象式摘要任务。接着，我们将了解如何使用带有分类器的 BERTSUM 模型、带有 Transformer 的 BERTSUM 模型和带有 LSTM 的 BERTSUM 模型执行提取式摘要任务。然后，我们将研究如何使用 BERTSUM 模型执行抽象式摘要任务。

我们将学习文本摘要任务的 ROUGE 评估指标，并详细了解 ROUGE-N 和 ROUGE-L 这两个评估指标。我们还将了解 BERTSUM 模型的性能。在本章最后，我们将学习如何对 BERTSUM 模型进行训练。

本章重点如下。

- 文本摘要任务
- 为文本摘要任务微调 BERT 模型
- 使用 BERT 模型执行提取式摘要任务
- 使用 BERT 模型执行抽象式摘要任务
- 理解 ROUGE 评估指标
- BERTSUM 模型的性能
- 训练 BERTSUM 模型

6.1 文本摘要任务

文本摘要（text summarization）任务是将长文本转换为摘要的过程。假设有一篇来自维基百科的文章，我们并不想阅读整篇文章，只想阅读该文章的摘要。在这种情况下，获取维基百科的文章摘要将帮助我们了解文章的大意。文本摘要任务被广泛用于各种领域，比如获取长文档、新闻文章、博客文章的摘要等。在文本摘要任务中，我们的目标是将给定的长文本转换成摘要，如图 6-1 所示。

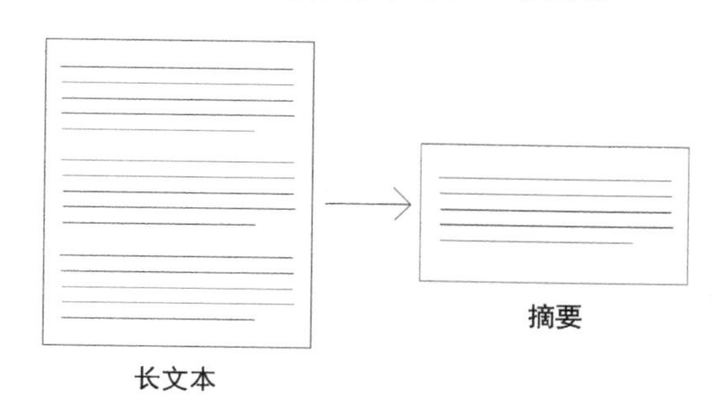

图 6-1　文本摘要任务

文本摘要任务有以下两种类型。

- 提取式摘要任务
- 抽象式摘要任务

现在，让我们详细了解一下这两种任务。

6.1.1 提取式摘要任务

在**提取式摘要任务**中，我们通过只提取文中重要的句子给文本创建一个摘要。

也就是说，假设有一个包含许多句子的长文档，通过提取文档中带有重要意思的句子来创建摘要。

让我们通过一个例子来理解提取式摘要任务，比如维基百科中的以下文本。

> Machine learning is the study of computer algorithms that improve automatically through experience. It is seen as a subset of artificial intelligence. Machine learning algorithms build a mathematical model based on sample data, known as training data, in order to make predictions or decisions without being explicitly programmed to do so. Machine learning algorithms are used in a wide variety of applications, such as email filtering and computer vision, where it is difficult or infeasible to develop conventional algorithms.

现在，通过提取式摘要任务，从给定文本中提取重要的句子。提取后的结果如下。

> Machine learning is the study of computer algorithms that improve automatically through experience. It is seen as a subset of artificial intelligence. Machine learning algorithms are used in a wide variety of applications, such as email filtering and computer vision, where it is difficult or infeasible to develop conventional algorithms.

如上所示，摘要只含有给定文本中具有主要意思的重要句子。

6.1.2 抽象式摘要任务

与提取式摘要任务不同，在**抽象式摘要任务**中，我们不会仅仅通过从给定文本中提取重要句子来创建摘要，而是通过转述给定文本来创建摘要。转述意味着使用不同的词来重新表达给定文本，以提供更清晰的信息。

让我们通过一个例子来理解抽象式摘要，该例和刚才举的文本例子一样。

> Machine learning is the study of computer algorithms that improve automatically through experience. It is seen as a subset of artificial intelligence. Machine learning algorithms build a mathematical model based on sample data, known as training data, in order to make predictions or decisions without being explicitly programmed to do so. Machine learning algorithms are used in a wide variety of applications, such as email filtering and computer vision, where it is difficult or infeasible to develop conventional algorithms.

现在，通过抽象式摘要任务，对给定文本进行转述来创建摘要，结果如下。

> Machine learning is a subset of artificial intelligence and it is widely used for creating a variety of applications such as email filtering and computer vision.

如上所示，摘要基本上是对给定文本的转述，只保留了文本的主要意思。

现在，我们已经了解了什么是提取式摘要任务和抽象式摘要任务。下面，我们将学习如何微调 BERT 模型以执行这两项任务。

6.2 为文本摘要任务微调 BERT 模型

在本节中，我们将了解如何微调 BERT 模型以用于文本摘要任务。首先，我们将学习如何对执行提取式摘要任务的 BERT 模型进行微调。然后，我们将了解如何对执行抽象式摘要任务的 BERT 模型进行微调。

6.2.1 使用 BERT 模型执行提取式摘要任务

为了执行提取式摘要任务，我们需要微调 BERT 模型输入数据的格式。在学习新数据格式之前，先让我们回顾一下如何将数据送入 BERT 模型。

假设有两个句子：Paris is a beautiful city 和 I love Paris。我们先对句子进行标记，即在第一句的开头添加一个`[CLS]`标记，在每句的结尾添加一个`[SEP]`标记。在将标记送入 BERT 模型之前，先将标记送入 3 个嵌入层，分别为标记嵌入层、分段嵌入层和位置嵌入层，并将其转换为嵌入。把所有的嵌入相加，输入 BERT 模型。BERT 模型的输入数据格式如图 6-2 所示。

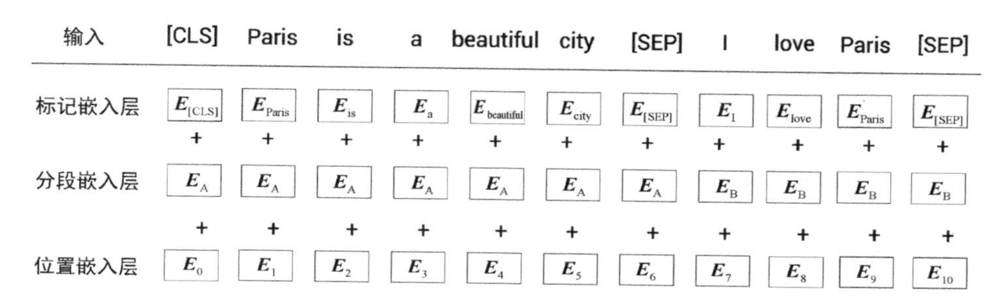

图 6-2 BERT 模型的输入数据格式

BERT 模型接受这些输入数据，然后输出每个标记的特征，如图 6-3 所示。

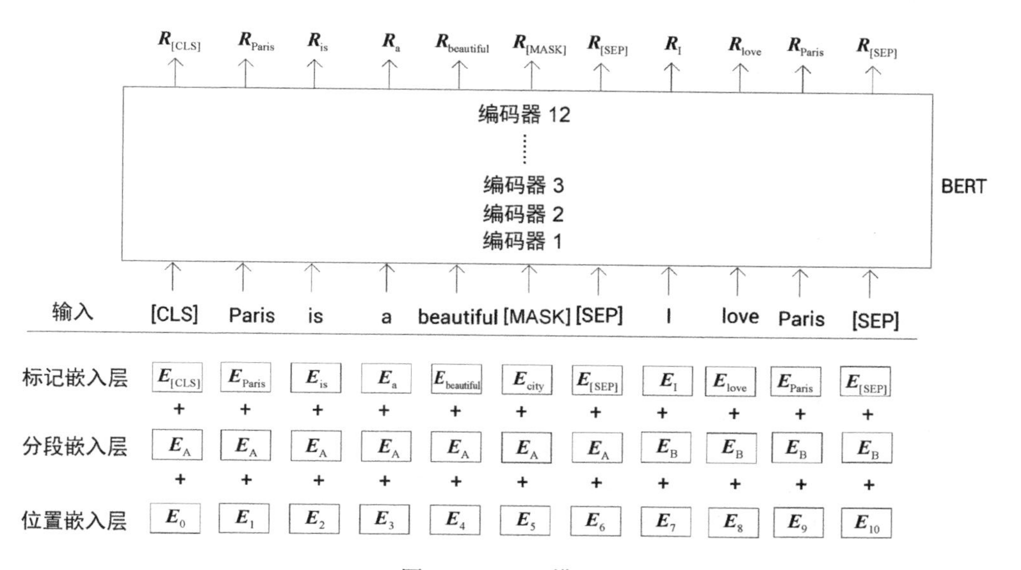

图 6-3 BERT 模型

那么如何将 BERT 模型应用于文本摘要任务？我们已知 BERT 模型会给出每个标记的特征，但我们并不需要每一个标记的特征，而是需要每个句子的特征。这背后的原理是什么呢?

我们知道在提取式摘要任务中只是选择重要的句子作为摘要，而且一个句子的特征可以表示该句子的含义。如果能够得到每个句子的特征，那么根据特征，就可以决定这个句子是否重要。如果重要，就把它添加到摘要中，否则将跳过这个句子。所以，我们使用 BERT 模型获得每个句子的特征，然后将特征输入分类器，让分类器告诉我们该句是否重要。

如何才能得到一个句子的特征呢？我们能否用`[CLS]`标记的特征作为句子的特征？答案是肯定的。但这里有一个小问题：我们只在第一句的开头添加`[CLS]`标记，但在文本摘要任务中，我们需要向 BERT 模型输入多个句子。所以，我们需要所有句子的特征。

因此，在这种情况下，我们需要修改 BERT 模型的输入数据格式。在每个句子的开头添加`[CLS]`标记，这样就可以使用该标记的特征作为每个句子的特征。

假设有 3 个句子：sent one、sent two 和 sent three。首先，对句子进行标记，在每个句子的开头添加`[CLS]`标记，并用`[SEP]`标记分隔每个句子。如下所示，我们在每个句子的开头添加了`[CLS]`标记，并在每个句子的结尾添加了`[SEP]`标记。

```
Input tokens = [ [CLS], sent, one, [SEP], [CLS], sent, two, [SEP], [CLS],
sent, three, [SEP] ]
```

接下来，将输入数据送入标记嵌入层、分段嵌入层和位置嵌入层，并将输入的标记转换为嵌入。标记嵌入层如图 6-4 所示。

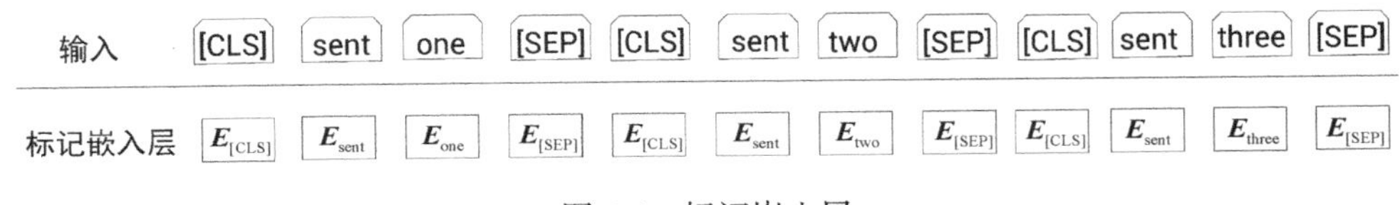

图 6-4 标记嵌入层

接下来是分段嵌入层。分段嵌入是用来区分两个句子的，它返回两个嵌入中的一个，即 $\boldsymbol{E}_A$ 或 $\boldsymbol{E}_B$。也就是说，如果输入标记属于句子 A，那么该标记将被映射到嵌入 $\boldsymbol{E}_A$；如果输入标记属于句子 B，那么该标记将被映射到嵌入 $\boldsymbol{E}_B$。但在文本摘要任务的设置中，我们向 BERT 模型输入了两个以上的句子，那么我们应该如何进行映射呢?

在这种情况下，可以使用区间段嵌入。区间段嵌入用于区分多个句子。通过区间段嵌入，将奇数索引对应的句子的标记映射到 $\boldsymbol{E}_A$，将偶数索引对应的句子的标记映

射到 E_B。假设有以下 4 个句子：

- 句子 1 的所有标记将被映射到 E_A；
- 句子 2 的所有标记将被映射到 E_B；
- 句子 3 的所有标记将被映射到 E_A；
- 句子 4 的所有标记将被映射到 E_B。

如图 6-5 所示，第一句的标记被映射到 E_A，第二句的标记被映射到 E_B，第三句的标记被映射到 E_A。

输入	[CLS]	sent	one	[SEP]	[CLS]	sent	two	[SEP]	[CLS]	sent	three	[SEP]
区间段嵌入	E_A	E_A	E_A	E_A	E_B	E_B	E_B	E_B	E_A	E_A	E_A	E_A

图 6-5　区间段嵌入

现在，我们来看位置嵌入层。位置嵌入层的工作方式与之前讲过的方式相同。位置嵌入层对输入中的每个标记的位置信息进行编码，如图 6-6 所示。

输入	[CLS]	sent	one	[SEP]	[CLS]	sent	two	[SEP]	[CLS]	sent	three	[SEP]
位置嵌入层	E_0	E_1	E_2	E_3	E_4	E_5	E_6	E_7	E_8	E_9	E_{10}	E_{11}

图 6-6　位置嵌入层

最终修改后的提取式摘要任务的输入数据格式，包括标记嵌入、区间段嵌入和位置嵌入，如图 6-7 所示。

输入	[CLS]	sent	one	[SEP]	[CLS]	sent	two	[SEP]	[CLS]	sent	three	[SEP]
标记嵌入	$E_{[CLS]}$	E_{sent}	E_{one}	$E_{[SEP]}$	$E_{[CLS]}$	E_{sent}	E_{two}	$E_{[SEP]}$	$E_{[CLS]}$	E_{sent}	E_{three}	$E_{[SEP]}$
	+	+	+	+	+	+	+	+	+	+	+	+
区间段嵌入	E_A	E_A	E_A	E_A	E_B	E_B	E_B	E_B	E_A	E_A	E_A	E_A
	+	+	+	+	+	+	+	+	+	+	+	+
位置嵌入	E_0	E_1	E_2	E_3	E_4	E_5	E_6	E_7	E_8	E_9	E_{10}	E_{11}

图 6-7　输入数据格式

现在，我们将修改过的输入数据送入 BERT 模型。如图 6-8 所示，BERT 模型接受了该输入，并输出了每个标记的特征。因为在每个句子的开头添加了`[CLS]`标记，所以可以使用`[CLS]`标记的特征作为句子的特征。在图 6-8 中，R_1 代表 sent one 的特征，R_2 代表 sent two 的特征，R_3 代表 sent three 的特征。我们将这种使用了新的输入数据格式的 BERT 模型称为 BERTSUM 模型。

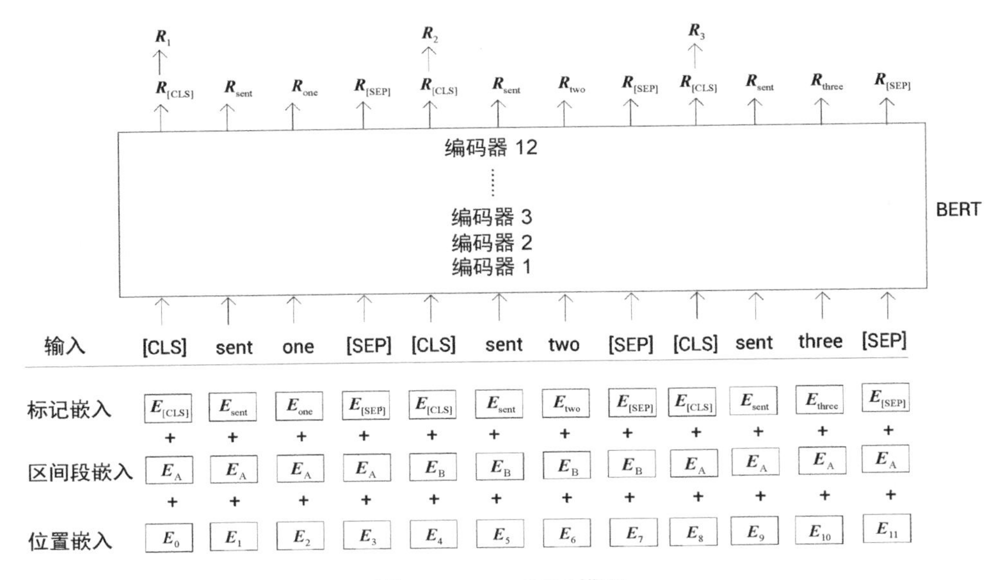

图 6-8 BERTSUM 模型

需要注意，为了获得句子的特征，我们不必从头开始训练 BERT 模型，而是可以使用任何预训练的 BERT 模型。我们只要按照前面所说的方式修改输入数据格式，就可以使用每个`[CLS]`标记的特征作为相应句子的特征。

现在，我们已经学会了如何使用预训练的 BERT 模型获得给定文本中每一句话的特征。下面，我们将探讨如何使用这些特征完成提取式摘要任务。

1. 使用分类器的 BERTSUM 模型

在提取式摘要任务中，只需从给定的文本中选择重要的句子就可以创建摘要。我们已经学习了如何获得给定文本中每个句子的特征。现在，把一个句子的特征送入一个简单的分类器，它会告诉我们这个句子是否重要。也就是说，分类器将返回输入的句子被加进摘要的概率。这一分类器层通常被称为**摘要层**，如图 6-9 所示。

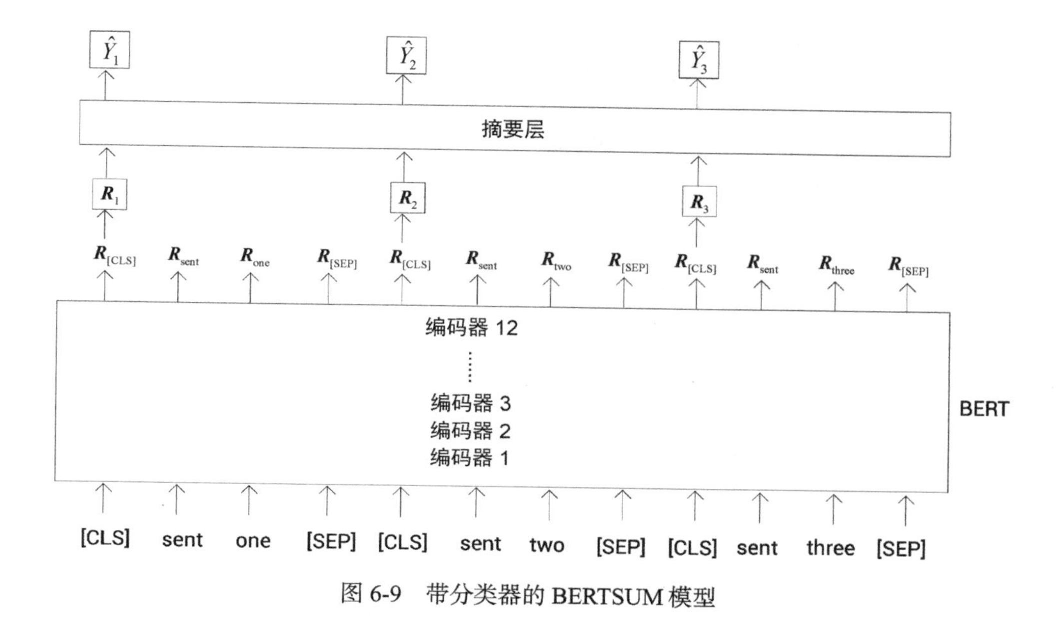

图 6-9 带分类器的 BERTSUM 模型

从图 6-9 中可以看到，我们把一个给定文本中的所有句子输入预训练的 BERT 模型，BERT 模型将返回每句话的特征，即 $\boldsymbol{R}_1,\boldsymbol{R}_2,\cdots,\boldsymbol{R}_i,\cdots,\boldsymbol{R}_n$。然后将句子的特征送入一个分类器（摘要层），分类器将返回句子被加进摘要的概率。

也就是说，对于文档中的每个句子 i，得到句子的特征 $\boldsymbol{R}_i$，将该特征送入摘要层，摘要层返回该句被加进摘要的概率 $\hat{Y}_i$。

$$\hat{Y}_i=\sigma\left(\boldsymbol{W}_o\boldsymbol{R}_i+\boldsymbol{b}_o\right)$$

从上面的公式中可以看到，我们使用的是一个简单的 sigmoid 分类器来求得概率 $\hat{Y}_i$，其结果在最初的迭代中会不准确。因此，我们将通过最小化预测概率 $\hat{Y}_i$ 与实际概率 Y_i 之间的二分类损失来对模型进行微调。我们可以同时对预训练的 BERT 模型与摘要层进行微调。

除了简单的 sigmoid 分类器，我们还可以尝试其他方法。

2. 使用 Transformer 和 LSTM 的 BERTSUM 模型

除了简单的 sigmoid 分类器，研究人员还提出了两种方法。

- 句间 Transformer
- LSTM

也就是说，从BERT模型获得的句子特征 $\boldsymbol{R}$，不是直接送入sigmoid分类器，而是先输入Transformer和LSTM以得到更准确的特征。

使用带句间Transformer的BERTSUM模型

我们将BERT模型的输出结果，即句子特征 $\boldsymbol{R}$，送入句间Transformer的编码器层。但为什么这么做呢？Transformer的编码器接受特征 $\boldsymbol{R}$ 后，会返回它的隐藏状态特征，该隐藏状态特征有助于学习摘要任务的文档级特征。让我们看一下具体步骤。

我们先快速回顾一下Transformer的编码器。Transformer由 L 个编码器组成。每个编码器由两个子层组成，即多头注意力层和前馈网络层。图6-10显示了两个编码器（编码器1展开了内部细节）。我们可以看到，编码器由两个子层组成，在将数据送入编码器之前，还将位置编码添加到输入中。顶层编码器将隐藏状态特征作为输出返回。

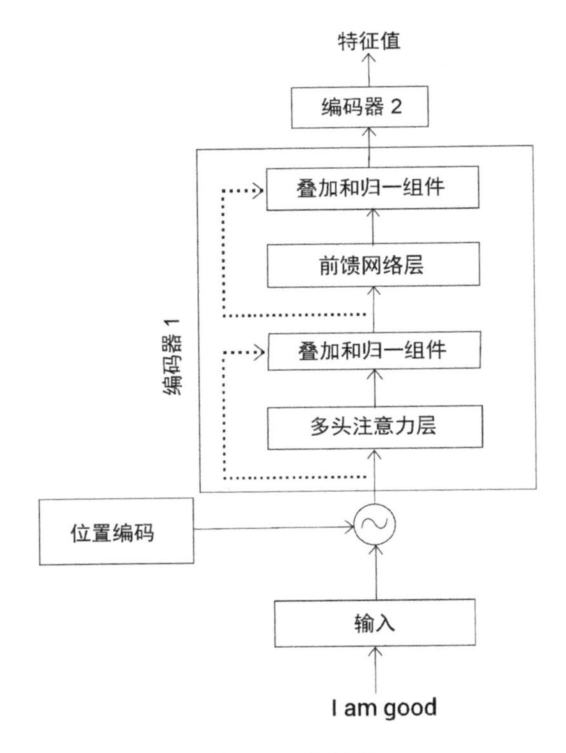

图6-10 编码器

下面，我们了解一下 Transformer 的编码器是如何起作用的。我们已知 Transformer 含有多个编码器，即 $(1,2,\cdots,l,\cdots,L)$。

我们用 l 表示编码器，用 $\boldsymbol{h}$ 来表示从编码器中得到的隐藏状态特征，那么 $\boldsymbol{h}^l$ 表示从编码器 l 获得的隐藏状态特征。

我们将从 BERT 模型获得的句子特征 $\boldsymbol{R}$ 送入编码器。在直接送入之前，先添加位置编码。输入特征 $\boldsymbol{R}$ 连同位置编码用 $\boldsymbol{h}^0$ 表示。

$$\boldsymbol{h}^0 = \text{PosEmb}(\boldsymbol{R})$$

在上面的公式中，PosEmb 表示位置嵌入。现在，我们将 $\boldsymbol{h}^0$ 送入编码器。已知每个编码器由两个子层组成，即一个多头注意力层和一个前馈网络层。对于编码器 l，子层的公式如下。

$$\tilde{\boldsymbol{h}}^l = \text{LN}\left(\boldsymbol{h}^{l-1} + \text{MHAtt}\left(\boldsymbol{h}^{l-1}\right)\right)$$
$$\boldsymbol{h}^l = \text{LN}\left(\tilde{\boldsymbol{h}}^l + \text{FNN}\left(\tilde{\boldsymbol{h}}^l\right)\right)$$

假设编码器 $l=1$，那么就有下面的公式。

$$\tilde{\boldsymbol{h}}^1 = \text{LN}\left(\boldsymbol{h}^0 + \text{MHAtt}\left(\boldsymbol{h}^0\right)\right)$$
$$\boldsymbol{h}^1 = \text{LN}\left(\tilde{\boldsymbol{h}}^1 + \text{FNN}\left(\tilde{\boldsymbol{h}}^1\right)\right)$$

在上述公式中，LN 代表层的归一化，MHAtt 代表多头注意力层，FNN 代表前馈网络层。

顶层编码器用 L 表示，从顶层编码器得到的隐藏状态特征则为 $\boldsymbol{h}^L$。将从顶层编码器返回的隐藏状态特征 $\boldsymbol{h}^L$ 送入 sigmoid 分类器，该分类器返回将该句加进摘要的概率。

$$\hat{Y}_i = \sigma\left(\boldsymbol{W}_o \boldsymbol{h}_i^L + \boldsymbol{b}_o\right)$$

简而言之，我们从 BERT 模型获得句子 i 的特征 $\boldsymbol{R}_i$，将其送入句间 Transformer 的编码器。编码器将特征 $\boldsymbol{R}_i$ 作为输入，并把顶层编码器获得的隐藏状态特征 $\boldsymbol{h}_i^L$ 作为输出。

接下来，将隐藏状态特征 $\boldsymbol{h}_i^L$ 送入 sigmoid 分类器，该分类器返回将该句加进摘要的概率。因此，我们不是直接使用来自 BERT 模型的特征 $\boldsymbol{R}_i$，而是使用由编码器处理后的 $\boldsymbol{h}_i^L$，如图 6-11 所示。

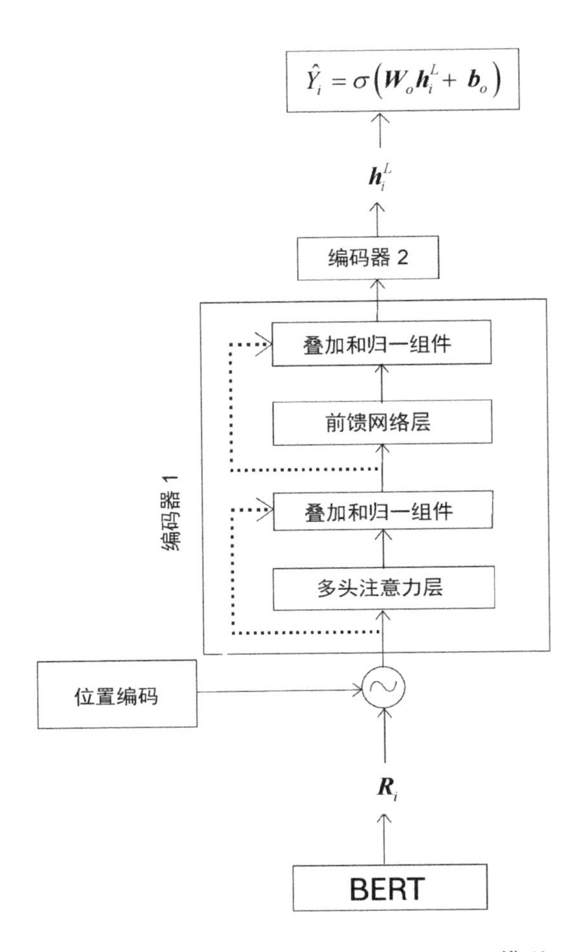

图 6-11 带句间 Transformer 的 BERTSUM 模型

现在，我们学会了如何使用带句间 Transformer 的 BERTSUM 模型。下面，让我们看看如何使用带 LSTM 的 BERTSUM 模型。

使用带 LSTM 的 BERTSUM 模型

我们把从 BERT 模型中得到的句子 i 的特征 $\boldsymbol{R}_i$ 送入 LSTM 单元，LSTM 单元输出隐藏状态特征 $\boldsymbol{h}_i$。然后，将隐藏状态特征 $\boldsymbol{h}_i$ 送入 sigmoid 分类器，该分类器返回该句被加进摘要的概率。

$$\hat{Y}_i = \sigma\left(\boldsymbol{W}_o \boldsymbol{h}_i + \boldsymbol{b}_o\right)$$

我们没有直接使用来自 BERT 模型的特征 $\boldsymbol{R}_i$，而是将其送入 LSTM 单元，得到隐藏状态特征，如图 6-12 所示。

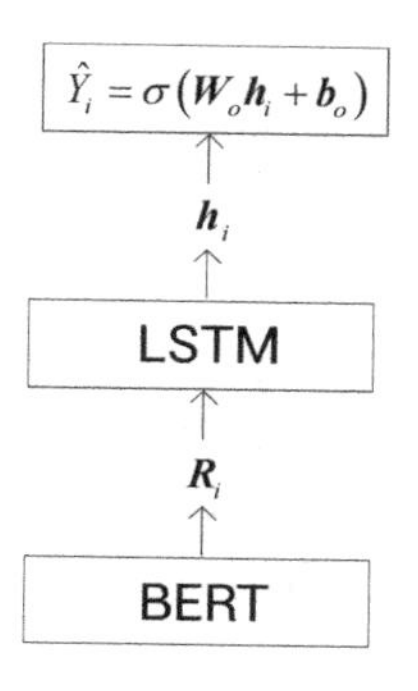

图 6-12 带 LSTM 的 BERTSUM 模型

现在，我们学会了通过以下 3 种方式使用 BERTSUM 模型。

- 使用带简单分类器的 BERTSUM 模型
- 使用带句间 Transformer 的 BERTSUM 模型
- 使用带 LSTM 的 BERTSUM 模型

我们还学习了如何为文本摘要任务微调预训练的 BERT 模型。我们可以对预训练的 BERT 模型与摘要层进行联合微调。比如，可以将预训练的 `bert-base-uncased` 模型与摘要层联合起来进行微调，以执行提取式摘要任务。我们可以使用 Adam 优化器，并设置学习率，如下所示。

$$lr = 2\mathrm{e}^{-3} \cdot \min\left(\text{step}^{-0.5},\ \text{step} \cdot \text{warmup}^{-1.5}\right)$$

在上面的公式中，$\text{warmup} = 10\ 000$。

下面，我们将学习如何用 BERT 模型执行抽象式摘要任务。

6.2.2 使用 BERT 模型执行抽象式摘要任务

抽象式摘要任务的目标是通过转述给定文本的内容来生成摘要。也就是说，在抽象式摘要任务中，我们使用带有给定文本重要含义的不同词语来重新表述给定文本的内容，从而得到摘要。但 BERT 模型只能返回标记的特征，如何能用 BERT 模型生成一个新文本呢？

为了执行抽象式摘要任务，我们使用编码器–解码器架构的 Transformer 模型。

我们将文本送入编码器，编码器将返回给定文本的特征。然后将该特征作为输入送入解码器，解码器基于该特征生成摘要。

我们学习了如何对 BERTSUM 模型进行微调，以及如何使用 BERTSUM 模型生成句子的特征。现在，在编码器–解码器架构的 Transformer 模型中，我们可以使用预训练的 BERTSUM 模型作为编码器。预训练的 BERTSUM 模型生成有意义的特征，解码器使用这些特征并学习如何生成摘要。

但这里有一个小问题。在 Transformer 模型中，编码器是一个预训练的 BERTSUM 模型，但解码器是随机初始化的，这将导致微调时出现差异。由于编码器已经经过预训练，它可能会过拟合，而解码器没有经过预训练，它可能会欠拟合。

为了解决这个问题，我们需要使用两个 Adam 优化器，分别用于编码器和解码器，并对二者使用不同的学习率。由于编码器已经经过预训练，因此我们为编码器设置了小的学习率和平滑衰减。编码器的学习率为 $lr_{\mathrm{e}} = \tilde{lr}_{\mathrm{e}} \cdot \min(\mathrm{step}^{-0.5}, \mathrm{step} \cdot \mathrm{warmup}_{\mathrm{e}}^{-1.5})$，其中 $\tilde{lr}_{\mathrm{e}} = 2\mathrm{e}^{-3}$， $\mathrm{warmup}_{\mathrm{e}} = 20\ 000$。

解码器的学习率设定如下：

$$lr_{\mathrm{d}} = \tilde{lr}_{\mathrm{d}} \cdot \min\left(\mathrm{step}^{-0.5}, \mathrm{step} \cdot \mathrm{warmup}_{\mathrm{d}}^{-1.5}\right)$$

其中， $\tilde{lr}_{\mathrm{d}} = 0.1$， $\mathrm{warmup}_{\mathrm{d}} = 10\ 000$。

执行抽象式摘要任务的过程如图 6-13 所示。

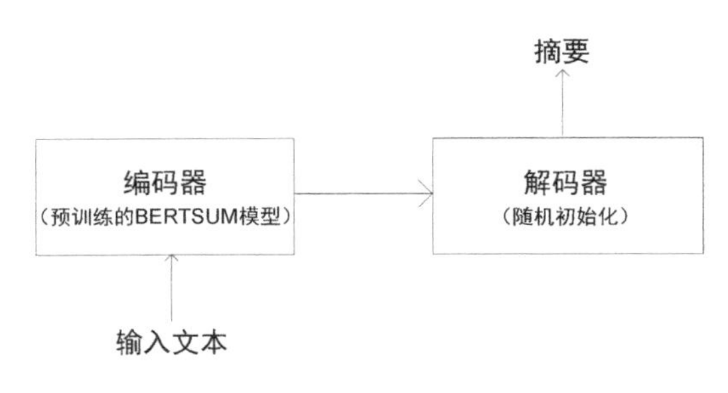

图 6-13 BERT 抽象式摘要任务

从图 6-13 中我们可以看到，预训练的 BERTSUM 模型作为编码器和随机初始化的解码器是如何执行抽象式摘要任务的。我们把这个模型称为 **BERTSUMABS 模型**（BERT for abstractive summarization，BERT 抽象式摘要模型）。

在本节中，我们学会了如何对 BERT 模型进行微调以完成提取式摘要任务和抽象式摘要任务。但如何衡量 BERTSUM 模型的表现呢？BERTSUM 模型实现文本摘要任务的准确性如何？我们将在 6.3 节探讨这些问题。

6.3 理解 ROUGE 评估指标

为了评估文本摘要任务，我们需要使用一套流行的评估指标，它就是 ROUGE（Recall-Oriented Understudy for Gisting Evaluation）。首先，我们将了解 ROUGE 评估指标的工作原理，然后看一下 BERTSUM 模型的 ROUGE 指标分数。

ROUGE 评估指标是在 Chin-Yew Lin 的论文“ROUGE: A Package for Automatic Evaluation of Summaries”中首次提出的，它包含 5 种评估指标。

- ROUGE-N 指标
- ROUGE-L 指标
- ROUGE-W 指标
- ROUGE-S 指标
- ROUGE-SU 指标

本书只讲解 ROUGE-N 指标和 ROUGE-L 指标。

6.3.1 理解 ROUGE-N 指标

ROUGE-N 指标（N 代表 *n*-gram）是指候选摘要（预测摘要）和参考摘要（实际摘要）之间的多元召回率。

召回率为候选摘要和参考摘要之间重叠的元词总数与参考摘要中的元词总数的比率。

$$\text{召回率} = \frac{\text{重叠的元词总数}}{\text{参考摘要中的元词总数}}$$

下面，让我们了解一下 ROUGE-1 指标和 ROUGE-2 指标。

1. ROUGE-1 指标

ROUGE-1 指标是指候选摘要（预测摘要）和参考摘要（实际摘要）之间的一元召回率。假设有以下候选摘要和参考摘要。

- **候选摘要**：Machine learning is seen as a subset of artificial intelligence。
- **参考摘要**：Machine Learning is a subset of artificial intelligence。

按以下方式计算 ROUGE-1 指标。

$$召回率 = \frac{重叠的单元词总数}{参考摘要中的单元词总数}$$

候选摘要和参考摘要中的单元词如下所示。

- **候选摘要单元词**：Machine、learning、is、seen、as、a、subset、of、artificial、intelligence。
- **参考摘要单元词**：Machine、Learning、is、a、subset、of、artificial、intelligence。

我们可以看到，候选摘要和参考摘要之间重叠的单元词总数为 8，参考摘要中的单元词总数也是 8。因此，召回率如下所示。

$$召回率 = 8/8 = 1$$

所以在本例中，ROUGE-1 指标分数为 1。接下来，我们看看如何计算 ROUGE-2 指标。

2. ROUGE-2 指标

ROUGE-2 指标是指候选摘要（预测摘要）和参考摘要（实际摘要）之间的二元召回率。假设我们使用刚才的例子。

- **候选摘要**：Machine learning is seen as a subset of artificial intelligence。
- **参考摘要**：Machine Learning is a subset of artificial intelligence。

按以下方式计算 ROUGE-2 指标。

$$召回率 = \frac{重叠的双元词总数}{参考摘要中的双元词总数}$$

候选摘要和参考摘要中的双元词如下所示。

- **候选摘要双元词**：(machine learning)、(learning is)、**(is seen)**、**(seen as)**、**(as a)**、(a subset)、(subset of)、(of artificial)、(artificial intelligence)。
- **参考摘要双元词**：(machine learning)、(learning is)、(is a)、(a subset)、(subset of)、(of artificial)、(artificial intelligence)。

我们可以看到，候选摘要和参考摘要之间重叠的双元词总数为 6，参考摘要中的双元词总数为 7。因此，召回率如下所示。

$$召回率 = 6/7 \approx 0.86$$

这样，ROUGE-2 指标的得分是 0.86。以此类推，我们可以计算 ROUGE-N 指标的得分。现在，我们已经了解了 ROUGE-N 指标的计算方式。下面，我们来了解 ROUGE-L 指标的工作原理。

6.3.2 理解 ROUGE-L 指标

ROUGE-L 指标基于**最长公共子序列**（longest common subsequence，LCS）。两个序列之间的 LCS 是长度最大的相同子序列。如果候选摘要和参考摘要之间有一个 LCS，那么可以说候选摘要匹配了参考摘要。

ROUGE-L 指标是使用 F 值计算的。在了解 F 值之前，让我们先看看 ROUGE-L 指标的召回率和准确率是如何计算的。

召回率 R_{lcs} 是候选摘要和参考摘要之间的 LCS 与参考摘要总字数的比率，如下所示。

$$R_{\text{lcs}} = \frac{\text{LCS (候选摘要, 参考摘要)}}{\text{参考摘要总字数}}$$

准确率 P_{lcs} 是候选摘要和参考摘要之间的 LCS 与候选摘要总字数的比率，如下所示。

$$P_{\text{lcs}} = \frac{\text{LCS (候选摘要, 参考摘要)}}{\text{候选摘要总字数}}$$

F 值的计算方法如下。

$$F_{\text{lcs}} = \frac{\left(1+b^2\right) R_{\text{lcs}} P_{\text{lcs}}}{R_{\text{lcs}} + b^2 P_{\text{lcs}}}$$

在上面的公式中，b 用于控制准确率和召回率之间的比重。F 值就是 ROUGE-L 指标分数。

现在，我们学会了如何计算 ROUGE-N 指标和 ROUGE-L 指标的分数，那么 BERTSUM 模型的 ROUGE 指标分数是多少呢？我们将在 6.4 节中进行计算。

6.4 BERTSUM模型的性能

BERTSUM模型的研究人员使用的是CNN/DailyMail的新闻数据集。CNN/DailyMail的数据集由新闻文章和文章摘要组成。我们将CNN/DailyMail的新闻数据集分成训练集和测试集。我们使用训练集来训练模型，使用测试集进行评估。

图6-14显示了使用分类器、Transformer和LSTM的BERTSUM模型执行提取式摘要任务的ROUGE指标分数。我们可以看到，使用Transformer时，BERTSUM模型的性能最好。

BERTSUM模型	ROUGE-1	ROUGE-2	ROUGE-L
使用分类器	43.23	20.22	39.60
使用Transformer	43.25	20.24	39.63
使用LSTM	43.22	20.17	39.59

图6-14 使用BERTSUM模型执行提取式摘要任务的ROUGE指标分数

图6-15显示了使用BERTSUMABS模型执行抽象式摘要任务的ROUGE指标分数。

模型	ROUGE-1	ROUGE-2	ROUGE-L
BERTSUMABS	41.72	19.39	38.76

图6-15 使用BERTSUMABS模型执行抽象式摘要任务的ROUGE指标分数

现在，我们已经学会了如何对BERT模型进行微调以完成提取式摘要任务和抽象式摘要任务。在6.5节中，我们将了解如何训练BERTSUM模型。

6.5 训练BERTSUM模型

研究人员公开了训练BERTSUM模型的代码，你可以从GitHub上获得。在本节中，我们将学习如何训练BERTSUM模型。假设BERTSUM模型将在CNN/DailyMail新闻数据集上训练。完整代码请从本书的GitHub资源库中获取。为了确保代码可运行，请将代码复制到 Google Colab 中运行。

首先，让我们安装必要的库。

```
!pip install pytorch-pre-trained-bert
!pip install torch==1.1.0 pytorch_Transformers tensorboardX multiprocess
pyrouge
!pip install googleDriveFileDownloader
```

如果使用 Google Colab，就可以用以下代码切换到 content 目录。

```
cd /content/
```

复制 BERTSUM 模型资源库到本地。

```
!git clone https://github.com/nlpyang/BertSum.git
```

切换到 bert_data 目录。

```
cd /content/BertSum/bert_data/
```

研究人员还提供了预处理的 CNN/DailyMail 新闻数据集。解压缩下载的数据集。

```
!unzip /content/BertSum/bert_data/bertsum_data.zip
```

切换到 src 目录。

```
cd /content/BertSum/src
```

现在，我们开始训练 BERTSUM 模型。在下面的代码中，`-encoder classifier` 参数表示我们在训练使用分类器的 BERTSUM 模型。

```
!python train.py -mode train -encoder classifier -dropout 0.1 -
bert_data_path ../bert_data/cnndm -model_path ../models/bert_clas
sifier -lr 2e-3 -visible_gpus 0 -gpu_ranks 0 -world_size 1 -report_every 50
-save_checkpoint_steps 1000 -batch_size 3000 -decay_method noam -
train_steps 50 -accum_count 2 -log_file ../logs/bert_classifier -
use_interval true -warmup_steps 10000
```

在训练期间，我们可以看到 ROUGE 指标分数在每个轮次[①]中的变化。

① 当轮次或训练轮次（epoch）设为 1 时，表示所有训练集数据都经过 1 次训练。轮次与迭代不同。有关迭代的解释请参阅本书第 57 页的脚注。——译者注

6.6 小结

在本章中，我们首先了解了什么是文本摘要，并学习了两种类型的文本摘要任务，即提取式摘要任务和抽象式摘要任务。在提取式摘要任务中，只需提取重要的句子，就能为给定文本创建摘要。与提取式摘要任务不同，抽象式摘要任务则通过转述给定文本来生成摘要。

然后，我们学习了如何对 BERT 模型进行微调以执行文本摘要任务。我们了解了 BERTSUM 模型的工作原理以及它是如何应用于文本摘要任务的。之后，我们学习了如何将 BERTSUM 模型与分类器、Transformer 以及 LSTM 结合在一起用于提取式摘要任务。

我们还学会了如何使用 BERTSUM 模型执行抽象式摘要任务。对于抽象式摘要任务，由于 Transformer 使用了预训练的 BERTSUM 模型作为编码器，而解码器是随机初始化的，因此我们还学习了如何为编码器和解码器使用不同的学习率。

接着，我们了解了如何用 ROUGE 指标来评估模型。ROUGE-N 指标是候选摘要（预测摘要）和参考摘要（实际摘要）之间的多元召回率，而 ROUGE-L 指标则基于最长公共子序列。两个序列之间的最长公共子序列是长度最大的相同子序列。

最后，我们学习了如何训练 BERTSUM 模型。在第 7 章中，我们将学习如何使用多语言 BERT 模型。

6.7 习题

让我们检验一下自己是否已经掌握了本章介绍的知识。请尝试回答以下问题。

(1) 提取式摘要任务和抽象式摘要任务之间有什么区别？
(2) 什么是区间段嵌入？
(3) 如何用 BERT 模型执行抽象式摘要任务？
(4) 什么是 ROUGE 指标？
(5) 什么是 ROUGE-N 指标？
(6) 什么是 ROUGE-N 指标中的召回率？
(7) 什么是 ROUGE-L 指标？

6.8 深入阅读

想要了解更多内容，请查阅以下资料。

- Yang Liu 撰写的论文 “Fine-tune BERT for Extractive Summarization”。
- Yang Liu 和 Mirella Lapata 撰写的论文 “Text Summarization with Pre-trained Encoders”。
- Chin-Yew Lin 撰写的论文 “ROUGE：A Package for Automatic Evaluation of Summaries”。

第 7 章

将 BERT 模型应用于其他语言

在前面的章节中，我们了解了 BERT 模型的工作原理，还探讨了不同的 BERT 变体。但是到目前为止，我们只学习了应用于英语这门语言的 BERT 模型。我们是否也可以将 BERT 模型应用于其他语言？答案是肯定的。本章将使用**多语言 BERT**（multilingual BERT，M-BERT）模型来计算除英语以外的不同语言的特征。在本章的开始，我们先了解 M-BERT 模型的工作原理和用法。

接着，我们将详细了解 M-BERT 模型是如何支持多语言的。然后，我们将学习 XLM 模型。XLM 模型表示跨语言模型，可用于获得跨语言的特征。我们将详细了解 XLM 模型的工作原理和它与 M-BERT 模型的区别。

我们还将学习 XLM-R 模型，也就是 XLM-RoBERTa 模型。XLM-R 模型是先进的跨语言模型。我们将了解 XLM-R 模型的工作原理和它与 XLM 模型的区别。

本章的最后将展示一些预训练的单语言 BERT 模型，这些语言包括法语、西班牙语、荷兰语、德语、汉语、日语、芬兰语、意大利语、葡萄牙语和俄语。

本章重点如下。

- 理解多语言 BERT 模型
- M-BERT 模型的多语言表现
- 跨语言模型
- 理解 XLM-R 模型
- 特定语言的 BERT 模型

7.1 理解多语言 BERT 模型

BERT 模型只为英语文本提供特征。假设输入文本为其他语言，比如法语，那么我们如何使用 BERT 模型来获得法语文本的特征呢？答案是 M-BERT 模型。

M-BERT 模型可以获得不同语言的文本特征。已知，BERT 模型是通过基于英语维基百科文本和多伦多图书语料库的掩码语言模型构建任务和下句预测任务来训练的。与 BERT 模型类似，M-BERT 模型也是用掩码语言模型构建任务和下句预测任务进行训练的，但是 M-BERT 模型不是仅仅使用英语的维基百科文本，而是使用 104 种语言的维基百科文本进行训练。

但问题是，一些语言的维基百科文本的内容会比其他语言多。比如与斯瓦希里语等小语种相比，英语等流行语言的维基百科的文本量会大很多。如果用这个数据集训练模型，那么将导致过拟合的问题。为了避免过拟合，我们将使用采样方法。我们对大语种采用欠采样，而对小语种采用过采样。

由于 M-BERT 模型是使用 104 种语言的维基百科文本进行训练的，因此它可以学习不同语言的一般句法结构。M-BERT 模型使用涵盖了 104 种语言的 WordPiece 共享词表，其中有 11 万个词元。

M-BERT 模型可以理解不同语言的上下文，且不需要任何配对或对齐语言的训练数据。需要注意的是，我们没有用任何跨语言的目标来训练 M-BERT 模型，它的训练方式与训练 BERT 模型的方式相同。M-BERT 模型生成特征的方法可以在多种语言之间通用，并应用于下游任务。

预训练的 M-BERT 模型已由谷歌公开，可以从 GitHub 上下载。下面是谷歌提供的预训练的 M-BERT 模型的各种配置。

- 多语言区分大小写的 BERT-base 模型。
- 多语言不区分大小写的 BERT-base 模型。

以上两个模型分别由 12 层编码器、12 个注意力头和 768 个隐藏神经元组成，且分别有 1.1 亿个参数。

预训练的 M-BERT 模型也与 Hugging Face 的 Transformers 库兼容，所以我们可以调用 Transformers 库来使用它，这与使用 BERT 模型的方式完全相同。现在，让我们看看如何使用预训练的 M-BERT 模型并获得句子特征。

首先，导入必要的库模块。

```
from transformers import BertTokenizer, BertModel
```

下载并加载预训练的 M-BERT 模型。

```
model = BertModel.from_pretrained('bert-base-multilingual-cased')
```

下载并加载预训练的 M-BERT 模型的词元分析器。

```
tokenizer = BertTokenizer.from_pretrained('bert-base-multilingual-cased')
```

设定输入句子。这里使用一个法语句子作为输入。

```
sentence = "C'est une si belle journée"
```

将该句分词并获得标记。

```
inputs = tokenizer(sentence, return_tensors="pt")
```

将标记送入模型并得到特征。

```
hidden_rep, cls_head = model(**inputs)
```

`hidden_rep` 包含句子中所有标记的特征，而 `cls_head` 包含`[CLS]`标记的特征，它持有这句话的总特征。以这种方式，可以用与其他 BERT 模型相同的方式来使用预训练的 M-BERT 模型。在了解了 M-BERT 模型的工作原理后，我们将对其进行评估。

在自然语言推理任务上评估 M-BERT 模型

我们通过为**自然语言推理**（natural language inference，NLI）任务对 M-BERT 模型进行微调来评估 M-BERT 模型。我们已知在自然语言推理任务中，模型的目标是在一个给定前提下，确定一个假设是必然的（真）、矛盾的（假），还是未定的（中性）。所以，我们将一个句子对（前提–假设对）送入模型，它将对该句子对进行分类，即句子对是真、是假，还是中性。

对于自然语言推理任务，一般使用**斯坦福自然语言推理**（Stanford Natural Language Inference，SNLI）数据集。但是，由于这里需要评估 M-BERT 模型，因此我们使用不同的数据集，即基于 MultiNLI 数据集的**跨语言 NLI**（cross-lingual natural language inference，XNLI）数据集。首先，让我们看一下 MultiNLI 数据集。

MultiNLI 是 Multi-Genre Natural Language Inference（多类型自然语言推理）的缩写，这是一个类似于 SNLI 的语料库。它由各种类型的前提–假设对组成。图 7-1 是 MultiNLI 数据集的一个样本。我们可以看到，其中有类型、前提–假设对和相应的标签。

类型	前提	假设	标签
信件	你会把你的梦想加到我们的梦想之中吗？	你愿意帮助我们建立全国最好的学校吗？	中性
911	关于救援工作，见FDNY报告，部门主管Anthony L. Fusco报告，载于Manning, ed.	部门主管Anthony L. Fusco撰写了一份关于救援工作的报告	真
小说	西班牙的夜间突袭发生在布里奇敦	从未发生过对布里奇敦的袭击	假
旅行	就在马莱肯后面的几个街区，有越来越多的具有城市特色且独具一格的俱乐部	俱乐部正在增长，但增长得没有去年那么快	中性
报告	严重犯罪减少，但谋杀案增加	谋杀案有所增加	真

图 7-1　MultiNLI 数据集的样本

现在，让我们看看 XNLI 数据集。XNLI 数据集是对 MultiNLI 数据集的扩展。XNLI 训练集由 MultiNLI 语料库中的 43.3 万个英语句子对（前提–假设对）组成，它使用了 7500 个句子对创建测试集，且这 7500 个句子对（前提–假设对）被翻译成 15 种语言。所以，测试集包括 15 种语言的 7500 × 15 = 112 500 个句子对。也就是说，在 XNLI 数据集中，训练集由 43.3 万个英语句子对组成，而测试集由 15 种语言的 112 500 个句子对组成。

训练集：43.3 万个英语句子对。

测试集：15 种语言的 112 500 个句子对。

图 7-2 显示了 XNLI 数据集中的一些数据。

语言	类型	前提	假设	标签
英语	旅行	Kuala Perlis, south of Kangar, is the departure point for the less than an hour's ferry journey to Langkawi.	Kuala Perlis was 17 miles south.	中性
瑞典语	面对面对话	Sikujua nini nilichoendea au kitu chochote, hivyo ilikuwa na ni ripoti mahali paliopangwa huko Washington.	Sikuwa na hakika kabisa nilichokuwa nikienda kufanya hivyo nilikwenda Washington ambako nilipewa kazi ya kuripoti.	真
汉语	面对面对话	很高兴和你聊天	我每天都跟你说话	中性

图 7-2　XNLI 数据集的样本

现在，我们了解了 XNLI 数据集。让我们看看如何使用 XNLI 数据集评估 M-BERT 模型。为了评估 M-BERT 模型，我们在多种设置下使用 XNLI 数据集为执行自然语言推理任务的 M-BERT 模型进行微调。让我们逐一看看。

1. 零数据学习

这种方法使用英语训练集为自然语言推理任务微调 M-BERT 模型，然后在测试集的每种语言上评估 M-BERT 模型。这种方法之所以被称为“零数据”学习，是因为 M-BERT 模型只对英语进行了微调，但在测试集中存在其他语言，这将有助于了解 M-BERT 模型的跨语言能力。评估步骤如下。

微调：在英语训练集上。

评估：在测试集的所有语言上。

2. TRANSLATE-TEST

由于测试集含有不同语言的句子对，因此我们可以把它们全部翻译成英语再测试。也就是说，测试集由翻译成英语后的句子对组成。和前面一样，我们在英语训练集上对 M-BERT 模型进行微调，并在翻译后的测试集上对其进行评估。通过这种方法，训练集不变，但测试集的句子对被翻译成英语。评估步骤如下。

微调：在英语训练集上。

评估：在翻译成英语的测试集上。

3. TRANSLATE-TRAIN

我们已知训练集由英语句子对组成，而这种方法是将训练集从英语翻译成一种不同的语言。也就是说，训练集由翻译后的句子对组成。在这个翻译后的训练集上对 M-BERT 模型进行微调，并在测试集的所有语言上评估该模型。所以，在这种方法中，训练集被翻译成一种不同的语言，而测试集保持不变。评估步骤如下。

微调：在英语被翻译成一种其他语言的训练集上。

评估：在测试集的所有语言上。

4. TRANSLATE-TRAIN-ALL

这种方法与 TRANSLATE-TRAIN 类似，但不同的是它是将训练集从英语翻译成所有不同的语言。也就是说，训练集由翻译后的句子对组成。在这个翻译的训练集上对 M-BERT 模型进行微调，并在测试集的所有语言上进行评估。因此，在这种方法中，训练集被翻译成所有不同的语言，但测试集不变。评估步骤如下。

微调：在英语被翻译成所有不同语言的训练集上。

评估：在测试集的所有语言上。

我们在以上不同的设置中使用 XNLI 数据集对 M-BERT 模型进行微调，以评估其执行自然语言推理任务的表现。图 7-3 显示了该模型在 6 种语言中的得分。

模型	设置	英语	汉语	西班牙语	德语	阿拉伯语	乌尔都语
BERT-cased	TRANSLATE-TRAIN	81.9	76.6	77.8	75.9	70.7	61.6
BERT-uncased	TRANSLATE-TRAIN	81.4	74.2	77.3	75.2	70.5	61.7
BERT-uncased	TRANSLATE-TEST	81.4	70.1	74.9	74.4	70.4	62.1
BERT-uncased	零数据学习	81.4	74.3	74.3	70.3	60.1	58.3

图 7-3　对 M-BERT 模型的评估结果

通过上图显示的评估结果可知，M-BERT 模型在所有的设置中表现良好，包括零数据学习设置，即模型只在英语中训练，在所有其他语言中进行评估的方法。

但问题是，在没有任何专门的跨语言训练和配对训练集的情况下，M-BERT 模型是如何学习跨语言的特征的？M-BERT 模型是如何能够进行零数据知识迁移的？M-BERT 模型的多语言表现如何？我们将在 7.2 节中找到这些问题的答案。

7.2 M-BERT模型的多语言表现

我们已经知道M-BERT模型的训练集是104种语言的维基百科文本。我们学习了在XNLI数据集上微调M-BERT模型，并对其进行了评估。但单一的模型是如何实现跨语言的知识迁移的？为了理解这一点，让我们详细地分析一下M-BERT模型的多语言能力。

7.2.1 词汇重叠的影响

M-BERT模型是在104种语言的维基百科文本上训练出来的，它包含一个由11万个标记组成的共享词表。在本节中，我们来研究一下M-BERT模型的多语言知识迁移是否取决于词汇的重叠度。

M-BERT模型擅长无数据迁移，也就是说，我们可以在一种语言中对M-BERT模型进行微调，并将微调后的M-BERT模型用于其他语言。比如，有一个自然语言处理任务是为英语的命名实体识别任务微调 M-BERT 模型，然后把这个经过微调的M-BERT模型应用于其他语言，比如德语。但M-BERT模型是如何进行零数据知识迁移的？这是由于英语（微调语言）和德语（测试语言）的词汇重叠造成的吗？让我们看一下细节。

如果零数据知识迁移是由于词汇重叠造成的，那么我们可以说，M-BERT模型的零数据迁移的准确性依赖于词汇重叠度高的语言。让我们进行一个小实验，看看零数据迁移是否是由于词汇的重叠造成的。

假设我们在执行一个自然语言处理任务，要对M-BERT模型在一个语言上进行微调，再用不同的语言对其进行评估。$\boldsymbol{E}_{\text{train}}$表示在微调语言中的WordPiece标记，$\boldsymbol{E}_{\text{eval}}$表示测试语言中的 WordPiece 标记。然后，计算微调语言和测试语言之间重合的WordPiece标记，公式如下所示。

$$\text{overlap}=\frac{\left|\boldsymbol{E}_{\text{train}}\cap\boldsymbol{E}_{\text{eval}}\right|}{\left|\boldsymbol{E}_{\text{train}}\cup\boldsymbol{E}_{\text{eval}}\right|}$$

我们假设命名实体识别任务的数据集有16种语言。首先，使用M-BERT模型针对一种语言的自然语言处理任务进行微调，然后在另一种语言中测试微调后的模型，获得F1分数。这个分数被称为零数据学习F1分数。我们来计算16种语言中每个语言对之间的零数据学习F1分数。

图 7-4 显示了每个语言对之间的零数据学习 F1 分数与平均词汇重叠度的关系。可以看到，零数据学习 F1 分数与词汇重叠无关，也就是说，即使在词汇重叠度较低的情况下，也有很高的零数据学习 F1 分数。

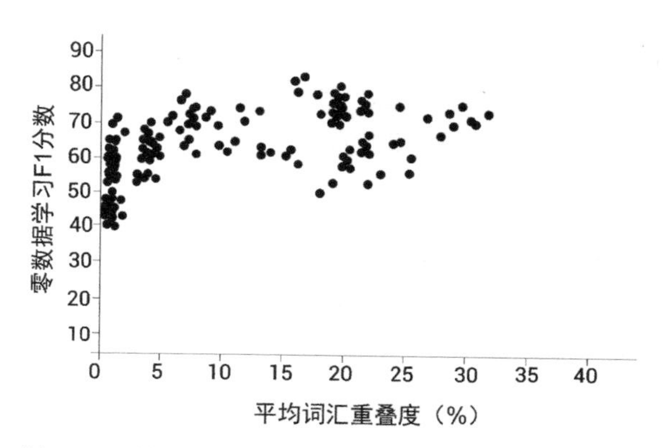

图 7-4 零数据学习 F1 分数与平均词汇重叠度的关系

我们可以得出结论，M-BERT 模型中的零数据知识迁移不依赖于词汇的重叠。也就是说，词汇重叠对 M-BERT 模型中的零数据知识迁移没有影响。因此，M-BERT 模型能够很好地迁移到其他语言中，这表明它学习多语言特征的程度比单纯词汇记忆高。

7.2.2 跨文本书写的通用性

在本节中，我们将研究 M-BERT 模型是否可以应用于有着不同书写方式的语言。让我们进行一个小实验。假设我们正在执行一个词性标记任务。首先，针对乌尔都语的词性标记任务对 M-BERT 模型进行微调。然后，在不同的语言中测试微调的 M-BERT 模型，比如在印地语中。下面是一个例子（句子的大意是“你叫什么名字？”）。

乌尔都语： آپ کا نام کیا ہے

印地语： आपका नाम क्या है

从这个例子可以看到，乌尔都语和印地语有着不同的书写文字。但令人惊讶的是，针对乌尔都语文本的词性标记任务进行微调的 M-BERT 模型在印地语文本上也达到了 91.1%的准确率，这表明 M-BERT 模型将乌尔都语注释映射到印地语的词汇上了。这一例子帮助我们理解了 M-BERT 模型可以应用在不同的文字中。

不过，M-BERT 模型在如英语-日语等语言对的文本中并不具有很好的通用性。这主要是由于类型相似度的影响。我们将在 7.2.3 节中探讨类型相似度的问题。至此，我们可以得出结论，对于某些语言对的文本，M-BERT 模型具有良好的通用性。

7.2.3 跨类型特征的通用性

在本节中，我们将探讨 M-BERT 模型在各类型特征中的通用性如何。我们对执行英语词性标记任务的 M-BERT 模型进行微调，并在日语中测试微调后的模型。在这种情况下，准确率会较低，因为英语和日语的主语、谓语和宾语的顺序不同。但是，如果在保加利亚语上测试微调后的 M-BERT 模型，那么准确率就会较高，这是因为英语和保加利亚语的主语、谓语和宾语的顺序是相同的。所以，词序对于多语言知识的迁移很重要。

图 7-5 显示了使用 M-BERT 模型执行词性标记任务的准确率。行代表微调语言，列代表测试语言。我们可以看到，在英语上进行微调、在保加利亚语上进行测试的模型的准确率为 87.1%，而在英语上进行微调、在日语上进行测试的模型的准确率仅为 49.4%。

		测试语言		
		英语	保加利亚语	日语
微调语言	英语	96.8%	87.1%	49.4%
	保加利亚语	82.2%	98.9%	51.6%
	日语	57.4%	67.2%	96.5%

图 7-5 M-BERT 模型在词性标记任务上的准确率

可以看到，M-BERT 模型中的零数据知识迁移在具有相同词序的语言中比在具有不同词序的语言中效果好。因此，我们可以得出结论，M-BERT 模型的通用性取决于语言之间的类型相似度，这表明 M-BERT 模型并没有系统地学习到如何在不同语言之间转换。

7.2.4 语言相似性的影响

在本节中，我们将探讨语言的相似性是如何影响 M-BERT 模型中的零数据知识迁移的。根据观察，当微调语言和测试语言之间的语言结构相似时，M-BERT 模型在零数据知识迁移方面表现得更好。让我们通过一个例子来理解这其中的原理。**世界语言结构图谱**（World Atlas of Language Structures，WALS）是一个大型数据库，它包括语言的结构属性，如语法、词汇和语音属性。

让我们绘制零数据知识迁移准确率与微调语言/测试语言之间共同的 WALS 特征数量的关系图。从图 7-6 中可以看到，在微调语言和测试语言之间，当共同的 WALS 特征数量较多时，零数据知识迁移准确率较高；当共同的 WALS 特征数量较少时，零数据知识迁移准确率较低。

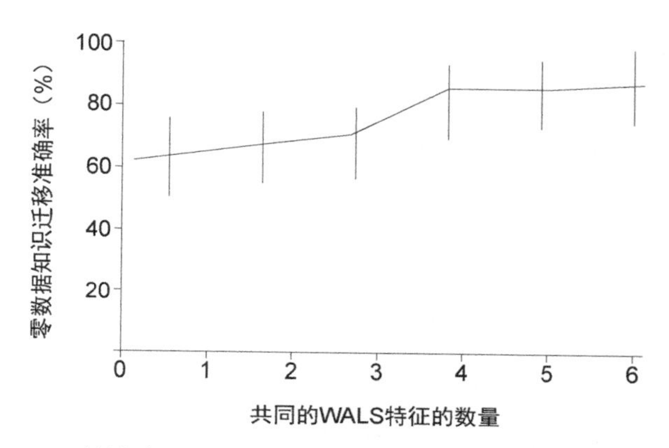

图 7-6 零数据知识迁移准确率与共同的 WALS 特征数量的关系

因此，可以得出结论，M-BERT 模型在具有类似语言结构的语言中有较好的通用性。

7.2.5 语码混用和音译的影响

在本节中，我们将探讨 M-BERT 模型是如何处理语码混用和音译的影响的。

首先，我们了解一下什么是语码混用和音译。

1. 语码混用

在对话中混合使用或交替使用不同的语言被称为语码混用。请看下面这个英语句子。

"Nowadays, I'm a little busy with work."

现在，我们不用全英文说这句话，而是在中间加一些印地语词汇，如下所示。

"आजकल I'm थोड़ा busy with work."

从上面的句子可以看到，nowadays 和 a little 用的是印地语，这就是一个语码混用文本。

2. 音译

在音译中，我们不是用源语言文字来书写文本，而是使用目标语言文字。我们用前面所举的语码混用文本的例子来理解音译。

"आजकल I'm थोड़ा busy with work."

现在，我们不用印地语和英语写前面的句子，而是用英语写印地语单词。也就是说，我们用英语中的发音方式写印地语单词，如下所示。

"Aajkal I'm thoda busy with work."

以上就是语码混用和音译的示例。在了解了什么是语码混用和音译后，让我们看看 M-BERT 模型是如何处理它们的。

3. 基于语码混用和音译的 M-BERT 模型

让我们通过一个例子来了解 M-BERT 模型在语码混用和音译文本中的表现。我们将使用语码混用的印地语/英语 UD 语料库。该数据集由两种格式的文本组成。

- 音译：印地语文本是用拉丁文写的，比如例句"Aajkal I'm thoda busy with work."。
- 语码混用：来自拉丁文的印地语文本被混用，并改写为天城体，比如例句"आजकल I'm थोड़ा busy with work."。

首先，让我们看一下 M-BERT 模型是如何处理音译的。我们分别在音译的印地语/英语语料库和单语言的印地语、英语语料库上对针对词性标记任务的 M-BERT 模型进行微调。我们先直接在音译语料库上进行微调，看看当在单语言的印地语、英语语料库上对 M-BERT 模型进行微调时，准确率有什么变化。如图 7-7 所示，当我们直接在音译语料库上微调 M-BERT 模型时，准确率为 85.64%，但在单语言语料库上微调时，准确率大幅降低，为 50.41%。因此，可以推断 M-BERT 模型无法处理音译文本。

语料库	准确率
音译	85.64%
单语言	50.41%

图 7-7 M-BERT 模型在音译文本上针对词性标记任务微调的准确率

现在，让我们看看 M-BERT 模型是如何处理语码混用的。我们在语码混用的印地语/英语语料库和单语言印地语、英语语料库上对 M-BERT 模型的词性标记任务进行微调。

我们直接在语码混用语料库上进行微调，看看当我们在单语言语料库上微调 M-BERT 模型时，准确率会有什么变化。从图 7-8 中可以看到，当直接在语码混用语料库上微调 M-BERT 模型时，准确率达到 90.56%，而在单语言语料库上微调时，准确率为 86.59%。由于准确率降低幅度不大，因此我们可以推断出 M-BERT 模型可以处理语码混用文本。

语料库	准确率
语码混用	90.56%
单语言	86.59%

图 7-8　M-BERT 模型在语码混用文本上针对词性标记任务微调的准确率

我们可以得出结论，与音译文本相比，M-BERT 模型在语码混用文本上表现得更好。

在本节中，我们探究了 M-BERT 模型的多语言能力，所讲内容小结如下。

- M-BERT 模型的通用性并不取决于词汇的重叠度。
- M-BERT 模型的通用性取决于类型相似度。
- M-BERT 模型可以处理语码混用文本，但不能处理音译文本。

现在，我们已经了解了 M-BERT 模型的工作原理和它的多语言能力。在 7.3 节中，我们将了解跨语言模型。

7.3 跨语言模型

我们已经知道 M-BERT 模型可以像普通的 BERT 模型一样被预训练，且不设任何特定的跨语言目标。在本节中，我们将学习如何用跨语言目标对 BERT 模型进行预训练。使用跨语言目标训练的 BERT 模型被称为**跨语言模型**（简称为 XLM 模型）。XLM 模型比 M-BERT 模型表现得更好，因为它可以学习跨语言的特征。

XLM 模型使用单语言数据集和平行数据集进行预训练。平行数据集由语言对文本组成，即由两种不同语言的相同文本组成。举例来说，我们可以把一个英语句子和其对应的法语句子相配对。我们把这样的平行数据集称为跨语言数据集。

单语言数据集来自维基百科，平行数据集有多个来源，包括 MultiUN（联合国多语言语料库）和 OPUS（Open Parallel Corpus，开源平行语料库）。XLM 模型使用**字节对编码**，并对所有语言创建共享词表。

7.3.1 预训练策略

XLM 模型使用以下任务进行预训练。

- 因果语言模型构建任务
- 掩码语言模型构建任务
- 翻译语言模型构建任务

下面，我们将逐一看看每项任务是如何进行的。

1. 因果语言模型构建任务

因果语言模型构建是最简单的预训练方法。它的目标是在给定前一组词的情况下预测一个词的概率，可以表示为 $P(w_t \mid w_1, w_2, \cdots, w_{t-1}; \theta)$ 。

2. 掩码语言模型构建任务

我们已经了解，在掩码语言模型构建任务中，需要随机掩盖 15%的标记，并训练模型预测被掩盖的标记。我们使用 80-10-10 规则来掩盖 15%的标记。

- 在 80%的情况下，用`[MASK]`标记替换一个标记（单词）。
- 在 10%的情况下，用一个随机标记（随机词）替换一个标记。
- 在另外 10%的情况下，标记保持不变。

使用掩码语言模型构建任务训练 XLM 模型和训练 BERT 模型类似，但有以下两个变化。

(1) 在 BERT 模型中，随机掩盖一个句子对中的几个标记，然后将句子对作为输入。但在 XLM 模型中，输入不仅仅是句子对，而是可以向模型输入任意数量的句子，只需将标记的总长度保持在 256。

(2) 为了平衡频繁和罕见的词语，根据多项分布对标记进行抽样，其权重与它们的反频率的平方根成正比。

图 7-9 是带有掩码语言模型构建任务目标的 XLM 模型。从图中可以看到，我们向模型输入任意数量的句子，并通过特殊标记[/s]进行分隔。此外，除了标记嵌入和位置嵌入，这里还有语言嵌入。语言嵌入用来表示一种语言。

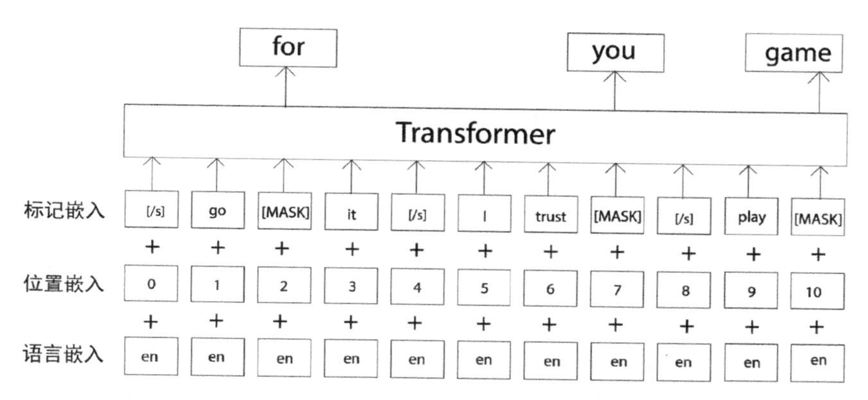

图 7-9 带有掩码语言模型构建任务目标的 XLM 模型

如图 7-9 所示，我们掩盖了 3 个标记，并训练模型来预测被掩盖的标记。

3. 翻译语言模型构建任务

翻译语言模型构建（translation language modeling，TLM）任务是另一个有趣的预训练策略。在因果语言模型构建和掩码语言模型构建中，我们在单语言数据上训练模型，但在翻译语言模型构建中，我们则在跨语言数据集上训练模型。跨语言数据集是由两种语言的相同文本组成的平行数据。

翻译语言模型构建的工作原理和掩码语言模型构建一样，它通过训练模型来预测被掩盖的词。但是，这里不是输入任意数量的句子，而是输入用于学习跨语言特征的平行句。

图 7-10 显示了带有翻译语言模型构建任务目标的 XLM 模型。如图所示，我们提供一个平行句子作为输入，也就是两种语言的相同文本。这里是将英语句子“I am a student”与法语句子“Je suis étudiant”一起输入，并在这两个句子中随机掩盖几个词，再将其送入模型。

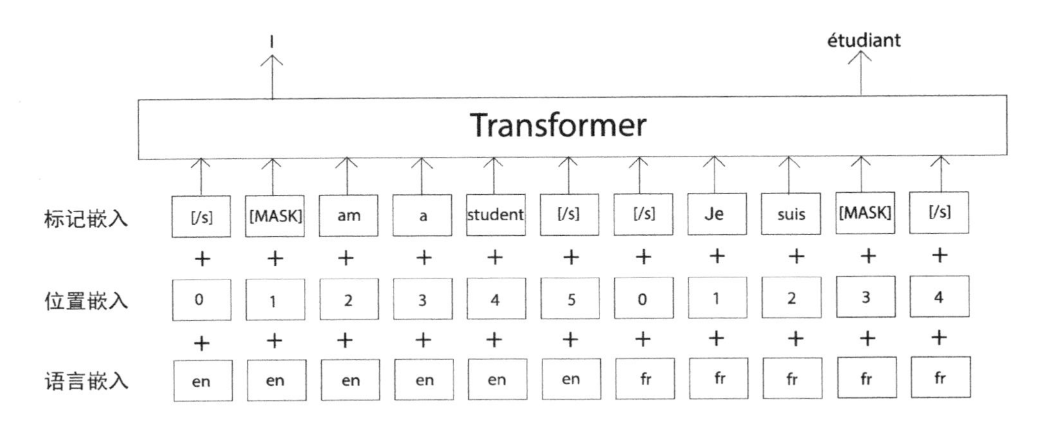

图 7-10 带有翻译语言模型构建任务目标的 XLM 模型

我们训练模型来预测被掩盖的标记。该模型通过理解邻近标记的上下文，来学习预测被掩盖的标记。假设该模型正在学习预测英语句子中的掩码标记（单词），那么它不仅可以使用英语句子中的标记（单词）的上下文，还可以使用法语句子中的标记（单词）的上下文，这使得模型能够对齐跨语言的特征。

我们还可以从图 7-10 中看到，语言嵌入被用来表示不同的语言，并且模型对两个句子使用了不同的位置嵌入。

综上，在 XLM 模型中，我们可以使用 3 种预训练策略。但是，究竟如何对 XLM 模型进行预训练？应该同时使用这些策略，还是只用一种策略来训练模型？在 7.3.2 节中，我们将找到这些问题的答案。

7.3.2 预训练 XLM 模型

我们将通过以下方式对 XLM 模型进行预训练。

- 因果语言模型构建任务
- 掩码语言模型构建任务
- 掩码语言模型构建任务与翻译语言模型构建任务相结合

如果使用因果语言模型构建任务或掩码语言模型构建任务训练 XLM 模型，那么将使用单语言数据集进行训练，使用任意数量的句子，标记总共有 256 个。对于翻译语言模型构建任务，使用平行数据集。如果使用掩码语言模型构建任务和翻译语言模型构建任务来训练模型，我们将交替使用掩码语言模型构建任务目标和翻译语言模型构建任务目标。

在预训练之后，可以直接使用预训练的 XLM 模型，或者同 BERT 模型一样，针对下游任务对其进行微调。下面，我们来看 XLM 模型的性能。

7.3.3 对 XLM 模型的评估

研究人员对 XLM 模型进行了跨语言分类任务的评估。他们在英语自然语言推理数据集上对 XLM 模型进行了微调，并在 15 种 XNLI 语言上对其进行了评估。跨语言分类任务的结果（测试准确性）如图 7-11 所示。XLM（MLM）表示在单语言数据上只使用掩码语言模型构建任务训练的 XLM 模型，而 XLM（MLM+TLM）则表示 XLM 模型使用掩码语言模型构建任务和翻译语言模型构建任务进行训练。图中 Δ 表示平均值。我们可以看到，XLM（MLM+TLM）的平均准确率为 75.1%。

模型	en	fr	es	de	el	bg	ru	tr	ar	vi	th	zh	hi	sw	ur	Δ
XLM (MLM)	83.2	76.5	76.3	74.2	73.1	74.0	73.1	67.8	68.5	71.2	69.2	71.9	65.7	64.6	63.4	71.5
XLM (MLM+TLM)	85.0	78.7	78.9	77.8	76.6	77.4	75.3	72.5	73.1	76.1	73.2	76.5	69.6	68.4	67.3	75.1

图 7-11 对 XLM 模型的评估

研究人员还在 TRANSLATE-TRAIN 和 TRANSLATE-TEST 配置下测试了 XLM 模型，如图 7-12 所示。可以看到，XLM 模型比 M-BERT 模型表现得更好。

模型	en	fr	es	de	el	bg	ru	tr	ar	vi	th	zh	hi	sw	ur	Δ
TRANSLATE-TRAIN																
M-BERT	81.9	-	77.8	75.9	-	-	-	-	70.7	-	-	76.6	-	-	61.6	-
XLM (MLM+TLM)	85.0	80.2	80.8	80.3	78.1	79.3	78.1	74.7	76.5	76.6	75.5	78.6	72.3	70.9	63.2	76.7
TRANSLATE-TEST																
M-BERT	81.4	-	74.9	74.4	-	-	-	-	70.4	-	-	70.1	-	-	62.1	-
XLM (MLM+TLM)	85.0	79.0	79.5	78.1	77.8	77.6	75.5	73.7	73.7	70.8	70.4	73.6	69.0	64.7	65.1	74.2

图 7-12 在 TRANSLATE-TRAIN 和 TRANSLATE-TEST 配置下评估 XLM 模型

同 BERT 模型一样，我们还可以将预训练的 XLM 模型与 Transformers 库一起使用。有兴趣的读者可在 Hugging Face 的网站上查看所有可用的预训练的 XLM 模型。

现在，我们已经了解了 XLM 模型的工作原理。在 7.4 节中，我们将了解另一个有趣的跨语言模型，即 XLM-R 模型。

7.4 理解 XLM-R 模型

XLM-R 模型是对 XLM 的扩展，它做了一些修改以提高性能。XLM-R 就是 XLM-RoBERTa 模型，它代表了最先进的跨语言特征学习技术。在 7.3 节中，我们了解了 XLM 模型的工作原理。我们知道 XLM 模型是用掩码语言模型构建任务和翻译语言模型构建任务训练的。掩码语言模型构建任务使用单语言数据集，翻译语言模型构建任务使用平行数据集。但是，对于小语种，获得平行数据集是很难的，所以在 XLM-R 模型中，我们只用掩码语言模型构建任务目标来训练模型，而不使用翻译语言模型构建任务目标。因此，XLM-R 模型只需要一个单语言数据集。

XLM-R 模型是在一个巨大的数据集上训练的，其大小约为 2.5 TB，通过筛选 CommonCrawl 数据集中的 100 种语言的无标签文本获得。我们还通过抽样来增加小语种在数据集中的比例。

图 7-13 比较了 CommonCrawl 数据集和维基百科数据集的语料库大小。我们可以看到，与维基百科相比，CommonCrawl 的数据量很大，特别是小语种的数据量。

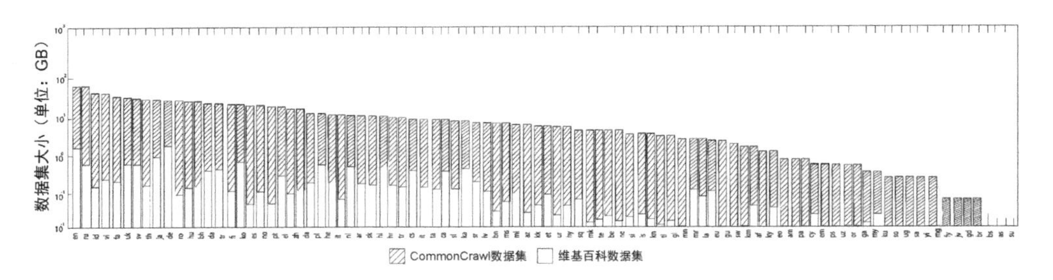

图 7-13　比较 CommonCrawl 和维基百科不同语言的数据集大小

我们使用 CommonCrawl 数据集并针对掩码语言模型构建任务来训练 XLM-R 模型。XLM 模型使用了一个名为 SentencePiece 的词元分析器，它是一个由 250 000 个标记组成的词库。

XLM-R 模型可以使用以下两种配置进行训练。

- XLM-R$_{base}$有 12 层编码器和 12 个注意力头，隐藏状态大小为 768。
- XLM-R 有 24 层编码器和 16 个注意力头，隐藏状态大小为 1024。

在预训练之后，也可以同 XLM 模型一样，为下游任务微调 XLM-R 模型。XLM-R 模型的性能比 M-BERT 模型和 XLM 模型的性能要好。研究人员在跨语言分类任务中评估了 XLM-R 模型。他们在英语自然语言推理数据集上对 XLM-R 模型进行了微调，并在 15 种 XNLI 语言上对其进行了评估。跨语言分类任务的结果（测试准确性）如图 7-14 所示。

模型	D	#M	#lg	en	fr	es	de	el	bg	ru	tr	ar	vi	th	zh	hi	sw	ur	Avg
M-BERT	Wiki	N	102	82.1	73.8	74.3	71.1	66.4	68.9	69.0	61.6	64.9	69.5	55.8	69.3	60.0	50.4	58.0	66.3
XLM (MLM+TLM)	Wiki+MT	N	15	85.0	78.7	78.9	77.8	76.6	77.4	75.3	72.5	73.1	76.1	73.2	76.5	69.6	68.4	67.4	75.1
XLM-R	CC	1	100	89.1	84.1	85.1	83.9	82.9	84.0	81.2	79.6	79.8	80.8	78.1	80.2	76.9	73.9	73.8	80.9

图 7-14 对 XLM-R 模型的评估

在图 7-14 中，D 表示使用的数据集，#lg 表示模型预训练的语言数量。可以看到，XLM-R 模型的性能比 M-BERT 模型和 XLM 模型的性能要好。

比如，M-BERT 模型对瑞典语（sw）的准确率只有 50.4%，但在 XLM-R 模型上达到了 73.9%。还可以看到，XLM-R 模型的平均准确率为 80.9%，比其他两种模型要高。

研究人员还评估了 XLM-R 模型在 TRANSLATE-TEST、TRANSLATE-TRAIN 和 TRANSLATE-TRAIN-ALL 配置下的性能，如图 7-15 所示。XLM-R 模型的性能仍是最好的。

模型	D	#M	#lg	en	fr	es	de	el	bg	ru	tr	ar	vi	th	zh	hi	sw	ur	Avg
TRANSLATE-TEST																			
BERT-en	Wiki	1	1	88.8	81.4	82.3	80.1	80.3	80.9	76.2	76.0	75.4	72.0	71.9	75.6	70.0	65.8	65.8	76.2
RoBERTa	Wiki+CC	1	1	91.3	82.9	84.3	81.2	81.7	83.1	78.3	76.8	76.6	74.2	74.1	77.5	70.9	66.7	66.8	77.8
TRANSLATE-TRAIN																			
XLM(MLM)	Wiki	N	100	82.9	77.6	77.9	77.9	77.1	75.7	75.5	72.6	71.2	75.8	73.1	76.2	70.4	66.5	62.4	74.2
TRANSLATE-TRAIN-ALL																			
XLM(MLM+TLM)	Wiki+MT	1	15	85.0	80.8	81.3	80.3	79.1	80.9	78.3	75.6	77.6	78.5	76.0	79.5	72.9	72.8	68.5	77.8
XLM(MLM)	Wiki	1	100	84.5	80.1	81.3	79.3	78.6	79.4	77.5	75.2	75.6	78.3	75.7	78.3	72.1	69.2	67.7	76.9
XLM-R$_{base}$	CC	1	100	85.4	81.4	82.2	80.3	80.4	81.3	79.7	78.6	77.3	79.7	77.9	80.2	76.1	73.1	73.0	79.1
XLM-R	CC	1	100	89.1	85.1	86.6	85.7	85.3	85.9	83.5	83.2	83.1	83.7	81.5	83.7	81.6	78.0	78.1	83.6

图 7-15 在不同配置下评估 XLM-R 模型

现在，我们已经了解了几个有趣的模型，包括 M-BERT 模型、XLM 模型和 XLM-R 模型，它们被用于多语言和跨语言的知识迁移。在 7.5 节中，我们将了解特定语言的 BERT 模型。

7.5 特定语言的BERT模型

目前，我们了解了M-BERT模型的工作原理，学习了M-BERT模型是如何在多种语言中使用的。但是，能不能只为特定的目标语言训练一个单语言的BERT模型，而不仅仅是为多种语言训练单一的M-BERT模型呢？答案是肯定的。在本节中，我们将探讨几种有趣、流行的单语言BERT模型。

- 法语的FlauBERT模型
- 西班牙语的BETO模型
- 荷兰语的BERTje模型
- 德语的BERT模型
- 汉语的BERT模型
- 日语的BERT模型
- 芬兰语的FinBERT模型
- 意大利语的UmBERTo模型
- 葡萄牙语的BERTimbau模型
- 俄语的RuBERT模型

7.5.1 法语的FlauBERT模型

FlauBERT是French Language Understanding via BERT（通过BERT理解法语）的缩写，它是一个预先训练过的法语BERT模型。在许多法语的自然语言处理下游任务中，FlauBERT模型的性能比多语言模型和跨语言模型好。

FlauBERT模型是在一个巨大且多样的法语语料库中训练的。法语语料库由24个子语料库组成，包含来自不同来源的数据，比如维基百科、书籍、内部抓取、WMT19数据、OPUS的法语文本以及维基媒体等。

首先，我们使用一个叫作Moses的词元分析器对数据进行预处理和标记。Moses词元分析器保留了特殊的标记，比如URL、日期等。在预处理和标记后，再使用字节对编码创建一个词表。FlauBERT模型由具有50 000个标记的词表组成。

FlauBERT模型只在掩码语言模型构建任务上进行训练，并且在掩盖标记时，使用动态掩码。与BERT模型类似，FlauBERT模型也有各种配置。FlauBERT-base模型和FlauBERT-large模型是比较常用的模型。预训练的FlauBERT模型是开源的，可以从GitHub上下载。FlauBERT模型的不同配置如图7-16所示。

模型名称	层数	注意力头	嵌入层大小	总参数数量
flaubert_small_cased	6	8	512	5400万
flaubert_base_uncased	12	12	768	1.37亿
flaubert_base_cased	12	12	768	1.38亿
flaubert_large_cased	24	16	1024	3.73亿

图 7-16 FlauBERT 的不同配置

我们可以下载预训练的 FlauBERT 模型，并针对下游任务对其微调。FlauBERT 模型可从 Hugging Face 的 Transformers 库获得，所以可以直接在 Transformers 库中使用 FlauBERT 模型。

1. 用 FlauBERT 模型获得法语句子的特征

现在，让我们探究如何使用 FlauBERT 模型获得法语句子的特征。首先，我们从 Transformers 库中导入 `FlaubertTokenizer`、`FlaubertModel` 和 Torch 库。

```
from transformers import FlaubertTokenizer, FlaubertModel
import torch
```

下载并加载预训练的 `flaubert_base_cased` 模型。

```
model = FlaubertModel.from_pretrained('flaubert/flaubert_base_cased')
```

下载并加载用于预训练 `flaubert_base_cased` 模型的词元分析器。

```
tokenizer = \
FlaubertTokenizer.from_pretrained('flaubert/flaubert_base_cased')
```

假设需要计算嵌入的输入句子如下所示。

```
sentence = "Paris est ma ville préférée"
```

我们对这个句子进行标记，并得到标记 ID。

```
token_ids = tokenizer.encode(sentence)
```

将标记 ID 转换为 Torch 库的张量。

```
token_ids = torch.tensor(token_ids).unsqueeze(0)
```

使用预训练的 `flaubert_base_cased` 模型获得句子中每个标记的特征。

```
representation = model(token_ids)[0]
```

检查一下特征的大小。

```
print(representation.shape)
```

以上代码的输出如下。

```
torch.Size([1, 7, 768])
```

我们看到，特征大小为`[1, 7, 768]`，包括`[CLS]`标记和`[SEP]`标记。已知`[CLS]`标记含有整个句子的总特征，所以我们将获得的`[CLS]`标记的特征作为句子的特征。

```
cls_rep = representation[:, 0, :]
```

通过这种方式，我们使用预训练的 FlauBERT 模型获得了法语文本的特征。我们还可以使用预训练的 FlauBERT 模型针对任何下游任务进行微调。

2. 法语理解评估标准

FlauBERT 模型的研究人员为下游任务引入了一个新的统一评估标准，即 FLUE（French Language Understanding Evaluation，法语理解评估）。FLUE 标准类似于法语的 GLUE 标准。

FLUE 标准中的数据集包括以下几个。

- CLS-FR
- PAWS-X-FR
- XNLI-FR
- 法语 Treebank
- FrenchSemEval

现在，我们已经学会了如何使用 FlauBERT 模型获得法语文本的特征。

7.5.2 西班牙语的 BETO 模型

BETO 模型是智利大学为西班牙语预训练的 BERT 模型。它是用全词掩码的掩码语言模型构建任务来训练的。BETO 模型的配置与标准的 BERT-base 模型的配置相同。研究人员提供了两种配置，即 BETO-cased 模型和 BETO-uncased 模型，分别用于区分大小写和不区分大小写的文本。

预训练的 BETO 模型是开源的，所以我们可以直接下载并用于下游任务。研究人员发现，在许多下游任务中，BETO 模型的性能还不错，如图 7-17 所示。

任务	BETO-cased	BETO-uncased
POS	98.97%	98.44%
NER-C	88.43%	82.67%
MLDoc	95.60%	96.12%
PAWS-X	89.05%	89.55%
XNLI	82.01%	80.15%

图 7-17 BETO 模型的性能

在图 7-17 中，POS 是指词性标记任务，NER-C 是指命名实体识别任务，MLDoc 是指文档分类任务，PAWS-X 是指释义任务，XNLI 是指跨语言自然语言推理任务。

预训练的 BETO 模型可以从 GitHub 上下载。我们也可以直接使用 Transformers 库中的预训练的 BETO 模型，如下所示。

```
tokenizer = \
BertTokenizer.from_pretrained('dccuchile/bert-base-spanish-wwm-uncased')
model = \
BertModel.from_pretrained('dccuchile/bert-base-spanish-wwm-uncased')
```

使用 BETO 模型预测掩盖词

现在，让我们学习如何使用预训练的 BETO 模型预测西班牙语文本中的掩盖词。

这里，我们使用 pipeline API。

```
from transformers import pipeline
```

首先，设置掩码预测的 pipeline。在 pipeline API 中，将我们要执行的任务、预训练的模型和词元分析器作为参数传入。如以下代码所示，我们使用的是 `dccuchile/bert-base-spanish-wwm-uncased` 模型，它是预训练的 BETO 模型。

```
predict_mask = pipeline(
    "fill-mask",
    model= "dccuchile/bert-base-spanish-wwm-uncased",
    tokenizer="dccuchile/bert-base-spanish-wwm-uncased"
)
```

我们以句子 todos los caminos llevan a roma 为例，用一个 `[MASK]` 标记掩盖该句的第一个单词，然后将带有掩码标记的句子送入 `predict_mask`，如下所示。

```
result = predict_mask('[MASK] los caminos llevan a roma')
```

来看看结果。

```
print(result)
```

以上代码的输出如下。

```
[{'score':0.9719983339309692,
  'sequence': '[CLS] todos los caminos llevan a roma [SEP]',
  'token':1399,
  'token_str': 'todos'},
 {'score':0.00717105856165289 9,
  'sequence': '[CLS] todas los caminos llevan a roma [SEP]',
  'token':1825,
  'token_str': 'todas'},
 {'score':0.0053519923239946365,
  'sequence': '[CLS] - los caminos llevan a roma [SEP]',
  'token':1139,
  'token_str': '-'},
 {'score':0.004154071677476168,
  'sequence': '[CLS] todo los caminos llevan a roma [SEP]',
  'token':1300,
  'token_str': 'todo'},
 {'score':0.003964308183640242,
  'sequence': '[CLS] y los caminos llevan a roma [SEP]',
  'token':1040,
  'token_str': 'y'}]
```

从以上结果中可以看出，我们有分数、填充序列，也有被预测的掩码标记（单词）。模型正确地预测了被掩盖的单词是“todos”，得分约为0.97。

7.5.3 荷兰语的BERTje模型

BERTje模型是格罗宁根大学为荷兰语预训练的单语言BERT模型。BERTje模型使用掩码语言模型构建任务和句序预测任务进行预训练，并使用全词掩码方法。

BERTje模型使用多个荷兰语语料库进行训练，包括TwNC（荷兰新闻语料库）、SoNAR-500（多类型的参考语料库）、荷兰维基百科文本、新闻和书籍等。BERTje模型已被预训练了约100万次。预训练的BERTje模型可以从GitHub上下载，它还与Transformers库兼容，因此可以直接使用Transformers库调用BERTje模型。

用BERTje模型执行下句预测任务

现在，让我们看看如何将预训练的BERTje模型用于下句预测任务，也就是说将句子A和句子B送入模型，预测句子B是否是句子A的下一句。首先，导入必要的库模块。

```
from transformers import BertForNextSentencePrediction, BertTokenizer
from torch.nn.functional import softmax
```

下载并加载预训练的 BERTje 模型。

```
model = BertForNextSentencePrediction.from_pretrained("wietsedv/bert-
base-dutch-cased")
```

下载并加载预训练的 BERTje 词元分析器。

```
tokenizer = BertTokenizer.from_pretrained("wietsedv/bert-base-dutch-cased")
```

定义输入的句子对。

```
sentence_A =  'Ik woon in Amsterdam'
sentence_B =  'Een geweldige plek'
```

获取句子对的嵌入。

```
embeddings = tokenizer(sentence_A, sentence_B, return_tensors= 'pt')
```

计算 logit 向量。

```
logits = model(**embeddings)[0]
```

使用 softmax 函数计算概率。

```
probs = softmax(logits, dim=1)
```

打印概率。

```
print(probs)
```

上面的代码将输出如下结果。

```
tensor([[0.8463, 0.1537]])
```

在以上结果中，索引 0 代表 `isNext` 类别的概率，索引 1 代表 `notNext` 类别的概率。由于得到了 0.8463 的高概率，因此可以推断，句子 B 是句子 A 的下一句。

7.5.4 德语的 BERT 模型

德语的 BERT 模型是由一个名为 deepset 的组织开发的。他们使用德语文本从头开始训练 BERT 模型。预训练的德语 BERT 模型是开源的，可免费使用。德语的 BERT 模型使用近期的德语维基百科文本、新闻和来自 OpenLegalData 的数据，它在一个云 TPUv2 上训练了 9 天。

德语的BERT模型在许多下游任务上进行了评估，包括分类、命名实体识别、文档分类等。德语的BERT模型在所有这些任务上都优于M-BERT。我们可以直接使用Transformers库中的预训练的德语BERT模型。

这里，我们将使用Transformers库中的自动类，它会自动识别模型的正确架构，并使用模型名称创建相关的类。下面，让我们逐步实现。

首先，导入模块`AutoTokenizer`和`AutoModel`。

```
from transformers import AutoTokenizer, AutoModel
```

下载并加载预训练的德语BERT模型，并使用`AutoModel`类创建模型。`AutoModel`是一个通用类，根据传递给`from_pretrained()`方法的模型名称，它自动创建相关的模型类。因为我们传递的是`bert-base-german-cased`模型，所以`AutoModel`将创建一个模型，生成基于`BertModel`类的一个实例。

```
model = AutoModel.from_pretrained("bert-base-german-cased")
```

下载并加载预训练的德语BERT模型的词元分析器。这里使用`AutoTokenizer`类作为词元分析器。`AutoTokenizer`也是一个通用类，根据传递给`from_pretrained()`方法的模型名称，它自动创建相关的词元分析器类。因为我们传递的是`bert-base-german-cased`模型，所以`AutoTokenizer`将创建一个词元分析器，它是`BertTokenizer`类的实例。

```
tokenizer = AutoTokenizer.from_pretrained("bert-base-german-cased")
```

现在，我们可以像使用BERT模型一样使用德语的BERT模型来处理德语文本。

7.5.5 汉语的BERT模型

与M-BERT一起，谷歌研究院也开放了汉语BERT模型的源代码。汉语BERT模型的配置与BERT-base模型相同，它由12层编码器、12个注意力头和768个隐藏神经元组成，共有1.1亿个参数。预训练的汉语BERT模型可以从GitHub上下载。

我们可以在Transformers库中使用预训练的汉语BERT模型，如下所示。

```
from transformers import AutoTokenizer, AutoModel
tokenizer = AutoTokenizer.from_pretrained("bert-base-chinese")
model = AutoModel.from_pretrained("bert-base-chinese")
```

除此之外，还有一个汉语BERT模型，它是在论文“Pre-Training with Whole Word Masking for Chinese BERT”中提出的。它是使用全词掩码方法进行预训练的。概括地说，在全词掩码中，如果子词被掩盖了，那么就掩盖了与该子词对应的所有单词。我们以下面这个句子为例来看看。

```
sentence = "The statement was contradicting."
```

在使用 WordPiece 词元分析器对该句进行分词并添加`[CLS]`标记和`[SEP]`标记后，得到的结果如下。

```
tokens = [ [CLS], the, statement, was, contra, ##dict, ##ing, [SEP] ]
```

现在，假设我们随机地掩盖一些标记，得到的结果如下。

```
tokens = [ [CLS], [MASK], statement, was, contra, ##dict, [MASK], [SEP] ]
```

我们看到已经掩盖了标记 `the` 和`##ing`。标记`##ing` 是一个子词，它是单词 contradicting 的一部分。在全词掩码中，我们掩盖所有与被掩盖子词相对应的标记。所以，`contra` 和`##dict` 这两个标记将被掩盖，因为它们与被掩盖的子词`##ing` 共同组成一个单词。

```
tokens = [ [CLS], [MASK], statement, was, [MASK], [MASK], [MASK], [SEP] ]
```

汉语的 BERT 模型是基于掩码语言模型构建任务预训练的，用于训练的数据集包括简体中文和繁体中文的维基百科文本。

研究人员将 LTP 用于汉语分词。LTP 是哈尔滨工业大学研发的**语言技术平台**（Language Technology Platform），它常被用来处理汉语，主要用于分词、词性标记和句法分析。LTP 有助于识别汉语词语的边界。图 7-18 显示了使用 LTP 进行汉语分词的情况。

[原句]
使用语言模型来预测下一个词的probability。
[分词后的句子]
使用 语言 **模型** 来 **预测** 下 一个 词 的 **probability** 。

图 7-18　汉语分词

图 7-18 来自论文“Pre-Training with Whole Word Masking for Chinese BERT”。

图 7-19 展示了如何应用全词掩码。

[原BERT模型输入]
使 用 语 言 **[MASK] 型** 来 **[MASK] 测** 下 一 个 词 的 **pro [MASK] ##lity** 。
[经过全词掩码后的输入]
使 用 语 言 **[MASK] [MASK]** 来 **[MASK] [MASK]** 下 一 个 词 的 **[MASK] [MASK] [MASK]** 。

图 7-19　全词掩码

图 7-19 也来自论文“Pre-Training with Whole Word Masking for Chinese BERT”。

汉语 BERT 模型也可以通过不同的配置进行预训练。预训练模型可以从 GitHub 上下载。我们也可以在 Transformers 库中使用预训练的汉语 BERT 模型，如下所示。

```
tokenizer = BertTokenizer.from_pretrained("hfl/chinese-bert-wwm")
model = BertModel.from_pretrained("hfl/chinese-bert-wwm")
```

7.5.6 日语的 BERT 模型

日语的 BERT 模型用全词掩码方法和日语维基百科文本进行预训练，它使用 MeCab 对日语文本进行分词。MeCab 是日语文本的语态分析器。在用 MeCab 进行标记后，子词需要通过 WordPiece 获得。我们不仅可以使用 WordPiece 将文本分割成子词，还可以将文本分割成字符。所以，日语的 BERT 模型有以下两种变体。

- MeCab-ipadic-bpe-32k 模型：用 MeCab 对文本进行标记，然后将其分成子词。词表大小为 32 000。
- MeCab-ipadic-char-4k 模型：用 MeCab 对文本进行标记，然后将其分成字符。词表大小为 4000。

预训练的日语 BERT 模型可从 GitHub 上下载。我们也可以在 Transformers 库中使用预训练的日语 BERT 模型，如下所示。

```
from transformers import AutoTokenizer, AutoModel
model = AutoModel.from_pretrained("cl-tohoku/bert-base-japanese-whole-
word-masking")
tokenizer = AutoTokenizer.from_pretrained("cl-tohoku/bert-base-japanese-
whole-word-masking")
```

7.5.7 芬兰语的 FinBERT 模型

FinBERT 模型是为芬兰语预训练的 BERT 模型。FinBERT 模型在许多芬兰语自然语言处理下游任务上的表现优于 M-BERT 模型。我们知道，M-BERT 模型是使用 104 种语言的维基百科文本进行训练的，但其中只包括 3%的芬兰语文本。FinBERT 模型使用来自新闻、在线讨论和从互联网抓取的芬兰语文本进行训练，由大约 50 000 个 WordPiece 词汇组成。与 M-BERT 模型相比，FinBERT 模型涵盖了更多芬兰语词汇，这使得 FinBERT 模型比 M-BERT 模型效果好。

FinBERT 模型的架构类似于 BERT-base 模型，它有两种配置，即 FinBERT-cased 和 FinBERT-uncased，分别用于区分大小写和不区分大小写的文本。FinBERT 模型使用全词掩码方法在掩码语言模型构建任务和下句预测任务上进行预训练。

我们可以从 GitHub 上下载预训练的 FinBERT 模型，也可以在 Transformers 库中使用预训练的 FinBERT 模型，如下所示。

```
tokenizer = BertTokenizer.from_pretrained("TurkuNLP/bert-base-finnish-
uncased-v1")
model = BertModel.from_pretrained("TurkuNLP/bert-base-finnish-uncased-v1")
```

图 7-20 比较了 FinBERT 模型与 M-BERT 模型在自然语言推理任务和词性标注任务中的性能。

模型	任务	准确率
M-BERT	自然语言推理任务	90.29%
FinBERT	自然语言推理任务	92.40%
M-BERT	词性标注任务	96.97%
FinBERT	词性标注任务	98.23%

图 7-20　FinBERT 模型和 M-BERT 模型的性能对比

我们可以看到，FinBERT 模型的性能比 M-BERT 模型的性能好。

7.5.8　意大利语的 UmBERTo 模型

UmBERTo 模型是由 Musixmatch 研究所研发的针对意大利语的预训练 BERT 模型。UmBERTo 模型继承了 RoBERTa 模型的架构。RoBERTa 模型本质上是 BERT 模型，但在预训练过程中有以下不同。

- 在掩码语言模型构建任务中使用了动态掩码，而不是静态掩码。
- 不使用下句预测任务，只使用掩码语言模型构建任务进行训练。
- 使用大批量进行训练。
- 字节级字节对编码被用作子词词元化算法。

UmBERTo 模型通过使用 SentencePiece 词元分析器和全词掩码方法扩展了 RoBERTa 模型的架构。

研究人员已经发布了以下两个预训练的UmBERTo模型。

- 在意大利维基百科语料库上进行训练的umberto-wikipedia-uncased-v1。
- 在CommonCrawl数据集上进行训练的umberto-commoncrawl-cased-v1。

预训练的UmBERTo模型可以从GitHub上下载，也可以在Transformers库中使用，如下所示。

```
tokenizer = \
AutoTokenizer.from_pretrained("Musixmatch/umberto-commoncrawl-cased-v1")
model = \
AutoModel.from_pretrained("Musixmatch/umberto-commoncrawl-cased-v1")
```

通过这种方式，我们可以将UmBERTo模型应用于意大利语。

7.5.9 葡萄牙语的BERTimbau模型

BERTimbau模型是一个预训练的葡萄牙语BERT模型，它在brWaC（Brazilian Web as Corpus，巴西网络语料库）上进行预训练。brWaC是一个大型、开源的葡萄牙语语料库。研究人员使用全词掩码的掩码语言模型构建任务进行训练，训练达到100万步。预训练的BERTimbau模型可以从GitHub上下载。

它可以和Transformers库一起使用，如下所示。

```
from transformers import AutoModel, AutoTokenizer
tokenizer = \
AutoTokenizer.from_pretrained('neuralmind/bert-base-portuguese-cased')
model = AutoModel.from_pretrained('neuralmind/bert-base-portuguese-cased')
```

7.5.10 俄语的RuBERT模型

RuBERT模型是针对俄语的预训练BERT模型。RuBERT模型的训练方式与前面所讲的方式不同，它是通过迁移M-BERT模型的知识来训练的。我们知道，M-BERT模型是在104种语言的维基百科文本上训练出来的，它对每种语言都有很好的效果。因此，我们不用从头开始训练单语言的RuBERT模型，而是通过从M-BERT模型获得的知识来训练它。在训练之前，除了单词嵌入，我们用M-BERT模型的参数初始化RuBERT模型的所有参数。

RuBERT模型使用俄罗斯维基百科文本和新闻内容进行训练，并使用**子词神经网络机器翻译**（subword neural machine translation，Subword NMT）将文本分割成子词。也就是说，使用Subword NMT来创建子词词表。与M-BERT模型的词表相比，RuBERT模型的子词词表将由更长、更多的俄语词汇组成。

此外，有一些词汇是同时出现在 M-BERT 模型词表和单语言 RuBERT 模型词表中的，所以，我们可以直接提取它们的嵌入。如图 7-21 所示，Здравствуйте 这个词同时出现在 M-BERT 模型词表和 RuBERT 模型词表中。对于同时出现的常用词，我们可以直接使用 M-BERT 模型的嵌入。

M-BERT 模型词表	RuBERT 模型词表
⋮	⋮
game	Какие
Здравствуйте	**Здравствуйте**
sun	Ладно
⋮	⋮

图 7-21 M-BERT 模型词表和 RuBERT 模型词表的示例

也有一些词是子词，同时也是较长词的一部分。图 7-22 是一篇论文中使用过的一个例子。从图中我们可以看到，在 M-BERT 模型词表中有 `bi` 和 `##rd` 这两个标记。我们已经知道 `##` 符号意味着标记 `##rd` 是一个子词。同时，在 RuBERT 模型词表中有一个 `bird` 标记，但在 M-BERT 模型词表中没有 `bird` 标记。在这种情况下，我们通过从 M-BERT 模型词表中提取标记 `bi` 和 `##rd` 的平均嵌入值来初始化 RuBERT 模型词表中的 `bird` 的嵌入。

M-BERT 模型词表	RuBERT 模型词表
⋮	⋮
game bi ##rd	Какие bird
⋮	⋮

图 7-22 带有子词的 M-BERT 模型词表和 RuBERT 模型词表的示例

我们可以从 GitHub 上下载预训练的 RuBERT 模型，也可以在 Transformers 库中使用预训练的 RuBERT 模型，如下所示。

```
from transformers import AutoTokenizer, AutoModel
tokenizer = AutoTokenizer.from_pretrained("DeepPavlov/rubert-base-cased")
model = AutoModel.from_pretrained("DeepPavlov/rubert-base-cased")
```

通过这种方式，我们可以为任何语言训练单语言的 BERT 模型。

7.6 小结

在本章中，我们首先了解了 M-BERT 模型是如何工作的。我们了解到，训练 M-BERT 模型没有任何跨语言的目标，它同训练 BERT 模型一样，生成的特征可用于下游多语言任务。

然后，我们学习了 M-BERT 模型在多语言上的表现。M-BERT 模型的通用性并不取决于词汇的重叠度，而是依赖于类型相似度。我们还看到，M-BERT 模型能够处理语码混用文本，但不能很好地处理音译文本。

接着，我们学习了 XLM 模型，它用跨语言目标来训练 BERT 模型。我们使用掩码语言模型构建任务和翻译语言模型构建任务训练 XLM 模型。翻译语言模型构建任务的工作原理与掩码语言模型构建任务相同，但在翻译语言模型构建任务中，我们在跨语言数据上训练模型，也就是在由两种语言的相同文本组成的平行数据上进行训练。

我们还了解了 XLM-R 模型，它使用 RoBERTa 模型的架构。我们只在掩码语言模型构建任务上训练 XLM-R 模型，并且使用了包含约 2.5 TB 文本的 CommonCrawl 数据集。

最后，我们探讨了几种预训练的单语言 BERT 模型，包括法语、西班牙语、荷兰语、德语、汉语、日语、芬兰语、意大利语、葡萄牙语和俄语。在第 8 章中，我们将学习如何使用 Sentence-BERT 计算句子的特征。我们还将研究一些特定领域的 BERT 模型。

7.7 习题

让我们检验一下自己是否已经掌握了本章介绍的知识。请尝试回答以下问题。

(1) 什么是 M-BERT 模型？
(2) M-BERT 模型是如何进行预训练的？
(3) 词序在 M-BERT 模型中有什么影响？
(4) 什么是语码混用和音译？
(5) XLM 模型是如何进行预训练的？
(6) 翻译语言模型与其他预训练策略有何不同？
(7) 什么是 FLUE？

7.8 深入阅读

想要了解更多内容，请查阅以下资料。

- Guillaume Lample 和 Alexis Conneau 撰写的论文“Cross-lingual Language Model Pretraining”。
- Alexis Conneau、Kartikay Khandelwal 等人撰写的论文“Unsupervised Cross-lingual Representation Learning at Scale”。
- Hang Le、Loïc Vial 等人撰写的论文“FlauBERT: Unsupervised Language Model Pre-training for French”。
- Jou-Hui Ho、Hojin Kang 等人撰写的论文“Spanish Pre-Trained BERT Model and Evaluation Data”。
- Wietse de Vries、Andreas van Cranenburgh、Arianna Bisazza、Tommaso Caselli、Gertjan van Noord 和 Malvina Nissim 撰写的论文“BERTje: A Dutch BERT Model”。
- Yiming Cui、Wanxiang Che、Ting Liu、Bing Qin 和 Ziqing Yang 撰写的论文“Pre-Training with Whole Word Masking for Chinese BERT”。
- Antti Virtanen、Jenna Kanerva、Rami Ilo、Jouni Luoma、Juhani Luotolahti、Tapio Salakoski、Filip Ginter 和 Sampo Pyysalo 撰写的论文“Multilingual is Not Enough: BERT for Finnish”。
- Yuri Kuratov 和 Mikhail Arkhipov 撰写的论文“Adaptation of Deep Bidirectional Multilingual Transformers for Russian Language”。

第 8 章

Sentence-BERT 模型和特定领域的 BERT 模型

Sentence-BERT 模型是 BERT 模型最有趣的变体之一，它被普遍用于计算句子特征。在本章中，我们将首先了解 Sentence-BERT 模型的工作原理，探讨 Sentence-BERT 模型如何使用二元组和三元组网络架构来计算句子特征。然后，我们将学习 `sentence-transformers` 库，了解如何使用预训练的 Sentence-BERT 模型和 `sentence-transformers` 库来计算句子特征。

接着，我们将详细了解如何通过知识蒸馏使单语言模型成为多语言模型。我们将了解几个特定领域的 BERT 模型，比如 ClinicalBERT 模型和 BioBERT 模型。我们将学习如何训练 ClinicalBERT 模型，以及如何用它预测再入院概率。

最后，我们将了解 BioBERT 模型是如何训练的，以及如何为命名实体识别任务和问答任务微调预训练的 BioBERT 模型。

本章重点如下。

- 用 Sentence-BERT 模型生成句子特征
- 了解 `sentence-transformers` 库
- 通过知识蒸馏迁移多语言嵌入
- 特定领域的 BERT 模型：ClinicalBERT 模型和 BioBERT 模型

8.1 用 Sentence-BERT 模型生成句子特征

Sentence-BERT 模型由 Ubiquitous Knowledge Processing Lab（UKP-TUDA）研发。顾名思义，Sentence-BERT 模型是用来获得固定长度的句子特征的。Sentence-BERT

模型扩展了预训练的 BERT 模型（或其变体）以获得句子特征。但是，我们为什么需要 Sentence-BERT 模型来获取句子特征？我们不是可以直接使用 BERT 模型或其变体来获得句子特征吗？确实如此。

但是，直接使用 BERT 模型的一个挑战是它的运算时间很长。假设有一个数据集，其中的句子数量为 n，那么要找到一对高度相似的句子，它需要大约 $n(n-1)/2$ 次计算。

为了解决运算时间长的问题，研究人员研发了 Sentence-BERT 模型。Sentence-BERT 模型极大地缩短了 BERT 模型的运算时间。Sentence-BERT 模型被普遍用于句子对分类、计算两个句子之间的相似度等任务。在学习 Sentence-BERT 模型的工作原理之前，先让我们看看如何使用预训练的 BERT 模型来计算句子特征。

8.1.1 计算句子特征

我们以句子 Paris is a beautiful city 为例。假设我们需要计算这个句子的特征。首先，对该句子进行分词，并在句首添加一个`[CLS]`标记，在句尾添加一个`[SEP]`标记，标记结果如下所示。

```
tokens = [ [CLS], Paris, is, a, beautiful, city, [SEP] ]
```

然后，我们把这些标记送入预训练的 BERT 模型。它将返回每个标记 i 的特征 $\boldsymbol{R}_i$，如图 8-1 所示。

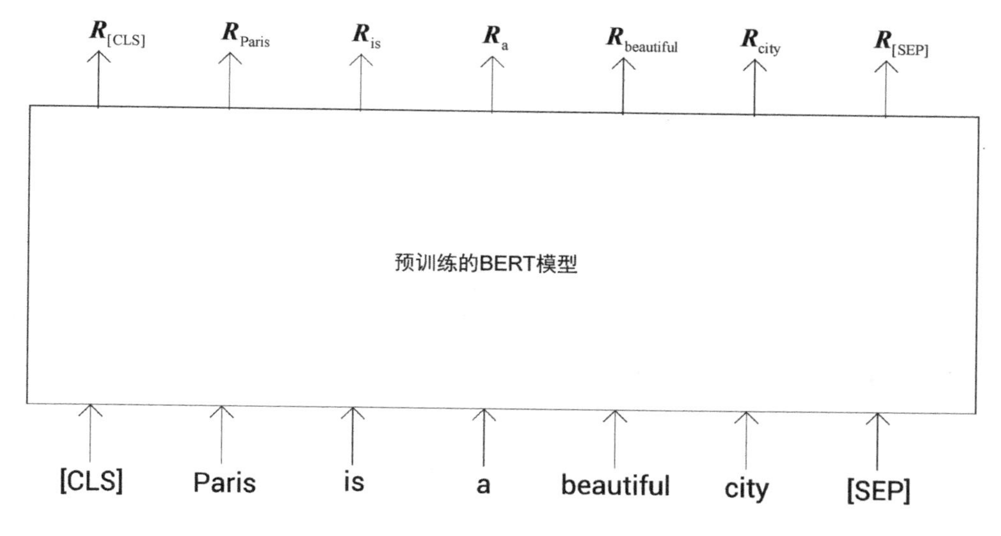

图 8-1　预训练的 BERT 模型

现在，我们得到了每个标记的特征 $\boldsymbol{R}_i$，那我们怎样才能获得完整句子的特征？我们知道[CLS]标记的特征 $\boldsymbol{R}_{[\mathrm{CLS}]}$ 是该句子的总特征，所以，我们可以用[CLS]标记的特征 $\boldsymbol{R}_{[\mathrm{CLS}]}$ 作为句子特征。

$$\text{句子特征} = \boldsymbol{R}_{[\mathrm{CLS}]}$$

但是，使用[CLS]标记的特征作为句子特征的问题是，句子的特征将不够准确，特别是我们直接使用预训练的 BERT 模型，而没有对其进行微调时。所以，我们可以使用汇聚法，而不是单用[CLS]标记的特征作为句子的特征。也就是说，通过汇聚所有标记的特征来计算整个句子的特征。平均汇聚和最大汇聚是最常用的两种汇聚策略。那么这两种汇聚策略在这里会起到什么作用呢？

- 如果我们通过对所有标记的特征使用平均汇聚法来获得句子特征，那么从本质上讲，句子特征持有所有词语（标记）的意义。
- 如果我们通过对所有标记的特征使用最大汇聚法来获得句子特征，那么从本质上讲，句子特征持有重要词语（标记）的意义。

我们可以通过汇聚所有标记的特征来计算一个句子的特征，如图 8-2 所示。

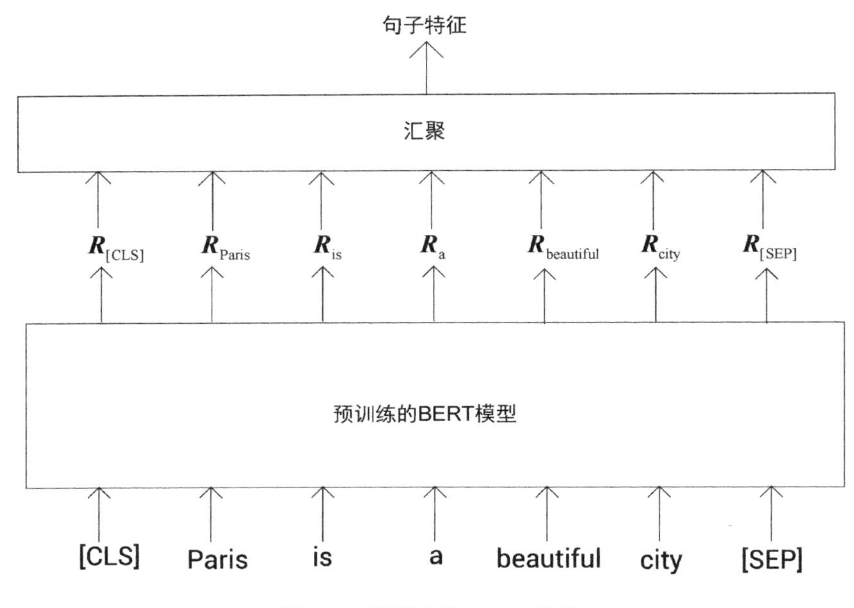

图 8-2 预训练的 BERT 模型

现在，我们了解了如何使用预训练的 BERT 模型来计算句子特征。在 8.1.2 节中，我们将具体了解 Sentence-BERT 模型的工作原理。

8.1.2 了解 Sentence-BERT 模型

需要注意的是，我们并没有从头训练 Sentence-BERT 模型。在 Sentence-BERT 模型中，我们采用预训练的 BERT 模型（或其变体）对其进行微调以获得句子特征。换句话说，Sentence-BERT 模型是预训练的 BERT 模型，它为计算句子特征任务进行了微调。那么 Sentence-BERT 模型有何特别之处？为了对预训练的 BERT 模型进行微调，Sentence-BERT 模型使用了二元组和三元组网络架构，这使得微调的速度更快，并有助于获得准确的句子特征。

Sentence-BERT 模型使用二元组网络架构来执行以一对句子作为输入的任务，并使用三元组网络架构来实现三元组损失函数。下面，让我们详细分析。

1. 使用二元组网络架构的 Sentence-BERT 模型

Sentence-BERT 模型通过二元组网络架构对执行句子对任务的预训练的 BERT 模型进行微调。我们先了解一下二元组网络架构是如何发挥作用的，以及如何为句子对任务微调预训练的 BERT 模型。

首先，我们看一下 Sentence-BERT 模型在句子对分类任务中的工作原理，然后看下 Sentence-BERT 模型在句子对回归任务中是如何工作的。

句子对分类任务中的 Sentence-BERT 模型

假设我们有一个包含句子对的数据集，以及一个标明句子对是相似（1）还是不相似（0）的二进制标签，如图 8-3 所示。

句子 1	句子 2	标签
I completed my assignment	I completed my homework	1
The game was boring	This is a great place	0
The food is delicious	The food is tasty	1
⋮	⋮	⋮

图 8-3　样本数据集

现在，我们看看如何应用这个数据集，利用二元组网络架构对执行句子对分类任务的预训练 BERT 模型进行微调。我们从数据集中抽取第一个句子对。

句子 1：I completed my assignment

句子 2：I completed my homework

我们需要对给定的句子对进行分类，判定两个句子是相似（1）还是不相似（0）。首先，对句子进行分词，并在句子的开头和结尾分别添加[CLS]标记和[SEP]标记，如下所示。

```
Tokens 1 = [ [CLS], I, completed, my, assignment, [SEP] ]

Tokens 2 = [ [CLS], I, completed, my, homework, [SEP] ]
```

我们将这些标记送入预训练的 BERT 模型，并获得每个标记的特征。本次 Sentence-BERT 模型使用二元组网络。二元组网络是两个共享同样权重的相同网络，所以这里我们使用两个相同的预训练 BERT 模型。我们将句子 1 的标记送入一个 BERT 模型，将句子 2 的标记送入另一个 BERT 模型，并计算出两个句子的特征。

为计算一个句子的特征，需要使用平均汇聚或最大汇聚。Sentence-BERT 模型默认使用平均汇聚。在应用了平均汇聚后，我们获得一个句子对的句子特征，如图 8-4 所示。

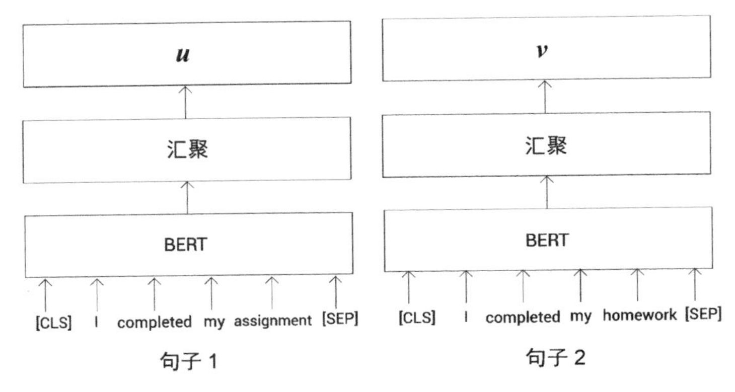

图 8-4 使用平均汇聚的 Sentence-BERT 模型

在图 8-4 中，$\boldsymbol{u}$ 表示句子 1 的特征，$\boldsymbol{v}$ 表示句子 2 的特征。我们将这两个句子特征矩阵与其逐项相减后的矩阵串连起来，然后乘以权重 $\boldsymbol{W}$，结果如下。

$$\left(\boldsymbol{W}_t(\boldsymbol{u},\boldsymbol{v},|\boldsymbol{u}-\boldsymbol{v}|)\right)$$

请注意，权重的维度 $\boldsymbol{W}$ 是 $n \times k$，其中 n 是句子嵌入的维度，k 是类的数量。然后，将结果送入 softmax 函数，该函数返回给定句子对之间的相似概率，如下所示。

$$\text{softmax}\left(\boldsymbol{W}_t(\boldsymbol{u},\boldsymbol{v},|\boldsymbol{u}-\boldsymbol{v}|)\right)$$

从图 8-5 中可以看到，我们首先将句子对送入预训练 BERT 模型，并通过汇聚得到句子的特征，然后将句子对的特征串连起来，并乘以权重 $\boldsymbol{W}$，将结果送入 softmax 函数。

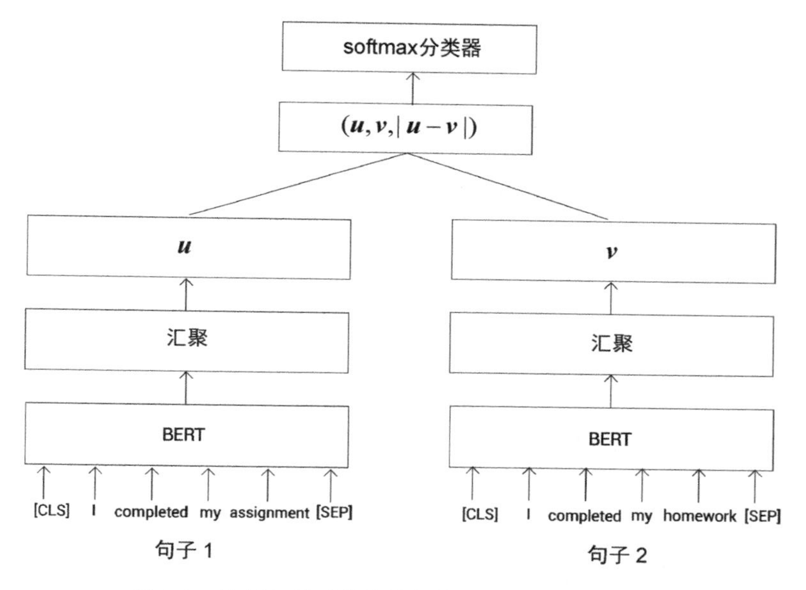

图 8-5 执行句子对分类任务的 Sentence-BERT 模型

我们通过最小化交叉熵损失和更新权重 $\boldsymbol{W}$ 来训练这个网络。以这种方式，我们就可以将 Sentence-BERT 模型用于句子对分类任务。

句子对回归任务中的 Sentence-BERT 模型

前面我们了解到 Sentence-BERT 模型如何将二元组网络架构用于句子对分类任务。现在，我们学习 Sentence-BERT 模型是如何应用于句子对回归任务的。假设有一个包含句子对和它们的相似度分数的数据集，如图 8-6 所示。

句子 1	句子 2	分数
How old are you	What is your age	0.99
The food is tasty	The food is delicious	0.98
I played the chess	He was sleeping	0.00
⋮	⋮	⋮

图 8-6 带有句子对相似度分数的样本数据集

现在，让我们看看如何利用前面的数据集，使用二元组网络架构对句子对回归任务微调预训练 BERT 模型。在句子对回归任务中，我们的目标是预测两个给定句子之间的语义相似度。我们从数据集中抽取第一个句子对，如下所示。

句子 1：How old are you

句子 2：What is your age

下面，计算两个句子之间的相似度分数。

我们首先为两个句子分词，并在句子的开头和结尾分别添加`[CLS]`标记和`[SEP]`标记，如下所示。

```
Tokens 1 = [ [CLS], How, old, are, you, [SEP] ]

Tokens 2 = [ [CLS], What, is, your, age, [SEP] ]
```

然后，将这些标记送入预训练的 BERT 模型，并获得每个标记的特征。同样，Sentence-BERT 模型使用二元组网络，所以我们使用两个相同的预训练 BERT 模型。将句子 1 的标记送入一个 BERT 模型，将句子 2 的标记送入另一个 BERT 模型，并应用汇聚计算出两个句子的特征。

$\boldsymbol{u}$是句子 1 的特征，$\boldsymbol{v}$是句子 2 的特征。然后，我们用余弦相似度等相似度指标来计算两个句子之间的相似度，如下所示。

$$相似度 = \text{cosine-sim}(\boldsymbol{u}, \boldsymbol{v})$$

如图 8-7 所示，先将两个句子分别送入两个预训练的 BERT 模型，并通过汇聚获得它们的句子特征，再用余弦相似度函数计算句子特征之间的相似度。

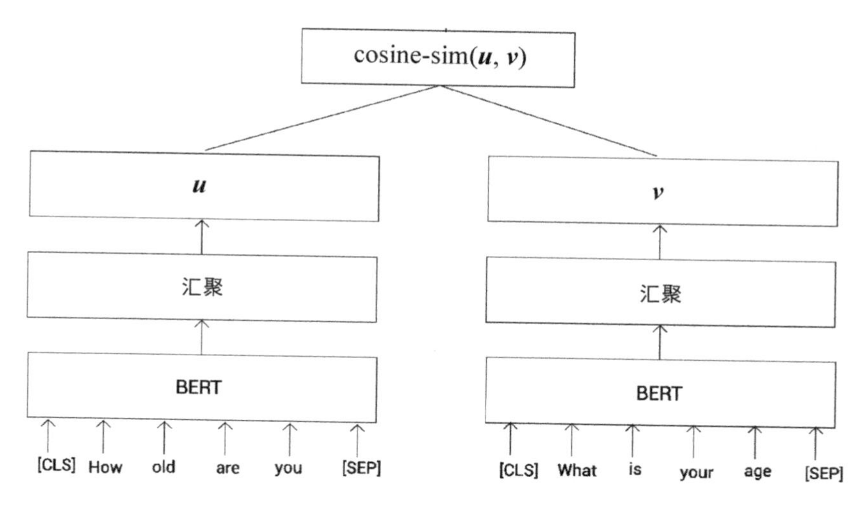

图 8-7 计算句子特征之间的相似度

我们通过最小化均方损失和更新模型的权重来训练这一网络。以这种方式，我们就可以将 Sentence-BERT 模型用于句子对回归任务。

2. 使用三元组网络架构的 Sentence-BERT 模型

我们已经了解了 Sentence-BERT 模型是如何通过二元组网络架构对执行句子对任务的预训练 BERT 模型进行微调的。现在，我们看看 Sentence-BERT 模型是如何使用三元组网络架构的。

假设有 3 个句子，即锚定句、正向句（必然）、负向句（矛盾），如下所示。

- **锚定句**：Play the game
- **正向句**：He is playing the game
- **负向句**：Don't play the game

我们的任务是计算出一个特征，使锚定句和正向句之间的相似度高，锚定句和负向句之间的相似度低。我们看看如何为这项任务微调预训练的 BERT 模型。因为有 3 个句子，所以 Sentence-BERT 模型使用三元组网络架构。

首先，对锚定句、正向句和负向句进行标记，并将其分别送入 3 个预训练的 BERT 模型，然后通过汇聚得到每个句子的特征，如图 8-8 所示。

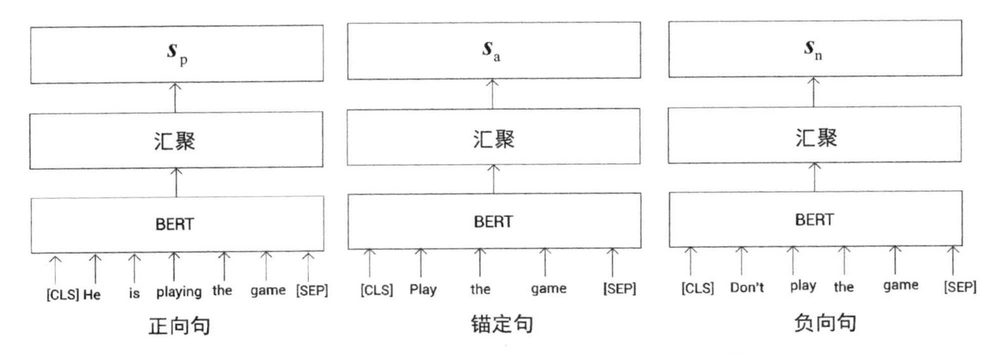

图 8-8 使用三元组网络架构的 Sentence-BERT 模型

可以看到，在图 8-8 中，s_a、s_p、s_n 分别表示锚定句、正向句和负向句的特征。然后，我们开始训练网络，以最小化下面的三元组损失函数。

$$\max\left(\left\|s_a - s_p\right\| - \left\|s_a - s_n\right\| + \epsilon, 0\right)$$

在这个式子中，$\|\cdot\|$ 表示距离度量。我们使用欧氏距离作为距离度量。ϵ 表示余量，它用于确保正向句的特征 s_p 比负向句的特征 s_n 至少有 ϵ 接近锚定句 s_a。

如图 8-9 所示，将锚定句、正向句和负向句送入 BERT 模型，并通过汇聚得到它们的特征。然后，训练网络以最小化三元组损失函数。最小化三元组损失函数可以确保正向句和锚定句之间的相似度大于负向句和锚定句之间的相似度。

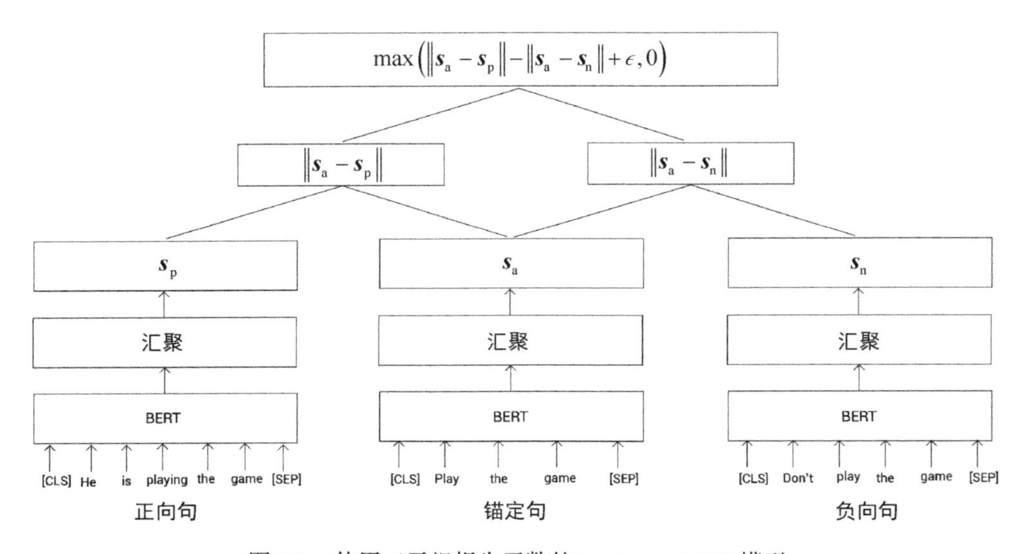

图 8-9 使用三元组损失函数的 Sentence-BERT 模型

通过这种方式，我们就可以使用具有三元组损失函数的 Sentence-BERT 模型了。Sentence-BERT 模型的研究人员公开了他们的 sentence-transformers 库，该库用于通过 Sentence-BERT 模型计算句子特征。

在 8.2 节中，我们将学习如何使用 sentence-transformers 库。

8.2 sentence-transformers 库

sentence-transformers 库可以使用 pip 来安装，安装代码如下。

```
pip install -U sentence-transformers
```

Sentence-BERT 的研究人员还在网上公开了他们预训练的 Sentence-BERT 模型。

我们可以找到 bert-base-nli-cls-token 模型、bert-base-nli-mean-token 模型、roberta-base-nli-max-tokens 模型、distilbert-base-nli-mean-tokens 模型等预训练模型。上述模型的简介如下。

- bert-base-nli-cls-token 模型是一个预训练的 Sentence-BERT 模型，它采用预训练的 BERT-base 模型，并用自然语言推理数据集进行了微调。该模型使用[CLS]标记作为句子特征。
- bert-base-nli-mean-token 模型是一个预训练的 Sentence-BERT 模型，它采用预训练的 BERT-base 模型，并用自然语言推理数据集进行了微调。该模型使用平均汇聚策略计算句子特征。
- roberta-base-nli-max-tokens 模型是一个预训练的 Sentence-BERT 模型，它采用预训练的 RoBERTa-base 模型，并用自然语言推理数据集进行了微调。该模型使用最大汇聚策略计算句子特征。
- distilbert-base-nli-mean-tokens 模型是一个预训练的 Sentence-BERT 模型，它采用预训练的 DistilBERT-base 模型，并用自然语言推理数据集进行了微调。该模型使用平均汇聚策略计算句子特征。

因此，当我们说预训练的 Sentence-BERT 模型时，意味着使用了一个预训练的 BERT 模型，并通过二元组/三元组网络架构对其进行了微调。在下文中，我们将学习如何使用预训练的 Sentence-BERT 模型。

8.2.1 使用 Sentence-BERT 计算句子特征

现在，我们学习如何使用预训练的 Sentence-BERT 模型计算句子特征。我们可以从 GitHub 上获取完整代码。为了确保代码运行顺畅，请将代码复制到 Google Colab 中运行。首先，我们从 sentence_transformers 库中导入 SentenceTransformer 模块，如下所示。

```
from sentence_transformers import SentenceTransformer
```

下载并加载预训练的 Sentence-BERT 模型。

```
model = SentenceTransformer('bert-base-nli-mean-tokens')
```

设置需要计算句子特征的句子。

```
sentence = 'paris is a beautiful city'
```

使用带有解码功能的 Sentence-BERT 模型计算句子特征。

```
sentence_representation = model.encode(sentence)
```

现在，查看特征的大小。

```
print(sentence_representation.shape)
```

以上代码的输出如下。

```
(768,)
```

我们可以看到，句子特征大小为 768。通过这种方式，我们可以使用预训练的 Sentence-BERT 模型，并获得固定长度的句子特征。

8.2.2 计算句子的相似度

现在，我们学习如何使用预训练的 Sentence-BERT 模型计算两个句子之间的语义相似度。

首先，导入必要的库。

```
import scipy
from sentence_transformers import SentenceTransformer, util
```

下载并加载预训练的 Sentence-BERT 模型。

```
model = SentenceTransformer('bert-base-nli-mean-tokens')
```

定义句子对。

```
sentence1 = 'It was a great day'
sentence2 = 'Today was awesome'
```

计算该句子对的句子特征。

```
sentence1_representation = model.encode(sentence1)
sentence2_representation = model.encode(sentence2)
```

计算两个句子特征之间的余弦相似度。

```
cosine_sim = \
util.pytorch_cos_sim(sentence1_representation,sentence2_representation)
```

以上代码的输出如下。

```
[0.93]
```

从上面的结果可以看到，给定句子对的相似度为 93%。通过这种方式，我们就可以将预训练的 Sentence-BERT 模型用于句子相似度任务。

8.2.3 加载自定义模型

除了 `sentence-transformers` 库中提供的预训练的 Sentence-BERT 模型外，我们也可以使用自己的模型。假设有一个预训练的 ALBERT 模型，我们看看如何使用这个模型来获得句子的特征。

首先，导入必要的库模块。

```
from sentence_transformers import models,SentenceTransformer
```

现在，定义我们的词嵌入模型，它将返回给定句子中每个标记的特征。我们使用预训练的 ALBERT 作为词嵌入模型。

```
word_embedding_model = models.Transformer('albert-base-v2')
```

接下来，我们定义汇聚模型，计算出标记的汇聚特征。我们已经了解了在 Sentence-BERT 模型中，可以使用不同的策略来获得句子的特征，即使用`[CLS]`标记、平均汇聚或最大汇聚。现在，我们设定一下用来计算句子特征的汇聚策略。如下面的代码所示，在这个例子中我们设置 `pooling_mode_mean_tokens = True`，这意味着使用的是平均汇聚来计算固定长度的句子特征。

```
pooling_model = \
models.Pooling(word_embedding_model.get_word_embedding_dimension(),
               pooling_mode_mean_tokens = True,
               pooling_mode_cls_token = False,
               pooling_mode_max_tokens = False)
```

然后，用单词嵌入和汇聚模型设置 Sentence-BERT 模型，如以下代码所示。

```
model = SentenceTransformer(modules=[word_embedding_model, pooling_model])
```

我们可以使用这个模型并计算出下面这个句子的特征。

```
model.encode('Transformers are awesome')
```

以上代码将返回一个大小为 768 的向量，它含有给定句子的特征。我们计算了给定句子中每个标记的特征，并将汇聚值作为句子的特征。

8.2.4 用 Sentence-BERT 模型寻找类似句子

在本节中，我们将探讨如何使用 Sentence-BERT 模型找到类似的句子。假设有一个电子商务网站，在主词典中有许多与订单有关的问题，比如 “How to cancel my order?”（如何取消订单？）和 “Do you provide a refund?”（你们是否允许退款？），等等。当一个新问题提出时，我们的目标是在主词典中找到与此问题最相关的问题。我们看看如何使用 Sentence-BERT 模型做到这一点。

首先，导入必要的库。

```
from sentence_transformers import SentenceTransformer, util
import numpy as np
```

下载并加载预训练的 Sentence-BERT 模型。

```
model = SentenceTransformer('bert-base-nli-mean-tokens')
```

设置主词典。

```
master_dict = [
                'How to cancel my order?',
                'Please let me know about the cancellation policy?',
                'Do you provide a refund?',
                'what is the estimated delivery date of the product?',
                'why my order is missing?',
                'how do i report the delivery of the incorrect items?'
                ]
```

设置输入问题。

```
inp_question = 'When is my product getting delivered?'
```

计算输入的问题特征。

```
inp_question_representation = model.encode(inp_question,
                                            convert_to_tensor=True)
```

计算主词典中所有问题的特征。

```
master_dict_representation = model.encode(master_dict,
                                          convert_to_tensor=True)
```

现在，计算输入问题的特征和主词典中所有问题的特征之间的余弦相似度。

```
similarity = util.pytorch_cos_sim(inp_question_representation,
                                  master_dict_representation )
```

显示最相似的问题。

```
print('The most similar question in the master dictionary to given input
question is:',master_dict[np.argmax(similarity)])
```

以上代码的输出如下。

```
The most similar question in the master dictionary to given input question
is: What is the estimated delivery date of the product?
```

通过这种方式，我们可以将预训练的 Sentence-BERT 模型用于许多有趣的用例，还可以针对任何下游任务对其进行微调。我们学习了 Sentence-BERT 模型的工作原理和如何使用它来计算句子的特征。除了将 Sentence-BERT 模型应用于英语外，我们是否可以将其应用于其他语言？答案是肯定的。在 8.3 节中，我们将继续探讨。

8.3 通过知识蒸馏迁移多语言嵌入

在本节中，我们将了解如何通过知识蒸馏将单语言的句子嵌入应用到多语言中。在第 7 章中，我们已经了解了 M-BERT 模型、XLM 模型和 XLM-R 模型是如何工作的，以及它们如何为不同的语言生成特征。在所有这些模型中，语言之间的向量空间是不一致的，也就是说，同一句子在不同语言中的特征将被映射到向量空间的不同位置。现在，让我们看一下如何将不同语言的类似句子映射到向量空间的相同位置。

我们已经了解了 Sentence-BERT 模型的工作原理，以及它是如何生成一个句子的特征的。但是，如何将 Sentence-BERT 模型用于英语以外的不同语言？我们可以通过知识蒸馏使 Sentence-BERT 模型生成的单语言句子嵌入成为多语言句子嵌入。为此，可将 Sentence-BERT 模型的知识迁移给任何多语言模型，比如 XLM-R 模型，并使多语言模型同预训练的 Sentence-BERT 模型一样生成嵌入。

我们知道 XLM-R 模型为 100 多种语言生成了嵌入。现在，我们使用预训练的 XLM-R 模型，教 XLM-R 模型为不同语言生成句子嵌入，这同 Sentence-BERT 模型的工作原理一样。我们使用预训练的 Sentence-BERT 模型作为教师，使用预训练的 XLM-R 模型作为学生。

假设有一个英语的原句和相应的法语目标句：[How are you, Comment ça va]。首先，将原句输入教师网络（Sentence-BERT 模型），并得到句子的特征。再把原句和目标句都输入学生网络（XLM-R 模型），得到句子的特征，如图 8-10 所示。

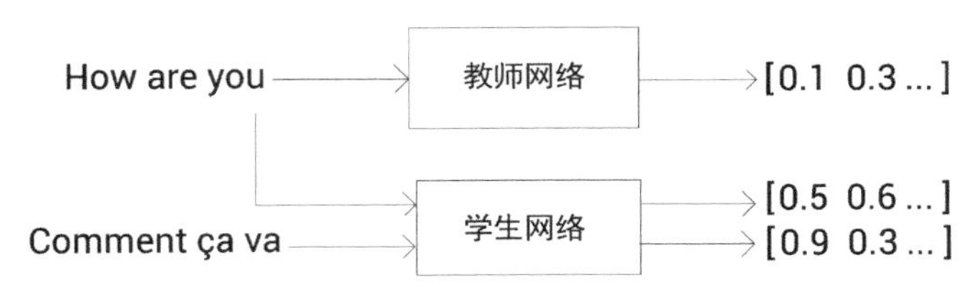

图 8-10 教师–学生架构

现在，我们有了由教师网络和学生网络生成的句子特征。可以看到教师网络和学生网络生成的原句特征是不同的，我们需要教学生网络（XLM-R 模型）生成与教师网络类似的特征。为了做到这一点，我们计算了教师网络生成的原句特征和学生网络生成的原句特征之间的均方误差。然后，训练学生网络以使**均方误差**（mean squared error，MSE）最小化。

如图 8-11 所示，为了使学生网络生成的特征与教师网络相同，我们计算了教师网络返回的原句特征和学生网络返回的原句特征之间的均方误差。

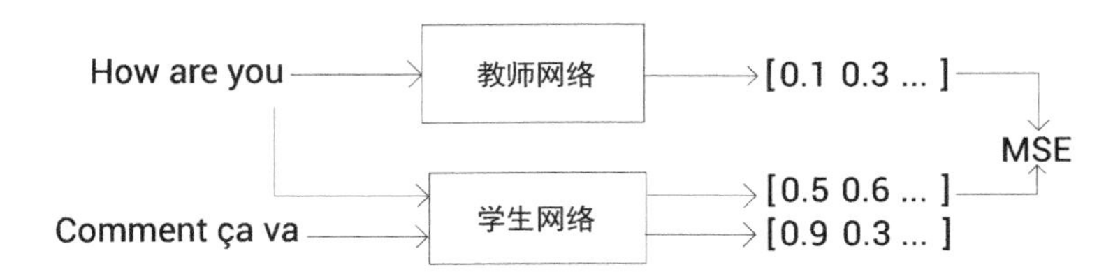

图 8-11 计算教师网络返回的原句特征和学生网络返回的原句特征之间的均方误差

我们还需要计算教师网络返回的原句特征和学生网络返回的目标句特征之间的均方误差。这是为什么呢？原因是目标法语句子等同于英语原句，因此，我们需要目标句子特征与教师网络返回的原句特征相同，如图 8-12 所示。

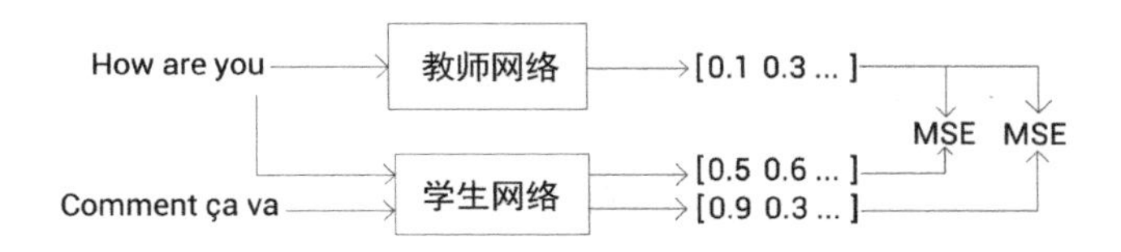

图 8-12 计算教师网络返回的原句特征和学生网络返回的目标句特征之间的均方误差

在计算均方误差之后，通过最小化均方误差训练学生网络，学生网络就学会了如何生成与教师网络一样的嵌入。以这种方式，可以让学生网络（XLM-R 模型）生成多语言嵌入，这与教师网络（Sentence-BERT 模型）生成单语言嵌入的方式相同。

8.3.1 教师-学生架构

假设我们有平行翻译的原句-目标句的句子对，比如$\left[(s_1,t_1),(s_2,t_2),\cdots,(s_i,t_i),\cdots,(s_n,t_n)\right]$，其中$s_i$是源语言中的原句，而$t_i$是目标语言中经过翻译的句子。

举例来说，(s_1,t_1)可以是一个原句（英语）和目标句（法语）句子对，(s_2,t_2)可以是一个原句（英语）和目标句（德语）句子对。

我们将教师模型表示为M，将学生模型表示为$\hat{M}$。首先，将原句s_i输入到教师模型M中，得到原句的特征$M(s_i)$。然后，将原句s_i和目标句t_i都输入到学生模型$\hat{M}$中，得到句子特征，即原句的特征为$\hat{M}(s_i)$，目标句的特征为$\hat{M}(t_i)$，如图 8-13 所示。

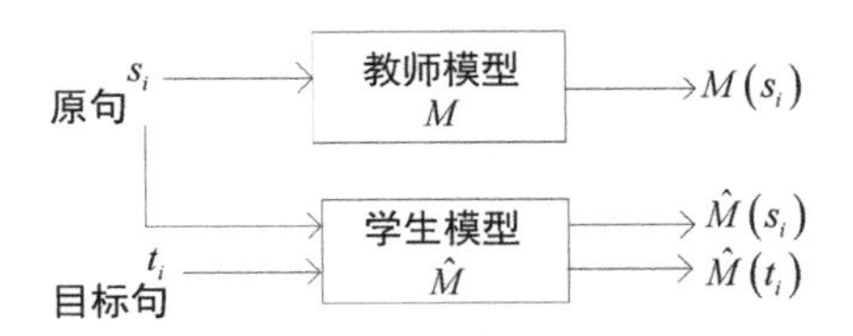

图 8-13 带有句子特征的教师-学生架构

现在，计算教师模型M的原句s_i和学生模型$\hat{M}$的原句s_i之间的均方误差，即$M(s_i)$和$\hat{M}(s_i)$之间的均方误差。

我们还计算了教师模型M的原句s_i和学生模型$\hat{M}$的目标句t_i之间的均方误差，即$M(s_i)$和$\hat{M}(t_i)$之间的均方误差。

接下来，通过最小化前述两个均方误差来训练学生网络。

$$\frac{1}{B}\sum_{i}\left[\left(M\left(s_i\right)-\hat{M}\left(s_i\right)\right)^2+\left(M\left(s_i\right)-\hat{M}\left(t_i\right)\right)^2\right]$$

在上式中，B 表示批次大小，其教师–学生架构如图 8-14 所示。

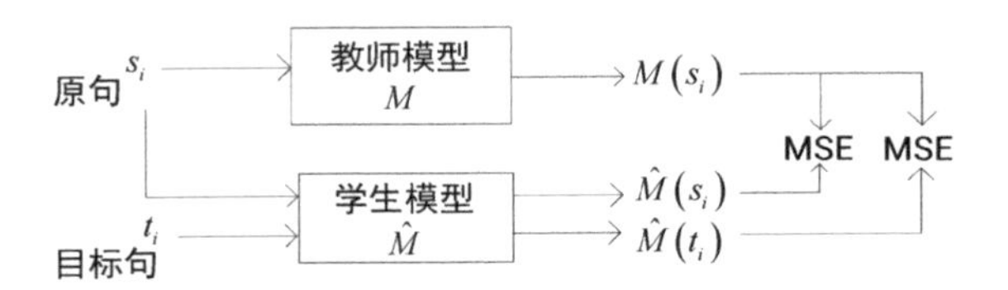

图 8-14 显示最小化均方误差的教师–学生架构

通过这种方式，我们可以训练学生模型生成与教师模型一样的嵌入。请注意，可以使用任何预训练模型作为教师模型和学生模型。

8.3.2 使用多语言模型

在 8.3.1 节中，我们了解到如何通过知识蒸馏使单语言模型成为多语言模型。在本节中，我们将学习如何使用预训练的多语言模型。研究人员已公开了他们预训练的模型和 `sentence-transformers` 库。因此，我们可以直接下载预训练模型并将其应用到我们的任务中。现有的预训练多语言模型列举如下。

- `distiluse-base-multilingual-cased` 模型：支持阿拉伯语、汉语、荷兰语、英语、法语、德语、意大利语、韩语、波兰语、葡萄牙语、俄语、西班牙语和土耳其语。
- `xlm-r-base-en-ko-nli-ststb` 模型：支持韩语和英语。
- `xlm-r-large-en-ko-nli-ststb` 模型：支持韩语和英语。

现在，我们看看如何使用这些预训练模型。我们先计算不同语言的两个句子之间的相似度。首先，我们导入 `SentenceTransformer` 模块。

```
from sentence_transformers import SentenceTransformer, util
import scipy
```

下载并加载预训练的多语言模型。

```
model = SentenceTransformer('distiluse-base-multilingual-cased')
```

设置输入句。

```
eng_sentence = 'thank you very much'
fr_sentence = 'merci beaucoup'
```

计算嵌入。

```
eng_sentence_embedding = model.encode(eng_sentence)
fr_sentence_embedding = model.encode(fr_sentence)
```

计算两个句子嵌入之间的相似度。

```
similarity = \
util.pytorch_cos_sim(eng_sentence_embedding,fr_sentence_embedding)
```

显示结果。

```
print('The similarity score is:',similarity)
```

以上代码的输出如下。

```
The similarity score is: [0.98400884]
```

通过这种方式，我们可以使用预训练的多语言模型，还可以针对任一下游任务对其进行微调。在 8.4 节中，我们将探讨特定领域的 BERT 模型。

8.4　特定领域的 BERT 模型：ClinicalBERT 模型和 BioBERT 模型

在前面的章节中，我们了解了 BERT 模型如何使用通用的维基百科语料库进行预训练，以及如何针对下游任务对其进行微调。我们不仅可以在通用的维基百科语料库上预训练 BERT 模型，而且可以在特定领域的语料库上重新训练 BERT 模型。这样做有助于 BERT 模型学习特定领域的嵌入，也有助于学习通用的维基百科语料库中不存在的专业术语。在本节中，我们将研究两个特定领域的 BERT 模型。

- ClinicalBERT 模型
- BioBERT 模型

我们将学习这两种模型是如何被预训练的，以及如何针对下游任务对其进行微调。

8.4.1　ClinicalBERT 模型

ClinicalBERT 模型是一个针对临床领域的 BERT 模型，它在一个大型临床语料库上进行了预训练。临床记录或进度记录包含了关于病人的非常有用的信息，包括病人的就诊记录、症状、诊断情况、日常活动、观察记录、治疗计划、放射性检查结果，等等。理解临床记录的上下文特征具有挑战性，因为它们有自己的语法结构、缩略语和行话。因此，我们使用许多临床文档对 ClinicalBERT 模型进行预训练，以了解临床文本的上下文特征。

ClinicalBERT 模型有什么用处呢？由 ClinicalBERT 模型学到的特征可以帮助我们理解许多临床细节、生成临床记录的摘要、了解疾病和治疗措施之间的关系，以及更多信息。一旦经过预训练，ClinicalBERT 模型就可用于各种下游任务，比如再入院预测、住院时间预测、死亡风险评估、诊断预测等。

1. 预训练 ClinicalBERT 模型

ClinicalBERT 模型使用 MIMIC-III 临床记录进行预训练。MIMIC-III 是 Beth Israel Deaconess Medical Center 参与创建的一个大型健康数据集合，它包括一个重症医学数据集，该数据集含有超过 40 000 名重症监护室病人的观察数据。如图 8-15 所示，ClinicalBERT 模型使用掩码语言模型构建任务和下句预测任务进行预训练，这同预训练 BERT 模型一样。

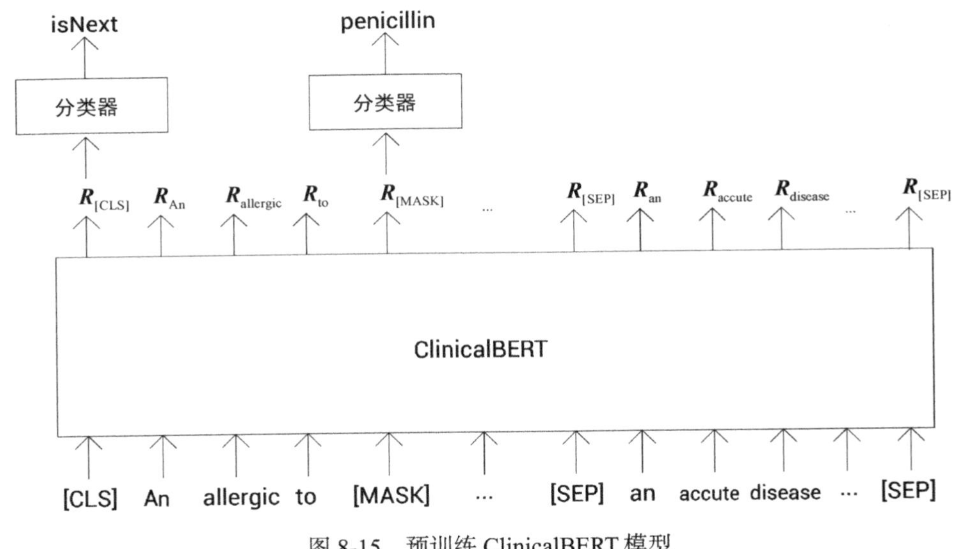

图 8-15 预训练 ClinicalBERT 模型

如图 8-15 所示，我们将两个带有掩码的句子送入模型，并训练模型预测掩码，同时预测第二句是否为第一句的下句。在预训练之后，我们可以将模型用于任何下游任务。

2. 对 ClinicalBERT 模型进行微调

经过预训练，我们可以针对各种下游任务对 ClinicalBERT 模型进行微调，比如再入院预测、住院时间预测、死亡风险评估、诊断预测等。

假设我们针对再入院预测任务对预训练的 ClinicalBERT 模型进行微调。在再入院预测任务中，模型的目标是预测一个病人在未来 30 天内再次入院的概率。如图 8-16 所示，我们将临床记录送入预训练的 ClinicalBERT 模型，临床记录的特征将被返回。然后，我们将`[CLS]`标记的特征送入分类器（使用 sigmoid 激活函数的前馈网络层），分类器返回病人在未来 30 天内再次入院的概率。

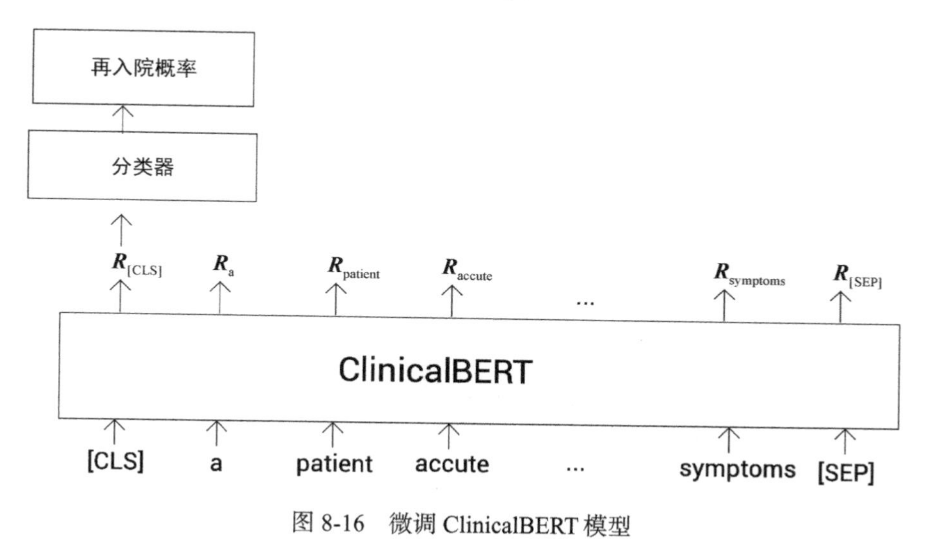

图 8-16 微调 ClinicalBERT 模型

但在 BERT 模型中，最大标记长度为 512。当一个病人的临床记录包含更多的标记时，ClinicalBERT 模型该如何进行预测呢？在这种情况下，可以将临床记录（长序列）分成几个子序列。然后将每个子序列送入模型，并对所有子序列分别进行预测。最后，我们可以用以下公式计算出分数。

$$P\left(\text{readmit}=1 \mid h_{\text{patient}}\right)=\frac{P_{\max}^{n}+P_{\text{mean}}^{n}\frac{n}{c}}{1+\frac{n}{c}}$$

上面的公式含有以下变量：

- n 表示子序列的数量；
- $P_{\max}^{n}$ 表示所有子序列中的最大再入院概率；
- P_{mean}^{n} 表示所有子序列的平均再入院概率；

- c 是比例系数。

现在，让我们逐步理解前面的公式。假设我们有 n 个子序列，其中一些子序列包含更多与再入院预测有关的信息，但是有一些子序列不包含与再入院预测有关的信息。因此，并非所有的子序列都对预测有用。所以，我们可以直接使用所有子序列的最大概率作为我们的预测，公式如下所示。

$$P\left(\text{readmit}=1 \mid h_{\text{patient}}\right)=P_{\max}$$

假设一个子序列包含噪点数据，那么，在这种情况下，简单地将最大概率作为我们的最终预测结果是不正确的。因此，为了避免这种情况，需要计算所有子序列的平均概率，公式则变成如下所示。

$$P\left(\text{readmit}=1 \mid h_{\text{patient}}\right)=P_{\max}+P_{\text{mean}}$$

当病人有很多临床记录或较长的临床记录时，子序列的数量 n 会很大。在这种情况下，我们有更大的可能性获得一个有噪点数据的最大概率，即 $P_{\max}^{n}$。因此，我们应该更加重视平均概率 P_{mean}^{n}。为了增加 P_{mean}^{n} 的权重，我们将 P_{mean}^{n} 乘以 $\frac{n}{c}$，其中 c 是比例系数。现在，公式变成如下所示。

$$P\left(\text{readmit}=1 \mid h_{\text{patient}}\right)=P_{\max}^{n}+P_{\text{mean}}^{n}\frac{n}{c}$$

接下来，为了归一化最后的分数，用分数除以 $1+\frac{n}{c}$，因此最终的公式如下所示。

$$P\left(\text{readmit}=1 \mid h_{\text{patient}}\right)=\frac{P_{\max}^{n}+P_{\text{mean}}^{n}\frac{n}{c}}{1+\frac{n}{c}}$$

上面的公式计算出了一个病人再次入院的概率。通过这种方式，我们可以利用预训练的 ClinicalBERT 模型，针对其他下游任务进行微调。

3. 临床专业词的相似度

现在，让我们凭借经验评估一下 ClinicalBERT 模型学到的特征。为了评估它，我们将使用 ClinicalBERT 模型获得医学术语的特征。在计算了医学术语的特征后，我们用 **t 分布随机邻域嵌入法**（t-distributed stochastic neighbor embedding，t-SNE）来绘制它们，如图 8-17 所示。

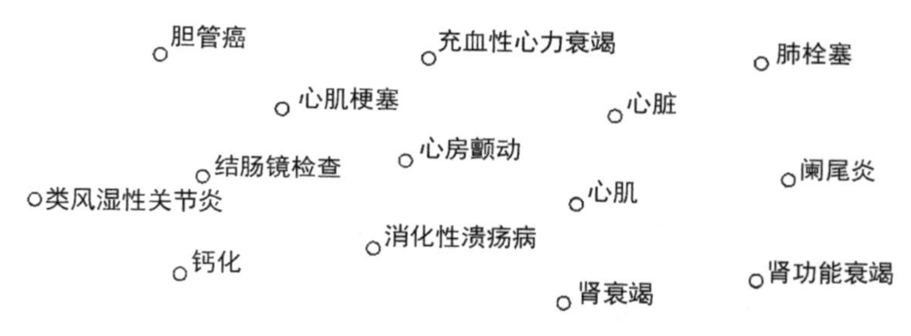

图 8-17 ClinicalBERT 模型的嵌入

从图 8-17 中，我们可以看到，与心脏有关的医学术语，比如**心肌梗塞**、**充血性心力衰竭**和**心脏**，被画在了一起。与肾脏有关的医学术语，比如**肾功能衰竭**和**肾衰竭**，被画在了一起。这表明，ClinicalBERT 模型的特征具有医学术语的上下文信息，这导致了相似的医学术语被绘制在了一起。

现在，我们已经了解了 ClinicalBERT 模型的工作原理。在 8.4.2 节中，我们将学习 BioBERT 模型。

8.4.2 BioBERT 模型

顾名思义，BioBERT 模型是一个针对生物医学领域的 BERT 模型，它在一个大型生物医学语料库上进行预训练。由于 BioBERT 模型理解生物医学领域的特定特征，一旦经过预训练，它在生物医学文本上的表现会比普通的 BERT 模型更好。BioBERT 模型的架构与 BERT 模型相同。经过预训练，我们可以针对许多生物医学领域特定的下游任务对 BioBERT 模型进行微调，比如生物医学问答任务、生物医学命名实体识别任务等。

1. 对 BioBERT 模型进行预训练

BioBERT 模型使用生物医学领域的特定文本进行预训练。我们使用以下两个生物医学数据集。

- PubMed：一个引文数据库，它包含来自生命科学期刊、在线书籍和 MEDLINE（美国国立医学图书馆的生物医学文献数据库）的 3000 多万条生物医学文献的引文。
- PubMed Central（PMC）：一个免费的在线资料库，包括在生物医学期刊和生命科学期刊上发表的文章。

BioBERT模型使用PubMed摘要和PMC全文文章进行预训练。PubMed语料库大约有45亿个词，PMC语料库大约有135亿个词。我们知道，BERT模型一般使用通用领域的语料库进行预训练，该语料库由英语维基百科和多伦多图书语料库数据集组成。所以，在直接预训练BioBERT模型之前，我们要用BERT模型初始化BioBERT模型的权重，然后用生物医学领域的特定语料库预训练BioBERT模型。

我们使用WordPiece进行分词。研究人员使用BERT-base模型中的原词表，而不是使用来自生物医学语料库的新词表。这是因为BioBERT模型和BERT模型是互相兼容的，未见过的词也将用原来的BERT-base模型词表来表示和微调。研究人员还发现，在下游任务中，使用区分大小写的词表会比使用不区分大小写的词表获得更好的性能。BioBERT模型在8块NVIDIA V100 GPU上训练了3天。

研究人员对外公开了预训练的BioBERT模型，我们可从GitHub网站上下载预训练的BioBERT模型并将其应用到其他任务中。

预训练的BioBERT模型可以有不同的组合。

- BioBERT + PubMed模型：该模型使用PubMed语料库进行训练。
- BioBERT + PMC模型：该模型使用PMC语料库进行训练。
- BioBERT + PubMed + PMC模型：该模型使用PubMed语料库和PMC语料库进行训练。

接下来，我们将学习如何对预训练的BioBERT模型进行微调。

2. 微调BioBERT模型

在对BioBERT模型进行预训练后，我们针对下游任务对其进行微调。在生物医学领域的下游任务中，BioBERT模型的性能优于一般的BERT模型。现在，让我们看一下如何针对下游任务对预训练的BioBERT模型进行微调。

用于命名实体识别任务的BioBERT模型

在命名实体识别任务中，我们的目标是将被命名的实体分类到它们各自预定义的类别中。假设预定义的类别有疾病、药物、化学品、感染等。以句子An allergy to penicillin can cause an anaphylactic reaction为例，在这句话中，allergy应该被归类为疾病，penicillin应该被归类为药物，anaphylactic也应该被归类为疾病。

现在，我们看看如何微调预训练的BioBERT模型来执行命名实体识别任务。首先，对例句进行分词，在开头添加`[CLS]`标记，在结尾添加`[SEP]`标记。然后，将这些标记送入预训练的 BioBERT 模型，获得每个标记的特征。

接下来，将这些标记特征送入分类器（使用 softmax 函数的前馈网络层）。最后，分类器返回命名实体所属的类别（图 8-18）。

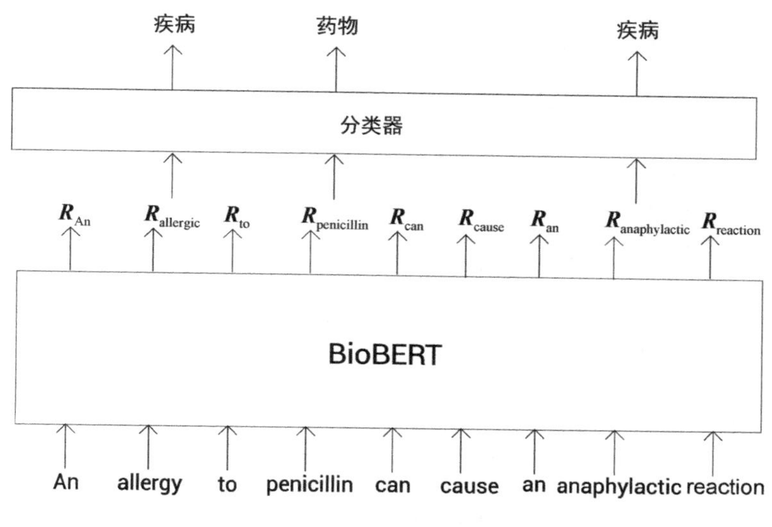

图 8-18　针对命名实体识别任务微调 BioBERT 模型

最初的结果不会很准确，但经过几次迭代后，通过微调模型参数可以获得更好的结果。

那么可以用什么数据集来进行微调？对于与疾病相关的实体，我们可以使用以下数据集。

- NCBI
- 2010 i2b2/VA
- BC5CDR

对于与药物/化学品相关的实体，我们可以使用以下数据集。

- BC5CDR
- BC4CHEMD

对于与基因相关的实体，我们可以使用以下数据集。

- BC2GM
- JNLPBA

对于与物种相关的实体，我们可以使用以下数据集。

- LINNAEUS
- Species-800

我们还可以整合所有这些数据集对 BioBERT 模型进行微调。我们可以将数据集文本中的生物医学术语分为不同的实体，即疾病、药物/化学品、基因和物种。

用于问答任务的 BioBERT 模型

我们还可以针对生物医学问答任务对预训练的 BioBERT 模型进行微调。BioASQ 被广泛应用于生物医学问答数据集。BioASQ 数据集的格式与 SQuAD 数据集相同。同微调 BERT 模型的方式一样，可以针对问答任务微调 BioBERT 模型。在使用 BioASQ 数据集进行微调后，我们可以使用 BioBERT 模型来回答生物医学领域的问题。

除了上述任务，我们还可以为生物医学领域的其他下游任务微调 BioBERT 模型。

8.5 小结

在本章中，我们首先了解了 Sentence-BERT 模型的工作原理。在 Sentence-BERT 模型中，我们使用平均汇聚或最大汇聚来计算句子特征。我们了解了 Sentence-BERT 模型是一个针对计算句子特征进行微调的预训练 BERT 模型。为了微调预训练的 BERT 模型，Sentence-BERT 模型使用了二元组和三元组网络架构，这让微调的速度更快，有助于获得准确的句子嵌入。

接着，我们学习了如何使用 `sentence-transformers` 库。我们学习了如何计算句子特征，如何使用 `sentence-transformers` 计算一个句子对的语义相似度。然后，我们学习了如何利用知识蒸馏使单语言嵌入成为多语言嵌入，并学习了如何让学生网络（XLM-R 模型）生成多语言嵌入，其生成方式与教师网络（Sentence-BERT 模型）生成单语言嵌入的方式相同。

我们还探讨了特定领域的 BERT 模型，了解了如何使用 MIMIC-III 临床记录对 ClinicalBERT 模型进行预训练，以及如何为再入院预测任务微调 ClinicalBERT 模型。

最后，我们学习了 BioBERT 模型，了解了它是如何针对下游任务进行微调的。在第 9 章中，我们将了解 VideoBERT 模型和 BART 模型的工作原理。

8.6 习题

让我们检验一下自己是否已经掌握了本章介绍的知识。请尝试回答以下问题。

(1) 什么是 Sentence-BERT 模型？
(2) 最大汇聚和平均汇聚的区别是什么？
(3) 什么是 ClinicalBERT 模型？
(4) ClinicalBERT 模型的用途是什么？
(5) 用于训练 ClinicalBERT 模型的数据集是什么？
(6) 如何使用 ClinicalBERT 模型计算再入院概率？
(7) 用于训练 BioBERT 模型的数据集是什么？

8.7 深入阅读

想要了解更多内容，请查阅以下资料。

- Nils Reimers 和 Iryna Gurevych 撰写的论文“Sentence-BERT: Sentence Embeddings using Siamese BERT-Networks”。
- Nils Reimers 和 Iryna Gurevych 撰写的论文“Making Monolingual Sentence Embeddings Multilingual using Knowledge Distillation”。
- Kexin Huang、Jaan Altosaar 和 Rajesh Ranganath 撰写的论文“ClinicalBERT: Modeling Clinical Notes and Predicting Hospital Readmission”。
- Jinhyuk Lee、Wonjin Yoon、Sungdong Kim、Donghyeon Kim、Sunkyu Kim、Chan Ho So 和 Jaewoo Kang 撰写的论文“BioBERT: A Pre-trained Biomedical Language Representation Model for Biomedical Text Mining”。

第9章

VideoBERT模型和BART模型

在走过了漫长道路后，我们终于来到了最后一章。我们从了解 Transformers 开始，详细了解了 BERT 模型及其几种变体,还了解了 ALBERT 模型和 Sentence-BERT 模型。在本章中，我们将了解两个新的有趣模型，即 VideoBERT 模型和 BART 模型。我们还将探讨两个流行的 BERT 库，即 ktrain 库和 bert-as-service 库。

首先，我们将学习 VideoBERT 模型的工作原理，了解 VideoBERT 模型是如何进行预训练以同时获得语言和视频的特征的。我们还将了解 VideoBERT 模型的一些应用。

然后，我们将学习什么是 BART 模型，以及它与 BERT 模式的区别。我们将详细了解在 BART 模型中使用的不同增噪技术，并了解如何使用预训练的 BART 模型执行文本摘要任务。

接着，我们将认识一个名为 ktrain 的代码库，探索 ktrain 库是如何工作的，并学习使用 ktrain 库执行情感分析任务、问答任务和文本摘要任务。

在学习了 ktrain 库之后，我们将了解 bert-as-service 库，它是一个流行的 BERT 库，用来获得句子特征。我们将学习如何使用 bert-as-service 库计算句子和上下文的单词特征。

本章重点如下。

- VideoBERT 模型学习语言及视频特征
- 了解 BART 模型
- 探讨 BERT 库

9.1 VideoBERT 模型学习语言及视频特征

现在，我们了解一下 BERT 模型的另一个有趣的变体 **VideoBERT 模型**。顾名思义，在学习语言特征的同时，VideoBERT 模型也学习视频的特征，它是第一个联合学习视频特征及语言特征的模型。

同使用预训练的 BERT 模型并为下游任务进行微调一样，我们也可以使用预训练的 VideoBERT 模型为许多有趣的下游任务进行微调。VideoBERT 模型可应用于图像字幕生成、视频字幕添加、预测视频的下一帧等任务。

VideoBERT 模型究竟是如何进行预训练来学习视频特征及语言特征的？下面，让我们一起进行深入了解。

9.1.1 预训练 VideoBERT 模型

我们知道，BERT 模型是使用两个任务进行预训练的，它们是**掩码语言模型构建（完形填空）任务和下句预测任务**。那么我们是否也可以使用这两个任务对 VideoBERT 模型进行预训练呢？答案是可以使用掩码语言模型构建任务，但不能使用下句预测任务。我们使用一个名为**语言-视觉对齐**的新任务来取代下句预测任务。下面，让我们来探讨一下 VideoBERT 模型究竟是如何使用完形填空任务和语言-视觉对齐任务进行预训练的。

1. 完形填空任务

首先，让我们看看 VideoBERT 模型是如何使用完形填空任务进行预训练的。我们将使用一段教学视频，比如烹饪视频。但为什么选择教学视频呢？为什么不能随机选择视频？让我们通过一个例子来回答这个问题。假设在一个教我们如何做饭的烹饪视频中，旁白说 Cut lemon into slices。当我们听到 Cut lemon into slices 时，视频也会展示如何将柠檬切成片状，如图 9-1 所示。

音频：Cut lemon into slices

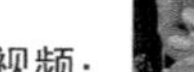

图 9-1 视频样本

在这类视频中，旁白和视觉画面是对应的，这对于预训练 VideoBERT 模型非常有用。并且在教学视频中，旁白和相应的视觉画面往往互相匹配，这也有助于联合学习语言及视频的特征。

下面，我们看看如何利用视频进行预训练。首先，我们需要从视频中提取语言标记和视觉标记。

我们先从视频中提取音频，将音频转换为文本。为了实现这一目标，我们需要利用**自动语音识别**（automatic speech recognition，ASR）工具。通过使用自动语音识别工具，我们提取视频中的音频并将其转换为文本。在将音频转换为文本后，我们对文本进行标记，这样就形成了语言标记。

为了获得视觉标记，我们以 20 帧/秒的速度对视频中的图像帧进行采样。然后，我们将图像帧转换成持续时间为 1.5 秒的视觉标记。

通过上述方式，我们获得了语言标记和视觉标记。那么如何使用这些标记对 VideoBERT 模型进行预训练呢？首先，我们将语言标记和视觉标记相结合，如图 9-2 所示。我们可以看到，在语言标记和视觉标记之间有一个`[>]`标记，这是一个特殊的标记，用于结合语言标记和视觉标记。

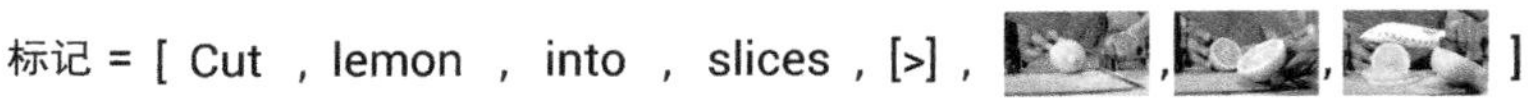

标记 = [Cut , lemon , into , slices , [>] , , ,]

图 9-2 输入标记

我们知道标记方法是在第一句的开头添加`[CLS]`标记，在每句的结尾添加`[SEP]`标记。现在，我们在语言标记的开头添加`[CLS]`标记，而`[SEP]`标记只在视觉标记的末尾添加。这表明我们将整个语言标记和视觉标记的集合视为一个句子，如图 9-3 所示。

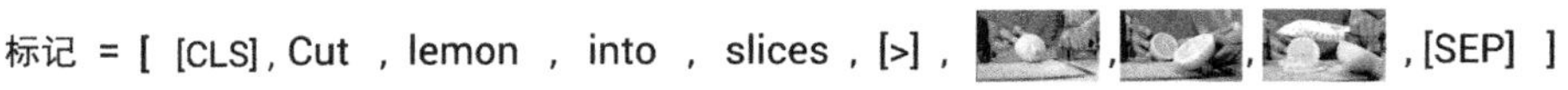

标记 = [[CLS], Cut , lemon , into , slices , [>] , , , , [SEP]]

图 9-3 含有`[CLS]`和`[SEP]`的输入标记

现在，我们随机掩盖一些语言标记和视觉标记，如图 9-4 所示。

标记 = [[CLS] , Cut , [MASK] , into , slices , [>] , , [MASK] , , [SEP]]

图 9-4 被随机掩盖的输入标记

然后，我们将所有的标记送入 VideoBERT 模型，它将返回所有标记的特征。如图 9-5 所示，我们可以看到 $\boldsymbol{R}_{[\mathrm{CLS}]}$ 表示标记`[CLS]`的特征，$\boldsymbol{R}_{\mathrm{cut}}$ 表示标记 Cut 的特征，以此类推。

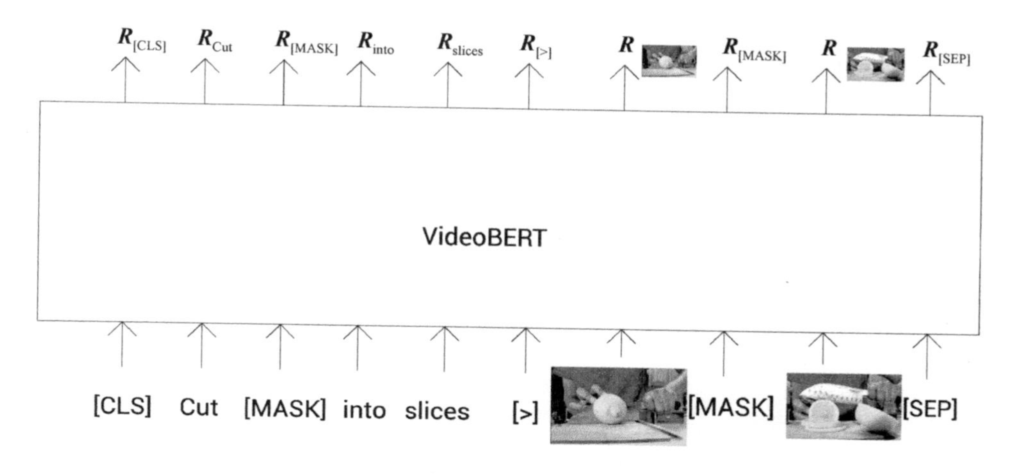

图 9-5 VideoBERT 模型返回所有标记的特征

现在，我们将 VideoBERT 模型返回的掩码标记的特征送入一个分类器（使用 softmax 函数的前馈网络层），该分类器预测出被掩码的标记，如图 9-6 所示。

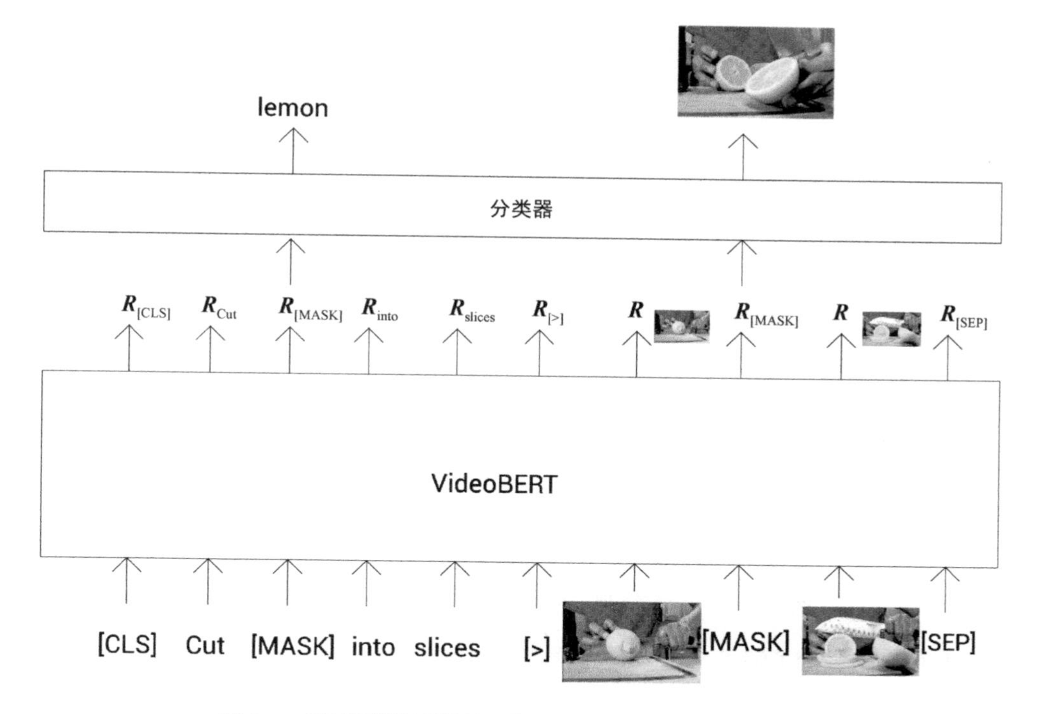

图 9-6 通过预测掩码标记对 VideoBERT 模型进行预训练

通过在完形填空任务中预测语言掩码标记和视觉掩码标记，我们对 VideoBERT 模型进行了预训练。

下面,我们将了解 VideoBERT 模型是如何通过语言-视觉对齐任务进行预训练的。

2. 语言-视觉对齐任务

与训练 BERT 模型的下句预测任务类似，语言-视觉对齐也是一个分类任务。但在这里，我们不预测一个句子是否是另一个句子的下一句，而是预测语言标记和视觉标记是否在时间上吻合，也就是说，我们需要预测文本（语言标记）是否与视频画面（视觉标记）匹配。

我们的目标是预测语言标记是否与视觉标记保持一致。为了实现这一目标，我们提取`[CLS]`标记的特征，将其送入一个分类器，对给定的语言标记和视觉标记在时间上是否一致进行分类，如图 9-7 所示。

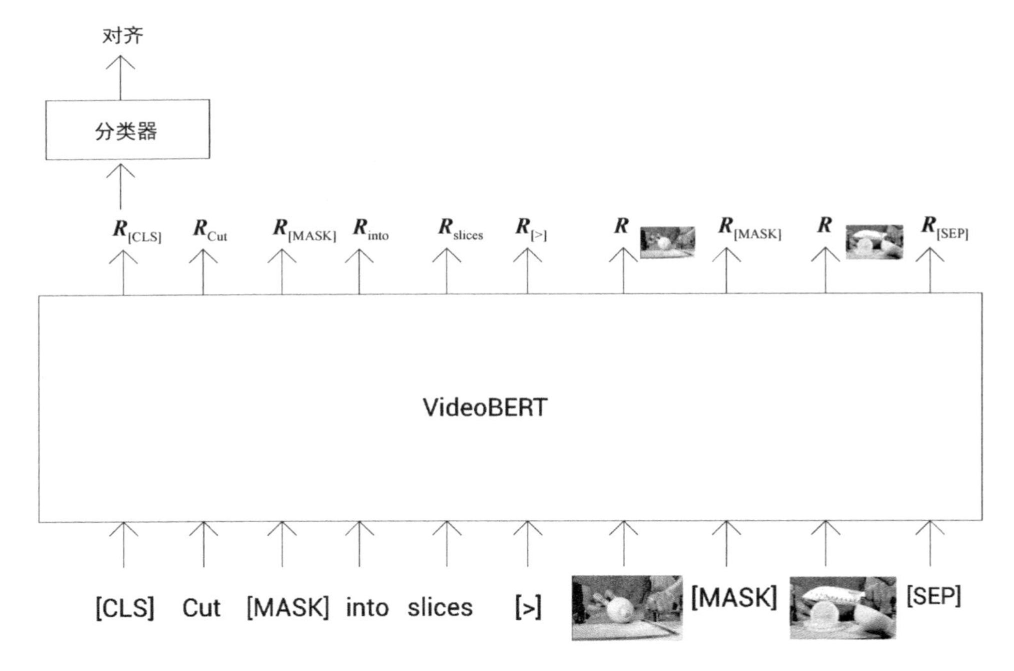

图 9-7 通过语言-视觉对齐任务预训练 VideoBERT 模型

我们已经详细了解了 VideoBERT 模型是如何使用完形填空任务和语言-视觉对齐任务进行预训练的。下面，我们将了解预训练 VideoBERT 模型的最终目标。

3. 预训练的最终目标

VideoBERT 模型使用以下 3 个目标进行预训练，它们被称为**纯文本**、**纯视频**和**文本–视频**。

- 在**纯文本**目标中，我们掩盖语言标记，并训练模型预测被掩盖的语言标记。这一方法可以使模型更好地理解语言特征。
- 在**纯视频**目标中，我们掩盖视觉标记，并训练模型预测被掩盖的视觉标记。这一方法有助于模型更好地理解视频特征。
- 在**文本–视频**目标中，我们掩盖语言标记和视觉标记，并训练模型预测被掩盖的语言标记和视觉标记。我们针对语言–视觉对齐任务训练模型，这有助于模型理解语言标记和视觉标记之间的关系。

VideoBERT 模型的最终预训练目标是上述 3 个目标的加权组合。VideoBERT 模型针对这个最终目标使用 4 块 TPU 预训练两天，共计 50 万次迭代。我们可以针对下游任务对预训练的 VideoBERT 模型进行微调。

我们使用什么样的数据集预训练 VideoBERT 模型呢？在 9.1.2 节中，我们将了解研究人员是用什么数据集对 VideoBERT 模型进行预训练的。

9.1.2 数据源和预处理

为了让 VideoBERT 模型学习更好的语言特征和视频特征，我们需要大量的视频。前面讲过，我们不随机选择视频进行预训练，而是使用教学视频。研究人员使用 YouTube 上的教学视频来创建数据集。他们利用 YouTube 视频注释系统挑选出与烹饪有关的视频，并从中选择时长少于 15 分钟的视频。挑选出的视频总计为 312 000 个，相当于大约 23 186 小时或 966 天。

接下来，为了将视频中的音频转换为文本，研究人员使用了 YouTube API 提供的自动语音识别工具。YouTube 的 API 将音频转换为文本，并返回文本和时间戳。从这个 API 中，我们还会获得视频中使用的语言信息。

API 并没有将 312 000 个视频的音频转换为文本，而是只转换了 180 000 个视频。在这 18 万个视频中，只有 12 万个视频被预测为英文视频。对于纯文本目标和文本–视频目标，研究人员使用这 12 万个英文视频作为数据集。而对于纯视频目标，他们使用所有的视频，即 312 000 个视频作为数据集。

那么视觉标记是如何获得的呢？为了获得视觉标记，我们以 20 帧/秒的速度从视频中采样图像帧。从这些图像帧中，研究人员使用预训练的视频卷积神经网络提取视觉特征，并使用分层的 K 均值算法对视觉特征进行标记。

我们已经了解了 VideoBERT 模型是如何进行预训练的以及使用什么数据集来预训练 VideoBERT 模型。下面，让我们看一下 VideoBERT 模型可以应用在哪些方面。

9.1.3 VideoBERT 模型的应用

在本节中，我们将快速了解一下 VideoBERT 模型的一些有趣的应用。

1. 预测下一个视觉标记

通过向 VideoBERT 模型提供一个视觉标记，它可以预测接下来的前 3 个视觉标记。如图 9-8 所示，我们将一个视觉标记送入 VideoBERT 模型。根据给定的视觉标记，VideoBERT 模型理解到我们正在烘焙一个蛋糕，并预测到未来的 3 个标记。

图 9-8　使用 VideoBERT 模型预测下一个视觉标记

图 9-8 源自论文“VideoBERT: A Joint Model for Video and Language Representation Learning”。

2. 由文本生成视频

向 VideoBERT 送入文本作为输入，VideoBERT 可以生成一个相应的视觉标记。如图 9-9 所示，根据给定的烹饪指令，VideoBERT 生成了相应的视频。

图 9-9　使用 VideoBERT 模型由文本生成视频

图 9-9 同样来自论文“VideoBERT: A Joint Model for Video and Language Representation Learning”。

3. 生成视频字幕

我们可以通过 VideoBERT 模型来为一个给定视频加字幕。我们只需将视频送入 VideoBERT 模型，它就会返回字幕。图 9-10 显示了一个生成字幕的例子。

图 9-10 使用 VideoBERT 模型生成视频字幕

现在，我们已经了解了 VideoBERT 模型的工作原理。在 9.2 节中，我们将了解另一个有趣的模型——BART。

9.2 了解 BART 模型

BART 模型是 Facebook AI 推出的一个有趣的模型。它基于 Transformer 架构，本质上是一个降噪自编码器，是通过重建受损文本进行训练的。

就像 BERT 模型一样，我们可以使用预训练的 BART 模型，为多个下游任务进行微调。BART 模型最适合文本生成。它也被用于其他任务，比如语言翻译和语言理解。研究人员已经验证 BART 模型的性能与 RoBERTa 模型的性能相当。但是，BART 模型究竟是如何运作的呢？BART 模型有什么特别之处？它与 BERT 模型有什么不同？下面，我们将找到这些问题的答案。

9.2.1 BART 模型的架构

BART 本质上是一个带有编码器和解码器的 Transformer 模型。我们将受损文本送入编码器，编码器学习给定文本的特征并将特征发送给解码器。解码器获得编码器生成的特征，重建原始文本。

BART 模型的编码器是双向的，这意味着它可以从两个方向（从左到右和从右到左）读取一个句子，但 BART 模型的解码器是单向的，它只能从左到右读取一个句子。因此，在 BART 模型中，我们有一个双向编码器（针对两个方向）和一个自回归解码器（针对单一方向）。

图9-11是BART模型。如图所示，受损的原始文本（通过掩盖一些标记）被送入编码器。编码器学习该文本的特征，并将特征发送给解码器，然后解码器重构未受损的原始文本。

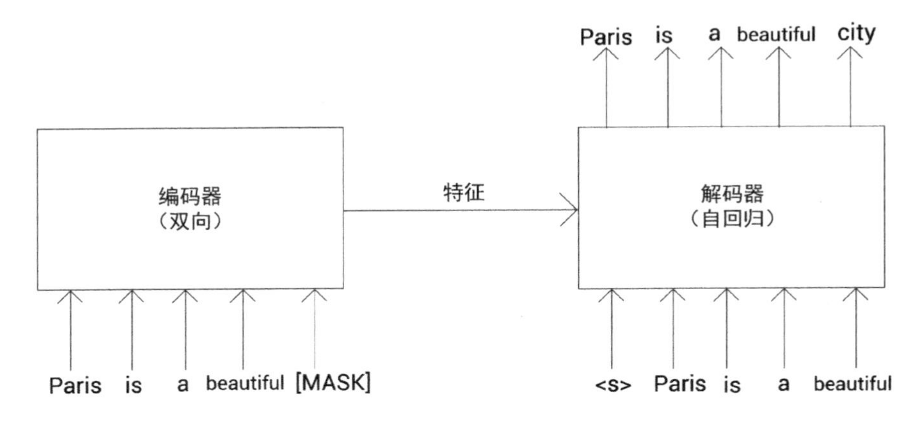

图9-11 BART模型

BART模型是通过最小化重建损失来训练的，也就是原始文本和解码器的生成文本之间的交叉熵损失。请注意，BART模型与BERT模型是不同的。在BERT模型中，我们只是将被掩盖的标记送入编码器，然后将编码器的结果送入前馈网络层，用前馈网络层来预测被掩盖的标记。但在BART模型中，我们将编码器的结果反馈给解码器，由其生成或重构原始句子。

研究人员针对BART模型的两种配置进行了实验。

- BART-base：6层编码器和解码器
- BART-large：12层编码器和解码器

我们知道需要破坏文本，然后将受损文本送入BART模型的编码器。但是，我们如何破坏文本呢？破坏是否只是指掩盖一些标记？这不一定。研究人员提出了几种有趣的增噪方法来破坏文本，我们一起了解一下这些方法。

增噪方法

研究人员引入了以下增噪方法来破坏文本。

- 标记掩盖
- 标记删除
- 标记填充

- 句子重排
- 文档轮换

让我们逐一了解这些方法。

标记掩盖

顾名思义，**标记掩盖**是指我们随机掩盖一些标记。也就是说，我们用[MASK]随机替换一些标记，就像在 BERT 模型中所做的那样。图 9-12 展示了一个简单的例子。

原始文本	受损文本
Chelsea is my favorite football club	Chelsea is my favorite [MASK] club

图 9-12　标记掩盖

标记删除

在标记删除方法中，我们随机删除一些标记。标记删除和标记掩盖有些类似，但我们是直接删除标记，而不是掩盖标记。图 9-13 展示了一个简单的例子。

原始文本	受损文本
Chelsea is my favorite football club	Chelsea is my favorite club

图 9-13　标记删除

由于没有使用[MASK]标记，因此标记会被直接删除。模型需要确定标记被随机删除的位置，并预测该位置上的新标记。

标记填充

在标记填充法中，我们用一个[MASK]标记来掩盖连续的标记。这样做不是与 SpanBERT 模型一样吗？但并不一样。在 SpanBERT 模型中，如果我们要掩盖一个由 4 个标记组成的连续片段，那么要用 4 个[MASK]标记来替换它们。但在这里，我们用一个[MASK]标记来替换它们。让我们通过图 9-14 中的例子来理解这一点。

原始文本	受损文本
I loved the book so much and I have read it so many times	I loved [MASK] and I have read it so many times

图 9-14 标记填充

如图 9-14 所示，我们用一个[MASK]标记掩盖了连续的标记，即 the、book、so 和 much。

句子重排

在句子重排中，我们随机打乱句子的顺序，并将其送入编码器。图 9-15 展示了一个简单的例子。

原始文本	受损文本
I completed my assignment by evening. Then I started playing a game. I played the game until 10 PM. Then I went to sleep.	I played the game until 10 PM.Then I started playing a game.I completed my assignment by evening. Then I went to sleep.

图 9-15 句子重排

如图 9-15 所示，句子的顺序被打乱了。

文档轮换

在文档轮换的方法中，对于一个给定文档，我们随机选择文档中的一个单词（标记）作为文档的开始。然后，将所选标记之前的所有标记添加到文档的末尾。如图 9-16 所示，如果我们选择 playing 作为文档的起始单词，那么在此之前的所有单词将被添加到文档的末尾。

原始文本	受损文本
I completed my assignment by evening. Then I started playing a game. I played the game until 10 PM. Then I went to sleep	Playing a game. I played the game until 10 PM.Then I went to sleep. I completed my assignment by evening Then I started

图 9-16 文档轮换

我们可以使用上述的任何一种增噪方法来破坏一些文本，并预训练 BART 模型来预测受损文本。经过预训练，我们可以为其他下游任务进行微调。假设我们使用预训练的 BART 模型执行句子分类任务，我们将向编码器提供一个未被破坏的句子，然后将最终解码器的特征用于分类任务。

9.2.2 比较不同的预训练目标

我们已经了解了用于预训练 BART 模型的不同增噪方法，那么哪种方法是最好的呢？研究人员在几个数据集上试验了不同的增噪方法并微调 BART 模型，其结果如图 9-17 所示。

增噪方法	SQuAD 1.1 F1	MNLI Acc	ELI5 Acc	XSum PPL	ConvAI2 PPL	CNN/DM PPL
标记掩盖	90.4	84.1	25.05	7.08	11.73	6.10
标记删除	90.4	84.1	24.61	6.90	11.46	5.87
标记填充	90.8	84.0	24.26	6.61	11.05	5.83
文档轮换	77.2	75.3	53.69	17.14	19.87	10.59
句子重排	58.4	81.5	41.87	10.93	16.67	7.89
标记填充+句子重排	90.8	83.8	24.17	6.62	11.12	5.41

图 9-17　比较不同的增噪方法

图 9-17 的比较结果来自论文“BART: Denoising Sequence-to-Sequence Pre-training for Natural Language Generation, Translation, and Comprehension”。

现在，我们已经了解了 BART 模型是如何进行预训练的。在 9.2.3 节中，我们将学习如何使用预训练的 BART 模型执行文本摘要任务。

9.2.3 使用 BART 模型执行文本摘要任务

我们可以从 GitHub 上获取书中的完整代码。为了确保代码可运行，请将代码复制到 Google Colab 中运行。首先，从 Transformers 库中导入用于分词的 `BartTokenizer` 和用于文本摘要任务的 `BartForConditionalGeneration`。

```
from transformers import BartTokenizer, BartForConditionalGeneration
```

我们将使用 `bart-large-cnn`，它是预训练的 BART-large 模型，可用于文本摘要任务。

```
model = \
BartForConditionalGeneration.from_pretrained('facebook/bart-large-cnn')
tokenizer = BartTokenizer.from_pretrained('facebook/bart-large-cnn')
```

设置原始文本以获得文本摘要。

```
text = """Machine learning (ML) is the study of computer algorithms that
improve automatically through experience.It is seen as a subset of
artificial intelligence. Machine learning algorithms build a mathematical
model based on sample data, known as training data, in order to make
predictions or decisions without being explicitly programmed to do
so.Machine learning algorithms are used in a wide variety of applications,
such as email filtering and computer vision, where it is difficult or
infeasible to develop conventional algorithms to perform the needed
tasks."""
```

用以下代码对文本进行标记。

```
inputs = tokenizer([text], max_length=1024, return_tensors='pt')
```

获取摘要ID，也就是模型生成的标记ID。

```
summary_ids = model.generate(inputs['input_ids'], num_beams=4,
                             max_length=100,early_stopping=True)
```

现在，对摘要ID进行解码，得到相应的标记（单词）。

```
summary = ([tokenizer.decode(i, skip_special_tokens=True,
                             clean_up_tokenization_spaces=False) \
            for i in summary_ids])
```

然后，显示给定文本的摘要。

```
print(summary)
```

以上代码的输出如下。

```
Machine learning is the study of computer algorithms that improve
automatically through experience. It is a subset of artificial
intelligence. Machine learning algorithms are used in a wide variety of
applications, such as email filtering and computer vision, where it is
difficult or infeasible to develop conventional algorithm.
```

现在，我们得到了文本摘要。通过这种方式，我们可以将BART模型应用于文本摘要任务。下面，我们将探讨两个有趣的BERT库。

9.3 探讨BERT库

在第8章中，我们学习了如何使用Hugging Face的Transformers库。在本节中，我们来探讨其他两个流行的BERT库。

- ktrain库
- bert-as-service库

9.3.1 ktrain 库

ktrain 库是一个用于增强机器学习的低代码库，它由 Arun S. Maiya 开发，是 Keras[①]的一个轻量级打包代码库，让我们更容易建立、训练和部署深度学习模型。它还包括几个预训练模型，使文本分类、文本摘要、问答、翻译、回归等任务更加容易。它是用 `tf.keras` 实现的，包括几个有趣的功能，如学习率查找器、学习率调度器等。

你可以使用 ktrain 库在 3~5 行代码中建立一个模型，这种方式被称为低代码机器学习。现在，让我们看看如何使用 ktrain 库。

首先，通过 `pip` 安装 ktrain 库，如下所示。

```
!pip install ktrain
```

接下来，我们将学习如何使用 ktrain 库执行情感分析任务、问答任务和文本摘要任务。

1. 使用 ktrain 库执行情感分析任务

现在，我们来学习如何使用 ktrain 库进行情感分析。我们使用亚马逊数字音乐评论数据集获得完整的评论数据，也可以获得数据的子集。在这个练习中，我们使用包含数字音乐评论的数据子集。

压缩包的格式是 gzip，在下载后，需要解压缩以获得 JSON 格式的评论。

或者，你也可以从本书的 GitHub 仓库中获取完整代码。为了确保代码可运行，请将代码复制到 Google Colab 中运行。

导入必要的库。

```
import ktrain
from ktrain import text
import pandas as pd
```

下载和加载数字音乐评论。

```
df = pd.read_json(r'reviews_Digital_Music_5.json',lines=True)
```

---

① Keras 是一个基于 Python 编写的开源神经网络库，可以作为 TensorFlow、Microsoft-CNTK 和 Theano 的高阶应用程序接口，进行深度学习模型的设计、调试、评估、应用和可视化。——译者注

让我们看一下数据集的前几行。

```
df.head()
```

以上代码的输出结果如图 9-18 所示。

	评论者 ID	asin	评论者姓名	有帮助	评论文本	总分	摘要	unixReviewTime	评论时间
0	A3EBHHCZO6V2A4	5555991584	Amaranth "music fan"	[3, 3]	It's hard to believe "Memory of Trees" came ou...	5	Enya's last great album	1158019200	09 12, 2006
1	AZPWAXJG9OJXV	5555991584	bethtexas	[0, 0]	A clasically-styled and introverted album, Mem...	5	Enya at her most elegant	991526400	06 3, 2001
2	A38IRL0X2T4DPF	5555991584	bob turnley	[2, 2]	I never thought Enya would reach the sublime h...	5	The best so far	1058140800	07 14, 2003
3	A22IK3I6U76GX0	5555991584	Calle	[1, 1]	This is the third review of an irish album I w...	5	Ireland produces good music.	957312000	05 3, 2000
4	A1AISPOIIHTHXX	5555991584	Cloud "..."	[1, 1]	Enya, despite being a successful recording art...	4	4.5; music to dream to	1200528000	01 17, 2008

图 9-18 数据集的前几行

我们只需要评论文本和总体评价，所以可以对数据集进行删减，只保留“评论文本”和“总分”两列，代码如下。

```
df = df[['reviewText','overall']]
df.head()
```

以上代码的输出结果如图 9-19 所示。

	评论文本	总分
0	It's hard to believe "Memory of Trees" came ou...	5
1	A clasically-styled and introverted album, Mem...	5
2	I never thought Enya would reach the sublime h...	5
3	This is the third review of an irish album I w...	5
4	Enya, despite being a successful recording art...	4

图 9-19 数据集子集中的评论文本和总分

我们可以看到，评分范围为从 1 到 5。我们把这些评分用于情感分类，将 1~3 的分数映射到负面类，将 4~5 的分数映射到正面类。

```
sentiment = {1: 'negative',2:'negative',3:'negative',
             4:'positive',5:'positive'}

df['sentiment'] = df['overall'].map(sentiment)
```

现在，我们再次对数据集进行删减，只保留“评论文本”和“情感”两列，代码如下所示。

```
df = df[['reviewText','sentiment']]
df.head()
```

以上代码的输出结果如图 9-20 所示。

	评论文本	情感
0	It's hard to believe "Memory of Trees" came ou...	positive
1	A clasically-styled and introverted album, Mem...	positive
2	I never thought Enya would reach the sublime h...	positive
3	This is the third review of an irish album I w...	positive
4	Enya, despite being a successful recording art...	positive

图 9-20 数据集的前几行

从上面的结果中可以看到，评论文本与所对应的情感是相匹配的。

下面，我们将创建训练集和测试集。如果数据在 pandas DataFrame 中，使用 `text_from_df` 函数创建训练集和测试集。如果数据是在一个文件夹中，使用 `text_from_folder` 函数创建训练集和测试集。

由于我们的数据集是在一个 pandas DataFrame 中，因此使用 `text_from_df` 函数。该函数的参数如下。

- `train_df`：包含评论和相应情感的 DataFrame。
- `text_column`：包含评论的列的名称。
- `label_columns`：包含标签的列的名称。
- `maxlen`：评论的最大长度。
- `max_features`：词表中使用的词的最大数量。
- `preprocess_mode`：用来对文本进行预处理。如果我们想进行正常的分词操作，那么将 `preprocess_mode` 设置为 `standard`；如果想同在 BERT 模型中那样进行分词，那么将 `preprocess_mode` 设置为 `bert`。

在这个练习中，我们将 `maxlen` 设置为 `100`，将 `max_features` 设置为 `100000`，并使用 `bert` 作为 `preprocess_mode` 的值，因为我们要使用 BERT 模型来执行分类任务。

```
(x_train, y_train), (x_test, y_test), preproc = \
text.texts_from_df(train_df = df,
                   text_column = 'reviewText',
                   label_columns = ['sentiment'],
                   maxlen = 100,
                   max_features = 100000,
                   preprocess_mode = 'bert',
                   val_pct = 0.1)
```

以上代码的输出如下。

```
downloading pre-trained BERT model (uncased_L-12_H-768_A-12.zip)...
[██████████████████████████████████████████████████]
extracting pre-trained BERT model...
done.

cleanup downloaded zip...
done.

preprocessing train...
language: en
done.
Is Multi-Label?False
preprocessing test...
language: en
done.
```

从上面的结果中可以看到，我们正在下载预训练的 BERT 模型。ktrain 库也在识别我们的任务是二分类任务还是多分类任务。

接下来，定义分类器。在这之前，我们先看一下 ktrain 库提供的分类器。

```
text.print_text_classifiers()
```

以上代码的输出如下。

```
fasttext: a fastText-like model
logreg: logistic regression using a trainable Embedding layer
nbsvm:NBSVM model bigru:Bidirectional GRU with pre-trained fasttext word
vectors
standard_gru: simple 2-layer GRU with randomly initialized embeddings
bert:Bidirectional Encoder Representations from Transformers (BERT)
distilbert: distilled, smaller, and faster BERT from Hugging Face
```

从上面的结果可以看到，ktrain 库提供了多样化的分类器，包括 logistic 回归分类器、双向 GRU 分类器以及 BERT 模型。在这个练习中，我们使用 BERT 模型。

现在，我们使用 `text_classifier` 函数定义模型，它将创建并返回一个分类器。以下是该函数的重要参数。

- `name`：要使用的模型的名称。在本例中，我们使用 `bert`。
- `train_data`：一个包含训练数据的元组，格式为`(x_train, y_train)`。
- `preproc`：预处理程序的一个实例。
- `metrics`：用来评估模型性能的指标。在本例中，我们使用 `accuracy`。

代码如下所示。

```
model = text.text_classifier(name = 'bert', train_data = (x_train,
                                                          y_train),
                             preproc = preproc, metrics = ['accuracy'])
```

接下来，我们创建一个名为 learner 的实例，用来训练模型。我们将使用 get_learner 函数来创建 learner 实例。以下是该函数的重要参数。

- model：在上一步骤中定义的模型。
- train_data：一个包含训练数据的元组。
- val_data：一个包含测试数据的元组。
- batch_size：批量大小。
- use_multiprocessing：一个布尔值，表示是否需要使用多进程。

代码如下所示。

```
learner = ktrain.get_learner(model = model,
                             train_data = (x_train, y_train),
                             val_data = (x_test, y_test),
                             batch_size = 32,
                             use_multiprocessing = True)
```

现在，我们终于可以使用 fit_onecycle 函数来训练模型了。以下是该函数的重要参数。

- lr：学习率。
- epochs：训练轮次。
- checkpoint_folder：存储模型权重的目录。

代码如下所示。

```
learner.fit_onecycle(lr = 2e-5, epochs = 1, checkpoint_folder = 'output')
```

为简单起见，我们在这个例子中只训练了一个轮次。以上代码的输出如下。

```
begin training using onecycle policy with max lr of 2e-05...
1820/1820 [==============================] - 1004s 551ms/step - loss:
0.3573 - accuracy: 0.8482 - val_loss: 0.2991 - val_accuracy: 0.8778
```

从结果中可以看出，模型在测试集上获得了约 87%的准确率。可见，使用 ktrain 库训练一个模型是如此简单。

现在，我们可以使用训练好的模型，用 get_predictor 函数进行预测。我们需要输入训练好的模型和预处理的实例，如下所示。

```
predictor = ktrain.get_predictor(learner.model, preproc)
```

接下来，我们输入文本，用 predict 函数进行预测。

```
predictor.predict('I loved the song')
```

以上代码的输出如下。

```
'positive'
```

结果显示，模型确定了给定句子是一个正面句子。

2. 建立文档问答模型

现在，我们来学习如何使用 ktrain 库建立一个文档问答模型。我们知道在文档问答中，会有一组文档，我们需要用这些文档来回答一个问题。让我们看看如何用 ktrain 库来执行这个任务。

首先，导入必要的库。

```
from ktrain import text
import os
import shutil
```

在这个练习中，我们使用 BBC 新闻数据集。BBC 新闻数据集包含 2004 年至 2005 年的 2225 个新闻文档。这些新闻文档分为 5 个类别，即商业、娱乐、政治、体育和技术。

首先，让我们下载并解压数据集。

```
!unzip bbc-fulltext.zip
```

再次导入必要的库。

```
from ktrain import text
import os
```

然后，将程序运行目录跳转到 BBC 文件夹。

```
os.chdir(os.getcwd() + '/bbc')
```

第一步是初始化索引目录，它被用来为所有文档编制索引。我们不需要手动创建任何新目录，只需把索引目录的名字传给 initialize_index 函数，就可以创建索引目录。

```
text.SimpleQA.initialize_index('index')
```

在初始化索引之后，我们需要对文档进行索引。因为所有的文档在一个文件夹中，所以我们使用 index_from_folder 函数。index_from_folder 函数接受参数 folder_path 和 index_dir，以确定在哪里有所需要的文档和索引。

```
text.SimpleQA.index_from_folder(folder_path = 'entertainment',
                                index_dir = 'index')
```

下一步是创建 SimpleQA 类的一个实例，如下所示。我们需要传递索引目录作为参数。

```
qa = text.SimpleQA('index')
```

如下所示，我们可以使用 ask 函数，从文档中获取任一问题的答案。

```
answers = qa.ask('who had a global hit with where is the love?')
```

现在，显示前 5 个答案。

```
qa.display_answers(answers[:5])
```

以上代码的输出结果如图 9-21 所示。

	候选答案	上下文	置信度	引用文档
0	the black eyed peas	the black eyed peas -who had a global hit with where is the love ?-picked up the prize for best pop act, beating anastacia, avril lavigne, robbie williams and britney spears.	0.994715	153.txt
1	but angels	some people will adopt their slightly snobby stances, but angels has hit home with a far larger audience than any other song.	0.002225	253.txt
2	huge robbie	i am a huge robbie fan and love that song.	0.001946	253.txt
3	out kast	out kast will add their awards to the four they won at the us mtv awards in august and three grammys in february.	0.000182	153.txt
4	u2	u2 stars enter rock hall of fame	0.000132	291.txt

图 9-21 针对问题 who had a global hit with where is the love，模型返回的答案

我们可以看到，在得到候选答案的同时，还得到了其他信息，比如上下文、置信度和引用文档。

让我们再用另一个问题试一下。

```
answers = qa.ask('who win at mtv europe awards? ')
qa.display_answers(answers[:5])
```

以上代码的输出结果如图 9-22 所示。

	候选答案	上下文	置信度	引用文档
0	out kast	out kast win at mtv europe awards	0.552339	153.txt
1	duo out kast	us hip hop duo out kast have capped a year of award glory with three prizes at the mtv europe music awards in rome.	0.274871	153.txt
2	was justin timberlake	last year ' s big winner at the mtv europe awards, held in edinburgh, scotland, was justin timberlake , who walked away with three trophies.	0.112146	153.txt
3	duo out kast	us rap duo out kast ' s trio of trophies at the mtv europe awards crowns a year of huge success for the band.	0.054767	132.txt
4	band franz ferdinand	scottish rock band franz ferdinand , who shot to prominence in 2004, have won two brit awards.	0.002645	236.txt

图 9-22 针对问题 who win at mtv europe awards，模型返回的答案

通过这种方式，我们可以将 ktrain 库用于文档问答任务。

3. 执行文本摘要任务

现在，我们探讨一下如何使用 ktrain 库执行文本摘要任务。我们从维基百科上提取一个感兴趣的话题，然后使用 ktrain 库执行文本摘要任务。

首先，使用 `pip` 安装 wikipedia 库。

```
!pip install wikipedia
```

安装后，导入 wikipedia 库。

```
import wikipedia
```

指定要提取的维基百科页面的标题。

```
wiki = wikipedia.page('Pablo Picasso')
```

提取页面的纯文本内容。

```
doc = wiki.content
```

现在，我们看看提取到了什么内容，这里只打印前 1000 个单词。

```
print(doc[:1000])
```

以上代码的输出如下。

```
Pablo Diego José Francisco de Paula Juan Nepomuceno María de los Remedios
Cipriano de la Santísima Trinidad Ruiz y Picasso (UK: , US: , Spanish:
['paβlo pi'kaso]; 25 October 1881 - 8 April 1973) was a Spanish painter,
sculptor, printmaker, ceramicist and theatre designer who spent most of his
adult life in France. Regarded as one of the most influential artists of
the 20th century, he is known for co-founding the Cubist movement, the
invention of constructed sculpture, the co-invention of collage, and for
```

```
the wide variety of styles that he helped develop and explore. Among his
most famous works are the proto-Cubist Les Demoiselles d'Avignon (1907),
and Guernica (1937), a dramatic portrayal of the bombing of Guernica by
German and Italian airforces during the Spanish Civil War.\nPicasso
demonstrated extraordinary artistic talent in his early years, painting in
a naturalistic manner through his childhood and adolescence. During the
first decade of the 20th century, his style changed as
```

现在，我们看看如何用ktrain库总结这篇文章的内容。我们从ktrain库中下载并实例化文本摘要模型。

```
from ktrain import text
ts = text.TransformerSummarizer()
```

然后，调用`summarize`函数，并传入想获得摘要的文档。

```
ts.summarize(doc)
```

以上代码的输出如下。

```
Pablo Diego José Francisco de Paula Juan Nepomuceno María de los Remedios
Cipriano de la Santísima Trinidad Ruiz y Picasso (25 October 1881 - 8 April
1973) was a Spanish painter, sculptor, printmaker, ceramicist and theatre
designer. He is known for co-founding the Cubist movement, the invention of
constructed sculpture, the co-invention of collage, and for the wide
variety of styles that he helped develop and explore. Among his most famous
works are the proto-Cubist Les Demoiselles d'Avignon (1907), and Guernica
(1937), a dramatic portrayal.
```

如上所示，我们得到了文本摘要。现在，我们学会了如何使用ktrain库。下面，我们将探讨另一个库——bert-as-service库。

9.3.2 bert-as-service库

bert-as-service库是另一个广泛使用的BERT库。它很简单，可扩展，且易用。除此之外，bert-as-service库也有很好的说明文档，能够详细地说明bert-as-service库的工作原理。

在本节中，让我们学习一下如何使用bert-as-service库获得句子特征。

1. 安装bert-as-service库

我们可以直接使用`pip`安装bert-as-service库。我们将安装`bert-serving-client`和`bert-serving-server`，如以下代码所示。

```
!pip install bert-serving-client
!pip install -U bert-serving-server[http]
```

2. 计算句子特征

现在，让我们用 bert-as-service 库计算两个句子的特征，并计算这两个句子的相似度。首先，下载并解压要使用的预训练 BERT 模型。在这个例子中，我们使用预训练的 BERT-base-uncased 模型。我们也可以尝试其他预训练的 BERT 模型。

```
!unzip uncased_L-12_H-768_A-12.zip
```

然后，我们启动 BERT 模型服务器。在启动 BERT 模型服务器的同时，需要设置要用到的汇聚方法。也就是说，BERT 模型返回句子中每个单词的特征，然后通过汇聚方法得到整个句子的特征。在这个例子中，我们使用平均汇聚法。

```
!nohup bert-serving-start -pooling_strategy REDUCE_MEAN \
-model_dir=./uncased_L-12_H-768_A-12 > out.file 2>&1 &
```

接下来，导入 `BertClient`。

```
from bert_serving.client import BertClient
```

启动 `BertClient`。

```
bc = BertClient()
```

设置需要计算特征的句子。

```
sentence1 = 'the weather is great today'
sentence2 = 'it looks like today the weather is pretty nice'
```

使用 `BertClient` 计算句子的特征向量。

```
sent_rep1 = bc.encode([sentence1])
sent_rep2 = bc.encode([sentence2])
```

现在，检查一下给定的两个句子的特征向量的大小。

```
print(sent_rep1.shape, sent_rep2.shape)
```

以上代码的输出如下。

```
(1, 768) (1, 768)
```

可以看到，两个句子的特征向量的大小都是（`1, 768`）。接下来，我们计算给定句子的特征向量之间的相似度。

```
from sklearn.metrics.pairwise import cosine_similarity
cosine_similarity(sent_rep1,sent_rep2)
```

以上代码的输出如下。

```
array([[0.8532591]], dtype=float32)
```

可以看到给定的两个句子的相似度约为 85%。

3. 计算上下文的单词特征

我们已经学习了如何使用 bert-as-service 库获得句子特征。现在，我们学习如何使用 bert-as-service 库获得上下文的单词特征。

我们知道，BERT 模型返回句子中每个单词的特征，而一个单词的特征基于句中单词的上下文。为了获得单词的特征，在启动 BERT 模型服务器时将汇聚方法设置为 NONE[①]。将最大的序列长度作为一个参数传入。因为每个句子的长度都不一样，所以我们将最大的序列长度设置为 20，如以下代码所示。

```
!nohup bert-serving-start -pooling_strategy NONE -max_seq_len=20  \
-model_dir=./uncased_L-12_H-768_A-12 > out.file 2>&1 &
```

导入 BertClient。

```
from bert_serving.client import BertClient
```

设置需要计算特征的句子。

```
sentence = 'The weather is great today'
```

计算句子的特征向量。

```
vec = bc.encode([sentence])
```

让我们看一下特征向量的大小。

```
print(vec.shape)
```

以上代码的输出如下。

```
(1, 20, 768)
```

与我们之前看到的不同，这里给定句子的特征向量的大小是 (1, 20, 768)。这意味着，句子中的每个单词都有一个对应的特征。在 BERT 模型中，我们在句首使用 [CLS] 标记，在句尾使用 [SEP] 标记。

- vec[0][0]：保存 [CLS] 标记的特征。

---

① NONE 表示空、无，这里是指不使用汇聚算法。——译者注

- `vec[0][1]`：保存句子中第 1 个词的特征`"the"`。
- `vec[0][2]`：保存句子中第 2 个词的特征`"weather"`。
- `vec[0][3]`：保存句子中第 3 三个词的特征`"is"`。
- `vec[0][4]`：保存句子中第 4 个词的特征`"great"`。
- `vec[0][5]`：保存句子中第 5 个词的特征`"today"`。
- `vec[0][6]`：保存`[SEP]`标记的特征。
- `vec[0][7]`至`vec[0][20]`：保存填充标记的特征。

通过这种方式，我们可以在各种用例中使用 bert-as-service 库。

由于其先进的成果，BERT 彻底改变了自然语言处理世界。现在，你已经学习了 BERT 和几种流行的 BERT 变体的工作原理，可以开始在项目中应用 BERT 了。

9.4 小结

在本章中，我们首先学习了 VideoBERT 模型的工作原理。我们了解了 VideoBERT 模型是如何通过预测被掩盖的语言标记和视觉标记进行预训练的。我们还学习了 VideoBERT 模型的最终预训练目标函数是纯文本、纯视频和文本–视频方法的加权组合。然后，我们探讨了 VideoBERT 模型的不同应用。

我们了解到 BART 模型本质上是一个带有编码器和解码器的 Transformer 模型。我们将受损文本送入编码器，编码器学习其特征并将特征送入解码器。解码器使用编码器所生成的特征，重建原始文本。我们还知道了 BART 模型使用了一个双向编码器和一个单向解码器。

我们还详细探讨了不同的增噪技术，即标记掩盖、标记删除、标记填充、句子重排和文档轮换。然后，我们学习了如何使用 BART 模型与 Hugging Face 的 Transformers 库执行文本摘要任务。

接着，我们学习了 ktrain 库，探讨了如何利用亚马逊数字音乐评论数据集执行情感分析任务，以及如何利用 BBC 新闻数据集执行问答任务和文本摘要任务。

最后，我们学习了如何使用 bert-as-service 库获得句子特征和上下文单词特征。

BERT 模型是一项重大突破，它为自然语言处理领域的发展铺平了道路。现在，你已经阅读完了本书内容，可以开始使用 BERT 模型来构建有趣的应用了。

9.5 习题

让我们检验一下自己是否已经掌握了本章介绍的知识。请尝试回答以下问题。

(1) VideoBERT 模型的用途是什么？
(2) VideoBERT 模型是如何进行预训练的？
(3) 语言–视觉对齐任务与下句预测任务有何不同？
(4) 什么是纯文本的训练目标？
(5) 什么是纯视频的训练目标？
(6) 什么是 BART 模型？
(7) 什么是标记掩盖和标记删除？

9.6 深入阅读

想要了解更多内容，请查阅以下资料。

- Chen Sun、Austin Myers、Carl Vondrick、Kevin Murphy 和 Cordelia Schmid 撰写的论文“VideoBERT: A Joint Model for Video and Language Representation Learning”。
- Mike Lewis、Yinhan Liu、Naman Goyal、Marjan Ghazvininejad、Abdelrahman Mohamed、Omer Levy、Ves Stoyanov 和 Luke Zettlemoyer 撰写的论文“BART: Denoising Sequence-to-Sequence Pre-training for Natural Language Generation, Translation, and Comprehension”。
- Arun S. Maiya 撰写的论文“ktrain: A Low-Code Library for Augmented Machine Learning”。
- bert-as-service 库的说明文档。

习题参考答案

以下是每章习题的参考答案。

第 1 章　Transformer 概览

(1) 自注意力机制包含以下步骤。

- 首先，计算查询矩阵和键矩阵之间的点积 $\boldsymbol{Q} \cdot \boldsymbol{K}^{\mathrm{T}}$，并得到相似度分数。
- 然后，将 $\boldsymbol{Q} \cdot \boldsymbol{K}^{\mathrm{T}}$ 除以键向量维度的平方根 $\sqrt{d_k}$。
- 接着，应用 softmax 函数将分值归一化，得到分数矩阵 softmax($\boldsymbol{Q} \cdot \boldsymbol{K}^{\mathrm{T}} / \sqrt{d_k}$)。
- 最后，通过将分数矩阵与值矩阵 $\boldsymbol{V}$ 相乘，计算出注意力矩阵 $\boldsymbol{Z}$。

(2) 自注意力机制也被称为**缩放点积注意力**，这是因为它是在计算点积和缩放值，也就是说，其计算过程是先求得查询矩阵与键矩阵的点积，再用 $\sqrt{d_k}$ 对结果进行缩放。

(3) 为了创建查询矩阵、键矩阵和值矩阵，需要引入 3 个新的权重矩阵，它们分别为 $\boldsymbol{W}^{Q}$、$\boldsymbol{W}^{K}$、$\boldsymbol{W}^{V}$。通过将输入矩阵 $\boldsymbol{X}$ 分别与权重矩阵 $\boldsymbol{W}^{Q}$、$\boldsymbol{W}^{K}$、$\boldsymbol{W}^{V}$ 相乘，就可以依次创建查询矩阵 $\boldsymbol{Q}$、键矩阵 $\boldsymbol{K}$ 和值矩阵 $\boldsymbol{V}$。

(4) 如果把输入矩阵直接传给 Transformer 模型，那么它并不能理解词的顺序。因此，需要添加一些表明词序（词的位置）的信息，以便网络能够理解句子的含义。这里引入了一种叫作**位置编码**的技术，以实现上述目标。顾名思义，位置编码是一种表示一个词在句子中的位置（词序）的编码。

(5) 解码器由 3 个子层组成：带掩码的多头注意力层、多头注意力层、前馈网络层。

(6) 每个解码器中的多头注意力层接收两个输入：一个来自前一个子层，即带掩码的多头注意力层；另一个是编码器的特征。

第 2 章　了解 BERT 模型

(1) BERT 是英文 Bidirectional Encoder Representations from Transformers 的缩写，意为多 Transformer 的双向编码器表示法，它是由谷歌发布的一个先进的嵌入模型。BERT 模型是一个基于上下文的嵌入模型，它与流行的无上下文的嵌入模型不同，比如 word2vec。

(2) BERT-base 模型的配置为 $L=12$、$A=12$、$H=768$，它的网络参数总数达 1.1 亿个，而 BERT-large 模型的配置为 $L=24$、$A=16$、$H=1024$，它的网络参数总数达 3.4 亿个。

(3) 分段嵌入被用来区分两个给定的句子。分段嵌入层只输出两个嵌入 $\boldsymbol{E}_{\mathrm{A}}$ 或 $\boldsymbol{E}_{\mathrm{B}}$ 中的一个，也就是说，如果输入的标记属于句子 A，那么该标记将被映射到嵌入 $\boldsymbol{E}_{\mathrm{A}}$；如果该标记属于句子 B，那么它将被映射到嵌入 $\boldsymbol{E}_{\mathrm{B}}$。

(4) BERT 模型使用两个任务进行预训练，即掩码语言模型构建任务和下句预测任务。

(5) 在实现掩码语言模型时，在一个输入句子中，随机掩盖 15%的单词，并训练网络预测被掩盖的单词。为了预测被掩盖的单词，模型从两个方向阅读该句并进行预测。

(6) 在 80-10-10 规则中，在 80%的情况下，使用`[MASK]`标记来替换实际词。对于 10%的数据，使用一个随机标记（随机词）来替换实际词。对于剩余 10%的数据，不做任何改变。

(7) 下句预测是一个二分类任务。在这个任务中，我们向 BERT 模型送入两个句子，它需要预测第二个句子是否是第一个句子的下一句。

第 3 章　BERT 实战

(1) 我们可以将预训练模型应用于以下两种场景：

- 作为特征提取器提取嵌入；
- 针对文本分类任务、问答任务等下游任务对预训练的 BERT 模型进行微调。

(2) `[PAD]`标记用于匹配标记长度。

(3) 为了让模型理解`[PAD]`标记只是为了匹配标记长度，而不是实际标记的一部分，我们使用注意力掩码进行区分。我们将所有实际标记的注意力掩码值设为 `1`，将`[PAD]`标记的注意力掩码值设为 `0`。

(4) 微调是指不从头训练 BERT 模型，而是使用预训练的 BERT 模型，并根据实际任务更新其权重。

(5) 对于每个标记 i，计算标记特征 $\boldsymbol{R}_i$ 和起始向量 $\boldsymbol{S}$ 之间的点积。然后，将 softmax 函数应用于点积 $\boldsymbol{S}\cdot\boldsymbol{R}_i$，得到概率。计算公式如下所示。

$$P_i = \frac{\mathrm{e}^{\boldsymbol{S}\cdot\boldsymbol{R}_i}}{\sum_j \mathrm{e}^{\boldsymbol{S}\cdot\boldsymbol{R}_j}}$$

接着，选择其中具有最高概率的标记，并将其索引值作为起始索引。

(6) 为每个标记 i 计算标记特征 $\boldsymbol{R}_i$ 和结束向量 $\boldsymbol{E}$ 之间的点积。然后，将 softmax 函数应用于点积 $\boldsymbol{E}\cdot\boldsymbol{R}_i$，得到概率。计算公式如下所示。

$$P_i = \frac{\mathrm{e}^{\boldsymbol{E}\cdot\boldsymbol{R}_i}}{\sum_j \mathrm{e}^{\boldsymbol{E}\cdot\boldsymbol{R}_j}}$$

接着，选择其中具有最高概率的标记，并将其索引值作为结束索引。

(7) 首先，对句子进行分词，在句首添加`[CLS]`标记，并在句尾添加`[SEP]`标记。然后，将这些标记送入预训练的 BERT 模型，获得每个标记的特征。接着，将这些标记特征送入分类器（使用 softmax 函数的前馈网络层）。最后，分类器返回每个命名实体所对应的类别。

第 4 章　BERT 变体（上）：ALBERT、RoBERTa、ELECTRA 和 SpanBERT

(1) 在下句预测任务中，我们训练模型预测一个句子对属于 `isNext` 类别还是 `notNext` 类别，而在句序预测任务中，我们训练模型预测一个句子对中的句子顺序是否被调换。

(2) ALBERT 模型使用两种技术来减少参数的数量，即跨层参数共享和嵌入层参数因子分解。

(3) 在跨层参数共享中，模型不是学习所有编码器层的参数，而是只学习第一层编码器的参数，并将这个参数与其他编码器层共享。

(4) 共享前馈网络层是指，只与其他编码器层的前馈网络层共享第一层编码器的前馈网络层的参数。共享注意力层是指，只将第一层编码器的多头注意力层的参数与其他编码器层的多头注意力层共享。

(5) RoBERTa 模型本质上是 BERT 模型，只是在预训练中有以下变化。

- 在掩码语言模型构建任务中使用动态掩码而不是静态掩码。
- 不执行下句预测任务，只用掩码语言模型构建任务进行预训练。
- 以大批量的方式进行训练。
- 使用字节级字节对编码作为子词词元化算法。

(6) 替换标记检测任务与掩码语言模型构建任务非常相似，但它不是用`[MASK]`标记掩盖一个标记，而是用不同的标记替换另一个标记，并训练模型判断标记是实际标记还是替换标记。
(7) 在 SpanBERT 模型中，我们不是随机地掩盖标记，而是将连续标记段替换为`[MASK]`。

第 5 章 BERT 变体（下）：基于知识蒸馏

(1) 知识蒸馏是一种模型压缩技术，它是指训练一个小模型来重现一个大型预训练模型的行为。知识蒸馏也被称为师生学习，其中大型预训练模型是教师，小模型是学生。
(2) 教师网络的输出被称为软目标，而学生网络做出的预测被称为软预测。
(3) 在知识蒸馏中，计算软目标和软预测之间的交叉熵损失，并通过反向传播最小化交叉熵损失来训练学生网络。软目标和软预测之间的交叉熵损失就被称为蒸馏损失。
(4) 预训练的 BERT 模型有大量的参数，运算时间也很长，这使得它很难在手机等移动设备上使用。为了解决这个问题，Hugging Face 的研究人员提出了 DistilBERT 模型。DistilBERT 模型是 BERT 模型的轻量级版本。
(5) DistilBERT 模型的损失函数是以下 3 种损失之和：蒸馏损失、掩码语言模型损失（学生损失）和余弦嵌入损失。
(6) Transformer 层是编码器层。它使用多头注意力计算注意力矩阵，然后将隐藏状态的特征作为输出返回。在 Transformer 层蒸馏中，除了将知识从教师的注意力矩阵迁移到学生网络中，也将知识从教师的隐藏状态迁移到学生网络中。
(7) 在预测层蒸馏中，迁移的是最终输出层的知识，即将教师 BERT 模型产生的 logit 向量迁移到学生 BERT 模型中。

第 6 章 用于文本摘要任务的 BERTSUM 模型

(1) 在提取式摘要任务中，只需提取给定文本中的重要句子就可以创建一个摘要。而抽象式摘要任务通过使用不同的词汇重新表达文本的重要含义来创建一个摘要。
(2) 区间段嵌入用于区分多个句子。通过区间段嵌入，将奇数索引对应的句子的标记映射到 $\boldsymbol{E}_{\mathrm{A}}$，将偶数索引对应的句子的标记映射到 $\boldsymbol{E}_{\mathrm{B}}$。
(3) 抽象式摘要任务采用了编码器–解码器架构的 Transformer 模型。我们将文本送入编码器，编码器返回输入文本的特征。在编码器–解码器架构中，我们使用预训练的 BERTSUM 模型作为编码器，它会生成有意义的特征。解码器使用这些特征生成摘要。

(4) ROUGE 是 Recall-Oriented Understudy for Gisting Evaluation 的缩写，它是一套用于评估文本摘要任务的指标。

(5) ROUGE-N 指标（N 代表 *n*-gram）计算候选摘要（预测摘要）和参考摘要（实际摘要）之间的多元召回率。

(6) 召回率是候选摘要和参考摘要之间重叠的元词总数与参考摘要中的元词总数之间的比率。

(7) ROUGE-L 指标基于最长公共子序列（LCS）。两个序列之间的 LCS 是长度最大的相同子序列。如果候选摘要和参考摘要之间有一个 LCS，那么可以说候选摘要与参考摘要相匹配。

第 7 章　将 BERT 模型应用于其他语言

(1) 多语言 BERT 模型简称 M-BERT 模型，它不仅可以用于获得英语的文本特征，也可以用于获得其他语言的文本特征。

(2) 与 BERT 模型类似，M-BERT 模型也是通过掩码语言模型构建任务和下句预测任务进行预训练的，但 M-BERT 模型不仅仅使用英语维基百科文本，而是使用 104 种语言的维基百科文本进行训练。

(3) M-BERT 模型的知识迁移在词序相同的语言（SVO[1]-SVO，SOV[2]-SOV）中比在词序不同的语言（SVO-SOV，SOV-SVO）中效果好。

(4) 在对话中混合使用或交替使用不同的语言被称为语码混用。在音译中，不是用源语言文字书写文本，而是使用目标语言文字并基于其发音方式来书写文本。

(5) 跨语言模型（XLM 模型）是通过因果语言模型、掩码语言模型和翻译语言模型任务进行预训练的。

(6) 翻译语言模型（TLM 模型）是一种有趣的预训练策略。因果语言模型和掩码语言模型都是在单语言数据上训练的，但 TLM 模型是在跨语言数据上训练的。跨语言数据是指由两种语言的相同文本组成的平行数据。

(7) FlauBERT 模型的研究人员为下游任务引入了一个新的统一评估标准，即 FLUE，它表示法语理解评估（French Language Understanding Evaluation）。FLUE 与 GLUE 相似，但它适用于法语。

第 8 章　Sentence-BERT 模型和特定领域的 BERT 模型

(1) Sentence-BERT 模型是由 Ubiquitous Knowledge Processing Lab（UKP-TUDA）研发的。顾名思义，Sentence-BERT 模型是用来获得固定长度的句子特征的，它将预训练的 BERT 模型或其变体进行扩展，以获得句子特征。

---

① SVO（subject-verb-object）为主–动–宾语序。——译者注

② SOV（subject-object-verb）为主–宾–动语序。——译者注

(2) 如果通过对所有标记的特征使用平均汇聚得到句子特征，那么这个句子特征持有所有词汇（标记）的含义。如果通过对所有标记的特征使用最大汇聚得到句子特征，那么这个句子特征持有重要词汇（标记）的含义。

(3) ClinicalBERT 模型是针对临床领域的 BERT 模型，它在一个大型临床语料库上进行了预训练。临床记录或进度记录包含了有关病人的有用信息，包括病人的就诊记录、症状、诊断、日常活动、观察记录、治疗计划、放射性检查结果等。理解临床记录的上下文特征具有挑战性，因为它有自己的语法结构、缩略语和专业术语。所以，我们需用许多临床文档对 ClinicalBERT 模型进行预训练，以了解临床文本的上下文特征。

(4) ClinicalBERT 模型所学到的特征能够帮助我们深刻理解许多临床医学问题、生成临床记录摘要、了解疾病和治疗措施之间的关系等。一旦经过预训练，ClinicalBERT 模型就可以用于各种下游任务，比如再入院预测、住院时间预测、死亡风险评估、诊断预测等。

(5) ClinicalBERT 模型使用 MIMIC-III 临床记录进行预训练。MIMIC-III 是来自 Beth Israel Deaconess Medical Center 的一个大型健康数据集合，它包括超过 40 000 名重症监护室病人的健康数据。

(6) 再入院概率的计算方法如下。

$$P\left(\text{readmit}=1 \mid h_{\text{patient}}\right)=\frac{P_{\max}^{n}+P_{\text{mean}}^{n}\frac{n}{c}}{1+\frac{n}{c}}$$

(7) BioBERT 模型使用生物医学领域的特定文本进行预训练，它使用以下两个生物医学数据集：PubMed 和 PubMed Central（PMC）。

第 9 章　VideoBERT 模型和 BART 模型

(1) VideoBERT 模型在学习语言特征的同时，也学习视频的特征。它是第一个视频特征和语言特征的联合学习模型。

(2) VideoBERT 模型使用两个重要任务进行预训练，它们分别为掩码语言模型构建（完形填空）任务和语言-视觉对齐任务。

(3) 与 BERT 模型的下句预测任务类似，语言-视觉对齐任务也是一项分类任务。但是，它不会预测一个句子是否是另一句的下一个句子，而是预测语言标记和视觉标记是否在时间上吻合。

(4) 在纯文本方法中，我们通过掩盖语言标记，训练模型预测被掩盖的语言标记。这有助于模型更好地理解语言特征。

(5) 在纯视频方法中，我们通过掩盖视觉标记，训练模型预测被掩盖的视觉标记。这有助于模型更好地理解视频特征。
(6) BART 模型本质上是一个带有编码器和解码器的 Transformer 模型。我们将受损文本送入编码器，编码器学习给定文本的特征并将特征发送给解码器。解码器采用编码器生成的特征，重建未被破坏的原始文本。
(7) 顾名思义，标记掩盖是指随机掩盖一些标记，也就是说，用`[MASK]`随机替换一些标记，这同在 BERT 模型中所做的一样。标记删除则是指随机删除一些标记，也就是说，标记删除不是掩盖标记，而是直接删除标记。